Johannes von Buttlar

Was gestern noch unmöglich war

# Johannes von Buttlar

# Was gestern noch unmöglich war

## Bericht aus der Zukunft

Mit 25 Farbabbildungen

Herbig

Besuchen Sie uns im Internet unter:
http://www.herbig-verlag.de


1. Auflage 1998 (»Einstein hoch zwei«)
2., aktualisierte und überarbeitete Auflage 2004
(»Was gestern noch unmöglich war«)


© 1998 und 2004 F. A. Herbig Verlagsbuchhandlung GmbH, München
Alle Rechte vorbehalten
Umschlaggestaltung: Wolfgang Heinzel
Produktion und Satz: VerlagsService Dr. Helmut Neuberger
& Karl Schaumann GmbH, Heimstetten
Gesetzt aus der 12/14,5 Punkt Simoncini-Garamond
auf Apple Macintosh in Quark XPress
Druck und Binden: GGP Media, Pößneck
Printed in Germany
ISBN 3-7766-2397-7

# Inhalt

# Inhalt

# Logbuch Zukunft

Neugierde und Wanderlust haben dem Menschen Fortschritt und Rückschritt zugleich beschert. Warum brechen wir in den Weltraum auf, untersuchen fremde Welten, durchforschen das Universum mit Weltraumteleskopen und versuchen schließlich, die Zeit zu beherrschen? Offensichtlich haben wir keine andere Wahl, denn intelligentes Leben ist wohl von Natur aus neugierig, eine Eigenschaft, die sich im Zuge der Evolution als vorteilhaft erwiesen hat. Ohne diese Neugier, diesen Wandertrieb, ohne unsere Fähigkeit, zu staunen und zu träumen, würden wir wahrscheinlich unser Dasein immer noch in kalten, feuchten Höhlen fristen, hätten keinen Stein zum Werkzeug geformt und die Flamme des Fortschritts nicht entfacht. Es ist die Neugier, die uns über den Horizont unserer Raum-Zeit hinauskatapultiert hat. »Neunundneunzig Prozent unserer Geschichte haben wir Menschen als Jäger und Sammler verbracht«, äußerte der Astronom und Exobiologe Dr. Carl Sagan einmal in einem Gespräch mit dem damaligen NASA-Direktor Dan Goldin. »Wir wanderten und stellten dem Wild nach. Der Erkundungsdrang ist uns angeboren. Sobald der ganze Planet – bis auf den Meeresboden – erforscht ist, finden wir in den anderen Planeten ein neues Forschungsziel.«
Dann ist da noch die Frage nach dem Ursprung des Lebens, dem Ursprung unseres Planeten und dem Schicksal

unseres Universums. Profunde Fragen, wie sie sich jede Gesellschaft auf die eine oder andere Weise stellt. Im 3. Jahrtausend ist die Menschheit an einem entscheidenden Wendepunkt angelangt. Einerseits hat sie erstaunliche Errungenschaften in Wissenschaft und Technologie aufzuweisen, andererseits aber ökonomische, soziale und politische Probleme sowie den Niedergang religiöser und kultureller Werte zu beklagen.

Seit sich der Mensch vom affenartigen Vorläufer zum sogenannten Homo sapiens erhoben hat, entwickelte er gleichzeitig die gravierende Fähigkeit, in natürliche Evolutionsabläufe einzugreifen. Inzwischen ist das Genom-Projekt, also die Kartographierung des menschlichen Erbgutes, abgeschlossen und damit der Weg zur genetischen Manipulation geebnet. Die biblische Aussage: »Lasset uns Menschen schaffen, ganz nach unserem Ebenbild«, erhält also durch die angewendete Genetik eine völlig neue Bedeutung. Denn durch eine künstlich herbeigeführte, ungeschlechtliche Vermehrung genetisch identischer Lebewesen ist dem Menschen nun »Tür und Tor zur Schöpfung« geöffnet. Wissenschaftlern des Medical Center der George Washington University in Washington war es allerdings schon 1993 gelungen, menschliche Embryonen zu verdoppeln. Die ersten Klonbabies existieren angeblich schon.

In der Datenübertragung hat sich mittlerweile eine tiefgreifende Revolution vollzogen, die fast alle Bereiche des menschlichen Daseins beeinflußt und verändert hat. Von der Wiege bis zur Bahre sind – zumindest in den Industrienationen – nur noch Computer »das Wahre«. Das globale Informationsnetz mit seinem interaktiven Online-System, dem Internet, hat die menschliche Gesellschaft in

seinen Bann gezogen. Erst durch diese Art der Datenverarbeitung und -übertragung wurde der Fortschritt von
Wissenschaft und Technologie in weiten Bereichen beschleunigt. Von der Genetik bis hin zur Weltraumfor-
schung, vom Mikro- bis zum Makrokosmos hätte es ohne
Hochleistungscomputer wohl kaum solche Innovations-
sprünge gegeben.

Doch die Mikrochip-Revolution der vernetzten Gesellschaft läßt uns nunmehr förmlich im Informationsmüll
ersticken. Gleichzeitig werden durch die kommerzielle
Nutzung der elektronischen Datenübertragung und
durch die Medien alle Schleusen – auch für Mißbrauch
und Desinformation – geöffnet! So kennt die Manipulation der Massen keine Grenzen mehr. Infotainment agiert
immer öfter als Lieferant für Voyeure. Vulgarität, Kla-
mauk und Banalität haben Hochkonjunktur. Niveau ist
tot – es lebe die Geschmacklosigkeit!

Künstliche Intelligenz, Nanotechnologie und »Terraforming«-Pläne für den roten Planeten Mars eröffnen neue
Dimensionen für die Menschheit. So ist zur juristischen
Erfassung der zukünftigen Siedler auf dem Mars bereits
ein Lehrstuhl für Weltraumrecht ins Leben gerufen worden. Zudem debattieren Wissenschaftler bereits die genetischen Möglichkeiten einer Veränderung des Menschen, um ihn besser an fremde Umweltbedingungen anzupassen.

Schon arbeiten Klimaexperten daran, die Witterung den
jeweiligen Bedürfnissen und Wünschen anzupassen.
Wohnsiedlungen auf und unter dem Meeresspiegel sollen
neue Siedlungsmöglichkeiten schaffen. Nahrungsmittel
der Zukunft erschließen neue Eßgewohnheiten. Zunehmend ersetzen elektronische Zahlungsmittel das Bargeld.

Es gelang die Atomspaltung und der Bau der Wasserstoff-
bombe, die Entwicklung von Antibiotika. Herz-, Lun-
gen-, Nierentransplantationen gehören mittlerweile bereits zur medizinischen Tagesordnung. Sogar die Struktur
der Erbsubstanz – den genetischen Code, der Form und
Funktion allen Lebens regiert – entschlüsselten und kar-
tographierten die Wissenschaftler anhand des Genom-
Projekts, um auf diese Weise eine Reihe von Erbkrankheiten zu heilen. Die Stammzellenforschung ermöglicht es
nun, im Labor Ersatzorgane zu züchten. Spezialisten klo-
nen Schafe und andere Geschöpfe und führen Genexpe-
rimente durch. Die Erkundung unseres Sonnensystems
und neue Erkenntnisse in der Kosmologie und Quantenphysik gehören inzwischen zum Alltag. Es ist gelungen,
die Zeit bis zum Urknall zurückzuverfolgen und somit
dem Widerhall der Hintergrundstrahlung nachzugehen,
um die Weltformel und die Blaupause des Lebens zu ergründen.
Nicht zuletzt zeichnen sich bereits dramatische Veränderungen unserer kulturellen und moralischen Wertbegrif-
fen ab. Seit Generationen vorherrschende Tabus werden
ad acta gelegt. Allem Anschein nach ist auch die starr festgelegte Geschlechterrolle in Auflösung begriffen und
macht der auf dem Vormarsch befindlichen Bisexualität
den Weg frei. Sex wird zur lustvollen Kommunikation anstatt zur Reproduktion, denn die Möglichkeit der künstlichen Befruchtung – geklonte, maßgeschneiderte Babys
zu »produzieren« – eröffnet, unabhängig von der Evolution, neue Wege.
Nicht zu vergessen die Ersatzteilmedizin. Auch sie ist im
Vormarsch begriffen. In dieser Richtung droht beispielsweise der amerikanische Neurochirurg Prof. Robert

White, kranken Körpern den Kopf abzutrennen und ihn auf gesunde Spenderkörper zu transplantieren.

In absehbarer Zeit wird die Pharmaindustrie die Menschheit mit dem Vertrieb von Jugendpillen beglücken und Medikamente zur Gedächtnissteigerung auf den Markt bringen. Radioastronomen sind wiederum mit der Suche nach Botschaften außerirdischer Intelligenz beschäftigt. Und amerikanische Forscher des McDonald Observatory der Universität Texas haben um den 11,8 Lichtjahre entfernten Doppel-Stern Epsilon Eridani ein Sonnensystem entdeckt, das unserem frappierend ähnelt.

In rund zwanzig Jahren der Vermittlung einer ganzheitlichen Wissenschaft habe ich in vielen Erfolgsbüchern aus einer fachübergreifenden Perspektive zahlreiche Thesen aufgestellt, die von hochspezialisierten Fachwissenschaftlern oft als provokativ, mitunter auch als abwegig empfunden worden sind. In vielen Fällen hat mir allerdings die Entwicklung recht gegeben.

Von dem, was Bestand hat, habe ich das Wichtigste in diesem Buch zusammengestellt. Deshalb ist dieses Werk die Quintessenz meiner wissenschaftlichen Überzeugung, aus weit verstreuten Quellen zusammengefaßt in einem Band. Dabei wurden natürlich alle Beiträge auf ihre Aktualität überprüft und fortgeschrieben, wo immer sich der Wissensstand wesentlich geändert hat oder neue Entwicklungen eingetreten sind.

Brixlegg, im Mai 2004 *Johannes von Buttlar*

# Bericht von anderen Welten

## SETI und kein Ende

Unsere Betrachtungsweise der »kosmischen Wirklichkeit« ist seit dem 17. Jahrhundert ständig subtiler geworden, und diese Entwicklung wird sich fortsetzen. Das mechanische Universum – die von Gott erschaffene, durch Seine Gesetze regierte und in Gang gehaltene »Weltmaschine« – wurde zu einem deterministisch funktionierenden Perpetuum mobile verfeinert, jedoch in der Vorstellung der Menschen immer noch von einer allwissenden, transzendentalen Autorität überwacht. Dieses statische Weltbild ist mittlerweile durch das Konzept eines kosmischen Systems von Feldern und Energien abgelöst worden. Die ewige »kosmische Maschine« gibt es nun nicht mehr, vielmehr unterliegt alles dem Wandel der Evolution. Das Universum stellt sich eher als eine Vernetzung von Wechselwirkungen dar, die nur noch durch Wahrscheinlichkeitsberechnungen erfaßt werden können. Für viele Physiker und Kosmologen ist Gott nicht mehr notwendig – sie haben Ihn ins Asyl geschickt.

Als ich 1972 vorsichtig die These eines universalen »Geistfeldes« postulierte, wurde ich von einigen Kritikern sarkastisch attackiert. Dem Sinne nach schrieb ich damals in »Schneller als das Licht«: Ist der Mensch wirklich nur das Endprodukt seiner physikalischen Zusammensetzung – vielleicht mit der zusätzlichen Gabe einer

Psyche undeutlicher Natur, die scheinbar lebloser Materie entstammt? Oder ist es etwa umgekehrt: Erhob sich die Materie aus dem Geist? Nur wenn wir diese ungelösten Fragen beantworten, wird uns die eigentliche Natur des Seins begreiflich.

Was immer wir aufnehmen, ersinnen, schöpfen, wissen und begreifen, wird vom Geist diktiert. Denn jedes bewußte Erleben ist zuerst eine Betrachtung durch das »geistige Auge«. Darum ist auch das physikalische, biochemische und physische Geschehen für uns grundsätzlich etwas Geistiges. Sogar unsere Auffassung des Ich und der Identität ist eine Vorstellung geistiger Art. Anstatt nun anzunehmen, daß sich aus toter Materie ohne ersichtlichen Grund eine völlig andere Wesenheit des Seins entwickelt – nämlich reflektierender Geist, der sich nicht nur mit seiner Umwelt sowie sich selbst auseinandersetzt, sondern auch die Frage nach dem Warum stellt –, wäre es vielleicht logischer, vorauszusetzen, daß grundsätzlich alles Inbegriff eines universalen Geistfeldes ist.

Aber was ist Geist? Ein Instruktions- beziehungsweise Informationsfeld, durch das der Aufbau komplexerer Organisationsmuster beschleunigt wird? Eine Art Kraftfeld, notwendiger Bestandteil der Materie, damit Natur fortdauert? Wäre dieses »Geistfeld«, falls es tatsächlich existiert, vielleicht etwas Bewußtes? Dann wäre ständiger Aufbau sein Ziel, und offensichtlich würde es eine Universalenergie verkörpern, aus der in kosmischer Vorzeit die ersten subatomaren Teilchen entstanden sind. Mit fortschreitender Evolution unseres Universums würde dieses »Geistfeld« Erfahrungen und Informationen über neu entstandene Organisationsmuster zur Weitergabe speichern.

Vor ein paar Jahren wurde die Theorie der sogenannten »morphogenetischen Felder« des englischen Biochemikers Rupert Sheldrake, Professor an der Universität Cambridge in England, von einigen der anfangs erwähnten Kritiker enthusiastisch aufgenommen. Sheldrake geht nämlich davon aus, daß alle Formen in der Natur – Organisationsmuster – durch formbildende Felder bestimmt werden. Diese morphogenetischen Felder verkörpern eine Art Gedächtnis der Natur, das die Erfahrungen aller Individuen einer Art – gleichgültig ob Kristalle, Pflanzen, Tiere oder Menschen – speichert. Jedes Individuum stehe durch sogenannte »morphische Resonanz« mit diesen Feldern in Verbindung, durch die sowohl seine Entwicklung und Form als auch seine charakteristischen Verhaltensweisen gesteuert würden.

Rupert Sheldrake führt seine Theorie der morphogenetischen Felder auf das zehndimensionale Urfeld vor dem Urknall – eine Zeit- und neun Raumdimensionen – zurück. Während eines kürzlich in London mit ihm geführten Gesprächs meinte er, daß alle in der Welt entstehenden Formen und Gebilde ihre Organisationsfelder hätten, deren Abstammung letztlich auf das einheitliche Urfeld zurückzuführen sei. Mit dem Auseinanderbrechen der Ureinheit – der Symmetrie nach dem Urknall – wären die verschiedenen Feldkräfte der Natur entstanden, inbegriffen eine Art von allumfassendem Weltfeld evolutionärer Natur. Es könne auch als eine Art »Weltseele« bezeichnet werden.

Sheldrakes Theorie der morphogenetischen Felder beruht auf zahllosen Indizien. So ist beispielsweise bei der Entstehung eines Kristalls dessen Form davon abhängig, wie sich in der Vergangenheit ähnliche Kristalle gebildet haben. Oder, um ein anderes Beispiel zu nennen: Wenn Ratten in New York darauf abgerichtet werden, in einem Irrgarten schnellstens den richtigen Weg zu finden, wird diese Information durch morphische Resonanz auf Ratten in aller Welt übertragen, die dann die gleiche Aufgabe schneller erlernen. In seiner Hypothese geht Sheldrake ferner davon aus, daß wir Menschen in unseren Lernprozessen durch ein kollektives Gedächtnis auf dem aufbauen können, was unsere Mitmenschen vor uns gelernt haben.

»Meiner Ansicht nach gibt es keinen schon feststehenden, schon voll ausgebildeten mathematischen Geist irgendwo da draußen. Vielmehr ist es so, daß wir mathematische Modelle von verschiedenen Aspekten der Natur erstellen und diese Modelle dann auf die Natur projizieren, wodurch die Illusion erzeugt wird, sie wären die äußere Wirklichkeit. Als Folge davon scheint die kosmische Imagination sich im Inneren einer ewigen mathematischen Seele zu vollziehen, wo sie doch vielleicht nicht mathematischer ist als wir, wenn wir träumen. Wir erleben unsere Träume nicht als von Gleichungen erzeugt oder als grundsätzlich mathematischer Natur. Meine These ist also, daß die kosmische Imagination einen mathematischen Bereich umfassen könnte und daß dieser mathematische Aspekt sich entwickelt, genau wie unser Verständnis der Mathematik sich im Laufe der Zeit entwickelt«, stellt Rupert Sheldrake in dem Trialog »Denken am Rande des Undenkbaren« im Zusammenhang mit mathematischen Modellvorstellungen für eine Weltformel fest.

»Bewußtsein ist ein so bedeutendes Phänomen«, sagte mir Roger Penrose in Oxford, »daß ich einfach nicht glauben kann, es sei nur zufällig durch komplizierte Datenverarbeitungsvorgänge entstanden. Es ist das Phänomen des Bewußtseins, das uns das Universum überhaupt wahrnehmen läßt. Man kann sogar darüber debattieren, ob ein durch Gesetze regiertes Universum, das ein Bewußtsein ausschließt, ein Universum ist. Ich würde sogar so weit gehen zu behaupten, daß alle bisherigen mathematischen Beschreibungen des Universums in dieser Hinsicht versagt haben.«

Die Theorie der morphogenetischen Organisationsfelder deutet auf eine interessante Konsequenz hin: Die sogenannte Selbstorganisation von Lebenssystemen erhält durch morphische Resonanz Informationen von bereits existierenden Systemen. Danach müßten Leben und Bewußtsein – unter der Voraussetzung günstiger ökologischer Bedingungen – im Universum weitverbreitet sein. Nach dieser Theorie wäre die Voraussetzung für humanoide Lebensformen im All, in anderen Planetensystemen, gegeben.

Unsere Vorstellung vom Universum wurde durch die astronomischen Entdeckungen und Erkenntnisse der letzten drei Jahrzehnte grundlegend verändert. Allein in der letzten Dekade konnte mehr Wissen über den Kosmos gespeichert werden als in den vergangenen Jahrhunderten.

Heute steht uns mit den technischen »Augen und Ohren« von Teleskopen, Raumsonden und Satelliten ein verhältnismäßig hochentwickeltes Instrumentarium zur Erforschung des Universums zur Verfügung.

Leistungsfähiger als je zuvor können diese Geräte selbst das fahlste Licht von Sternen bündeln und auf hochempfindlichen Fotoplatten festhalten. Heute arbeiten Astronomen mit Radioteleskopen, deren Antennenschüsseln

16

größer sind als ein Fußballplatz. Es ist sogar möglich, die Radioteleskope verschiedener Kontinente zusammenzuschalten. Zu diesem Instrumentarium gehört der größte schwenkbare Spiegel der Welt in dem Eifeldörfchen Effelsberg und der nicht schwenkbare des Radioteleskops im puertorikanischen Arecibo. Die Leistungsverstärker der computergesteuerten Radioteleskope empfangen und messen Signale, die praktisch bis zur Geburtsstunde des Universums zurückreichen. Ergänzt werden die erdgestützten Systeme von mit Spezialteleskopen ausgerüsteten Satelliten, die auch jene Strahlung auffangen, deren Stärke nicht einmal ausreicht, die Erdatmosphäre zu durchdringen.

All diese technischen »Augen und Ohren« der neuen Astronomie sind an Computer angeschlossen, deren Bildverarbeitungsgeräte kosmische Signale in verständliche Bilder umsetzen.

Im Gegensatz zur herkömmlichen Astronomie, die nur optische Strahlung messen konnte, also lediglich das von Sternen ausgestrahlte Licht, ist die moderne Astronomie in der Lage, die gesamte elektromagnetische Strahlung von Himmelskörpern zu erfassen.

Im breiten Spektrum der elektromagnetischen Strahlung ist das sichtbare Licht nur ein sehr kleiner Teilbereich, der uns aus den Tiefen des Kosmos erreicht. Mit den herkömmlichen Mitteln der Astronomie konnten weder die extrem kurzen Gammastrahlen registriert und gemessen werden noch Röntgenstrahlen. Auch ultraviolette oder infrarote Strahlen sowie lange Radiowellen ließen sich nicht erfassen. Doch gerade diese Wellenbereiche sind für uns mittlerweile zu den wichtigsten Informationsquellen über Vorgänge im Universum geworden.

Die Erfassung der verschiedenen Strahlungsbereiche von Sternen gibt vor allem über die Entstehung, Zusammensetzung und Entwicklung der verschiedenen Sterntypen Aufschluß. Es geht daraus hervor, ob ein Stern möglicherweise Planeten mit sich führt, ob er über einen ausreichend langen Zeitraum eine Ökosphäre – eine lebensfördernde Zone – bieten kann und wann und wie er eines Tages sein Dasein beenden wird.

Wie wir bereits wissen, entsteht ein Stern aus einer Gaswolke, die sich durch die Einwirkung von Schwerkraft zu einer sphärischen Masse verdichtet. Sobald sich ihr Zentrum genügend erhitzt hat, setzen Kernreaktionen ein, durch die Atomkerne verschmelzen. So werden weitere gigantische Mengen an Energie freigesetzt, die den Stern zum Leuchten bringen, aber auch so viel Gegendruck erzeugen, daß eine weitere Verdichtung aufgehalten wird. Ein solcher Fusionsprozeß hält allerdings nur so lange an, bis der Wasserstoffvorrat aufgebraucht ist und nur noch schwerere Elemente wie z. B. Eisen übrigbleiben – die »stellare Asche« des Sterns. Ist die Masse eines Sterns nicht zu groß, kann sich ein solcher Fusionsprozeß über viele Milliarden Jahre hinziehen. Seine Schwerkraft verbleibt währenddessen in einer Art Ruhezustand. Sobald jedoch der »Treibstoff« eines Sterns aufgebraucht ist, erleidet er – seiner Masse entsprechend – eine von drei möglichen Todesarten. Denn mit dem Ende seines Brennstoffvorrats erlischt auch der Widerstand gegen die eigene Schwerkraft. Einem weiteren Schrumpfprozeß – seiner zunehmenden Verdichtung – steht nun nichts mehr im Wege.

Ein sterbender Stern von etwa der gleichen Masse wie unsere Sonne kann zum Weißen Zwerg werden. Während des Verdichtungsprozesses ist seine Schwerkraft so stark, daß sich die Atome im Zentrum nicht nur laufend weiter verdichten, sondern durch den Druck der Masse bis zu einem Punkt zerquetscht werden, an dem sich die Elektronen schließlich gegenseitig berühren. Durch ihren Gegendruck setzen diese dichtgepackten Elektronen auch der Schwerkraft Widerstand entgegen.

So ein Weißer Zwerg hat im Zentrum eine Dichte von etwa tausend Tonnen pro Kubikzentimeter. Er ist heiß – weißglühend –, aber viel kleiner als zuvor. Über einen langen Zeitraum kühlt er ab, wird so zum Roten und schließlich zum Schwarzen Zwerg – einem kalten Klumpen, der grundsätzlich aus Eisen und anderen schweren Metallen besteht. Wenn seine Masse auch der unserer Sonne entspricht, ist er doch nicht größer als die Erde.

Mit der Frage, was dagegen aus einem Stern wird, dessen Masse größer ist als die der Sonne, beschäftigte sich der indische Astronom Subrahmanyan Chandrasekhar. 1931 konnte er nachweisen, daß es eine solche kritische Masse geben muß. Denn Sterne, deren Masse über dieser sogenannten Chandrasekhar-Grenze liegt, kollabieren unaufhaltsam weiter, da nicht einmal der Widerstand der Elektronen im Weißen-Zwerg-Stadium dem Druck der Masse gewachsen ist. Die verdichteten »Überreste« eines solchen Sterns kollabieren also über dieses Stadium hinaus einfach weiter.

Nach Chandrasekhar liegt die Grenze der kritischen Masse solcher Sterne bei der 1,4fachen Sonnenmasse. Bei Sternen, deren Masse jenseits dieser Grenze liegt, bewirkt die Schwerkraft eine weitere Verdichtung. Ein rotierender Weißer Zwerg könnte diese kritische Grenze zwar durch die dem Druck der Schwerkraft entgegenwirkende

19

Fliehkraft etwas nach oben verlagern, aber anscheinend rotieren nur wenige Weiße Zwerge schnell genug, um auf diese Weise eine nennenswerte Veränderung der kritischen Grenze zu erreichen.

Was passiert, wenn ein großer Stern kollabiert, wurde erstmals durch die Analyse einer Supernova deutlich. Im Jahr 1885 hatten Astronomen im Andromeda-Nebel das außergewöhnliche Aufleuchten eines Sterns beobachtet, dessen strahlende Helle 25 Tage lang anhielt und das Licht von zehn Millionen Sonnen übertraf. Dann ließ seine Leuchtkraft langsam nach, er verblaßte zunehmend, bis er schließlich so dunkel war, daß ihn nicht einmal mehr die stärksten Teleskope der damaligen Zeit erfassen konnten.

Schon 1572 hatten Astronomen einen ähnlichen aufstrahlenden Stern in der Milchstraße beobachtet – die Supernova von Tycho Brahe. Damals glaubte man noch, ein neuer Stern – eine Nova – würde auf diese Weise geboren. Nach dem deutschamerikanischen Astronomen Walter Baade und dem Schweizer Fritz Zwicky ist eine Supernova Teil eines sehr massereichen Sterns, dessen Verdichtungsprozeß so katastrophale Formen annimmt, daß sich dabei große Mengen seiner Materie in Energie umwandeln. Baade vermutete darüber hinaus, der noch verbliebene Rest des Sterns werde durch die Explosion derartig komprimiert, daß er nunmehr fast gänzlich aus dichtgepackten Neutronen bestehe.

In anderen Worten: Bei einem Stern, der mehr als die 1,4fache Masse unserer Sonne aufweist, ist die zum Zentrum hin gerichtete Schwerkraft so gewaltig, daß er sich über das Weiße-Zwerg-Stadium hinaus weiter verdichtet. Die Kompression nimmt derartige Dimensionen an, daß sich selbst die Elementarbausteine der Materie unter ihrem Einfluß umwandeln. Durch den ungeheueren Druck werden die Elektronen in die Protonen der Atomkerne gequetscht, wo sie sich zu Neutronen vereinen, bis die Dichte des Sterns schließlich einen Grad erreicht, der beinahe den Verhältnissen im Innern eines Atomkerns entspricht. So ist ein Neutronenstern noch um das Millionenfache dichter als ein Weißer Zwerg.

Der Krebsnebel ist ein spektakuläres Beispiel für die Spuren einer Supernova. Die Expansion seiner leuchtenden Gaswolke läßt sich anhand von Aufnahmen verfolgen, die über Jahre hinweg von diesem Nebel gemacht wurden. Nacheinander betrachtet sehen sie wie der Film einer Explosion in Zeitrafferwiedergabe aus. Schließt man aus dem Expansionstempo auf den zeitlichen Ablauf, deutet alles darauf hin, daß sich die Explosion um 1054 n. Chr. ereignet hat – vielmehr deren Licht die Erde zu jenem Zeitpunkt erreicht haben muß.

Die Vorstellung, daß sich ein Stern von der Masse der Sonne als Weißer Zwerg bis auf nur Erdgröße verdichtet, ist schon schwer genug. Aber daß ein Stern von doppelter Sonnenmasse durch seine Verdichtung zu einem rotierenden Klumpen von etwa zehn Kilometer Durchmesser oder weniger zusammengepreßt wird, übersteigt fast unsere Vorstellungskraft. Dennoch trifft genau das auf Neutronensterne zu.

Unter Leitung von Dr. A. Hewish entdeckte Jocelyn Bell von der Universität Cambridge 1964 eine Strahlenquelle, die kurze elektromagnetische Impulse abgab. Diese Impulse wiederholten sich über den größten Teil des Radiospektrums einmal pro Sekunde. Während der sechsmonatigen Beobachtungsdauer blieben die Impulsintervalle erstaunlich gleichmäßig. Da die Signale den Verdacht weckten, sie könnten von intelligentem Leben irgendwo im Weltall stammen – von »little green men« (kleinen grünen Männchen) – wurde die Strahlenquelle LGM-1 getauft. Als jedoch in anderen Regionen des Weltraums ebenfalls sogenannte Pulsare entdeckt wurden, gab man die Vorstellung von der Urheberschaft dieser Signale durch die »kleinen grünen Männchen« wieder auf.

Heute wird vermutet, daß Pulsare schnell rotierende Neutronensterne sind. Denn mit zunehmender Verdichtung eines Sterns, der sich anfangs langsam dreht, erhöht sich auch seine Rotationsgeschwindigkeit – genau wie bei einem Eiskunstläufer, der beim Drehen einer Pirouette die Arme anlegt.

Wie wir gesehen haben, endet ein Stern mit weniger als der 1,4fachen Sonnenmasse als Weißer Zwerg. Liegt seine Masse über diesem Grenzwert, aber unter der 3,2fachen Sonnenmasse, so explodiert er als Supernova, und wenn die Restmasse das 1,4fache der Sonne übersteigt, verdichtet er sich zum Neutronenstern.

Aber was geschieht mit Sternen von mehr als drei Sonnenmassen? Schon 1939 beschäftigte den amerikanischen Atomphysiker und als Vater der Atombombe bekannt gewordenen Jacob Robert Oppenheimer diese Frage, als er seine Theorie über Neutronensterne ausarbeitete.

Seiner Meinung nach muß die Verdichtung eines Sterns entsprechend großer Masse mit so katastrophalen Folgen verbunden sein, daß er nicht einmal mehr als Neutronenstern Überlebenschancen hat. In diesem Prozeß des totalen Zusammenbruchs aller Materie werden auch die zu Neutronen verschweißten Protonen und Elektronen »vernichtet«. Ein kollabierender Stern, der dieses Stadium erreicht hat, muß zu unendlicher Dichte schrumpfen, da der Schwerkraft nach dem Überwinden der Kernkraft keine Grenzen mehr gesetzt sind. Der Stern kollabiert weiter und weiter bis zu einem Punkt unendlicher Dichte, den die Mathematiker »Singularität« nennen – ein Punkt, an dem die Existenz von Raum und Zeit aufhört und das Gravitationsfeld unendlich stark wird.

Berechnungen zufolge liegt die kritische Grenze für die Stabilität eines Neutronensterns bei 3,2 Sonnenmassen. Größere Sterne kollabieren nach ihrem Ende unaufhaltsam weiter zu einem sogenannten »Schwarzen Loch«.

Bereits um die Jahrhundertwende hatten Henry Morris Russell und der dänische Astronom Einar Hertzsprung unabhängig voneinander eine Beziehung zwischen der Farbe von Sternen und deren absoluter Größe entdeckt. Heute sind ihre Ergebnisse unter dem Namen »Hertzsprung-Russell-Diagramm« bekannt.

Hierin werden Sterne entsprechend ihrer Spektraltyp-Zugehörigkeit und absoluten Leuchtkraft einander graphisch gegenübergestellt. Die Klasseneinteilung dieses Diagramms ist nicht zufällig. Es handelt sich vielmehr um ein wohlgeordnetes, von der oberen linken zur unteren rechten Ecke verlaufendes und »Hauptreihe« genanntes Band, in das sich die überwiegende Mehrzahl der Sterne einordnen läßt. Zwerge, Riesen und Überriesen sind hier beidseitig plaziert. Die verschiedenen Spektraltypen sind jeweils mit einem Buchstaben des Alphabets gekennzeichnet. Sterne der W-, O-, B- und A-Zugehörigkeit sind weiß oder blauweiß; Sterne der Klassen F und G gelb; K-Sterne leuchten orange und die Klassen M, R, N und S glühen orangerot.

W, O, B, A, F, G, K, M, R, N, S – ein sonderbares alphabetisches Konglomerat, das mit den Irrtümern früherer Spektroskopiker zusammenhängt.

Ein bescheidener gelber Stern wie unsere Sonne zum Beispiel leuchtet für Milliarden von Jahren beständig in der Hauptreihe, bevor er eine Phase als unauffälliger Roter Riese durchläuft, um dann zum Weißen Zwerg zu werden. Dagegen geht ein blauweißer Stern verschwenderisch mit seiner Energie um. Er verbleibt viel kürzere Zeit in der Hauptreihe, bläht sich zuerst zum gewaltigen Riesen auf, um dann im Zwergstadium zerquetscht zu werden und schließlich als wild trudelnder Neutronenstern oder – noch dramatischer – sogar als Schwarzes Loch zu enden.

Sterne werden generell in die Populationen I und II eingeteilt. Population-I-Sterne sind die neueren gelben oder blauen Sterne mit einer Menge schwerer Elemente, die entlang den Spiralarmen der Sternensysteme entdeckt wurden und zu denen auch unsere Sonne gehört.

Population-II-Sterne bestehen dagegen aus Roten oder Gelben Riesen, bei denen es sich um ältere Sterne ohne Atome schwerer Metalle handelt. Sie befinden sich vorwiegend in den Zentren der Galaxien und in Kugelsternhaufen.

Der Vorort der Milchstraße, an dem heute unser Sonnensystem zu finden ist, wurde vor seiner Entstehung von Materie explodierender Sterne ausgefüllt. Diese aus neuen Elementen bestehende Materie verhielt sich chemisch aktiv. Aus der Reaktion von Wasserstoff mit Sauerstoff entstand zum Beispiel Wasser, das zu winzigen Eispartikeln gefror. Die Reaktion zwischen Metallen, Silikon und Sauerstoff führte zur Bildung kleiner Gesteinsbrocken, während sich der Urstoff allen irdischen Lebens, Kohlenstoff, durch chemische Reaktionen in teerartige Substanzen wandelte. Diese Materiewolke wurde immer wieder durch Supernovae-Explosionen mit neuen Elementen angereichert.

In der dichteren Region der bereits vor dem Kollaps stehenden interstellaren Staub- und Wasserstoffwolke gaben die von einer solchen Supernova-Explosion ausgehenden Schockwellen den Anstoß zur Entstehung unserer Sonne.

Wie groß ist nun die Wahrscheinlichkeit, daß sich außer unserem Planetensystem auch noch andere gebildet haben?

Der amerikanische Astronom Stephen H. Dole hat anhand von Computersimulationen untersucht, ob die Bildung von Planetensystemen ein ganz »alltäglicher« Vorgang im Universum ist oder nicht. Er legte die Masse und Dichte einer Gas- und Staubwolke zugrunde, wie sie vor der Entstehung unseres Sonnensystems vorhanden gewesen sein könnte. Dann ließ er vom Computer Daten über Schwerkraftauswirkungen, zufällige Bewegungsabläufe, Kollisionsprozesse und dergleichen mehr ausarbeiten und danach die Ergebnisse kalkulieren.

Dieses Gas-Staubwolkenmodell spielte er in den verschiedensten Varianten durch. Resultat: In jedem Fall entstanden Planetensysteme, die unserem Sonnensystem verblüffend glichen. Die simulierten Planetensysteme bestanden jeweils aus einem Zentralgestirn mit sieben bis vierzehn Planeten. Die kleineren, massiven Planeten befanden sich in der Nähe ihrer Sonne, und die größeren waren – wie in unserem Solarsystem – weiter von ihr entfernt. Beinahe in jedem dieser Systeme gab es einen Planeten, dessen Zusammensetzung und Entfernung vom

25

Zentralgestirn etwa unserer Erde entsprach. Es ergaben sich – auch was Masse und Entfernung angeht – jupiterähnliche Planeten.

Zum Schluß speicherte Dole auch das Diagramm unseres wirklichen Sonnensystems und vermischte es mit den verschiedenen simulierten. Die Übereinstimmung war so groß, daß eine Unterscheidung zwischen den simulierten Planetensystemen und unserem echten Sonnensystem kaum mehr möglich war.

Dieser Studie zufolge sollte es im Universum also zahllose Planetensysteme geben – nicht nur in unserer Milchstraße, sondern auch in anderen Galaxien.

Obwohl die Astronomen schon seit längerem nach anderen Planetensystemen gesucht haben, gelang die sensationelle Entdeckung anderer Planetensysteme durch den holländisch-amerikanischen Infrarot-Astronomie-Satelliten IRAS. Die von diesem inzwischen gesammelten Daten umfassen einen Computerausdruck von über hundert Kilometer Länge.

Allein in unserer Milchstraße hat IRAS annähernd fünfzig Planetensysteme aufgespürt, bevor ihm die Betriebsenergie ausging. Unter den von Planeten begleiteten Sonnen befand sich auch der blaue Stern Wega, für den IRAS die Existenz eines Planetensystems praktisch nachweisen konnte. Im übrigen registrierte IRAS um den Stern Beta Pictoris die Entstehung eines Planetensystems.

Nach dieser Meldung nahmen Astronomen umgehend die optische Suche auf. Sie bedienten sich dabei sogenannter CCD-Detektoren (CCD = charged-coupled-device – ladungsgekoppeltes Element). Dabei handelt es sich um einen mit lichtempfindlichen Flächen – Pixel – gespickten Siliziumchip. CCD-Chips der neuesten Generation haben für 640 000 dieser Pixel Platz, also für über eine halbe Million hochempfindlicher Lichtsensoren, auf die das mit einem riesigen Teleskop erzielte Bild konzentriert wird. Dabei entsteht in jedem Pixel eine Ladung, die in einen Computerspeicher fließt und von dort für die Darstellungsvarianten moderner Bildverarbeitung abgerufen werden kann. Nach Beobachtungen des Astronomen Richard Terrile, einem der Wissenschaftler, die das 50 Lichtjahre entfernte Beta-Pictoris-System optisch erkennen konnten, ist deutlich zu beobachten, daß sich um diesen Stern gerade innere Planeten bilden – wie einst die inneren Planeten unseres eigenen Sonnensystems: Merkur, Venus, Erde und Mars.

Sollte es außerhalb des Sonnensystems tatsächlich lebensfreundliche Planeten geben, stellt sich die Frage, wie viele darunter wirklich bewohnbar wären. Doch auch wenn es Welten gibt, auf denen Leben entstehen könnte, so ist damit noch lange nicht gesagt, daß sich dort auch Leben entwickelt hat.

Unlängst wurde die These von der Existenz anderer Sonnensysteme durch eine sensationelle Entdeckung bestätigt. Den Schweizer Astronomen Michel Mayor und Didier Queloz vom Genfer Observatorium gelang es nämlich mit hochempfindlichen Instrumenten, den indirekten Nachweis zu erbringen, daß der 45 Lichtjahre von uns entfernte Fixstern Pegasus 51 im Orionarm der Milchstraße – in dem sich auch unser Sonnensystem befindet – von mindestens einem Planeten umkreist wird. Allerdings benötigt dieser neuentdeckte Trabant nur vier Tage, um sein Muttergestirn zu umrunden – und nicht ein Jahr, wie unsere Erde. Denn der Planet umkreist seine Sonne in einem wesentlich engeren Orbit als die Erde ihre Sonne. Das bedeutet allerdings auch, daß er aufgrund der erheblich höheren Temperaturen von circa 1300 Grad für jegliches Leben ungeeignet sein dürfte. Natürlich kann nicht ausgeschlossen werden, daß Pegasus 51 noch weitere und möglicherweise lebensfreundliche Planeten im Gefolge hat.

Der britische Astronom David Hughes aus Sheffield kam durch seine Untersuchungen zu dem Ergebnis, daß allein in unserer Milchstraße jeder vierundzwanzigste Stern Planeten mit sich führt. Daraus schließt Hughes auf eine hohe Anzahl erdähnlicher Planeten. In komplizierten Computersimulationen spielte er zahlreiche Varianten der Planetenbildung durch und kam zu dem Schluß, daß in unserer aus circa zweihundert Milliarden Sternen bestehenden Milchstraße mindestens sechzig Milliarden Planeten um Sonnen kreisen, darunter mindestens vier Milliarden erdähnliche mit einer lebensfördernden Ökosphäre. Auch Steven Beckwith, Direktor des Max-Planck-Instituts für Astronomie in Heidelberg, geht davon aus, daß Planeten mit einer lebensfreundlichen Ökosphäre in Hülle und Fülle existieren.

Selbst wenn wir annehmen, daß eine Reihe lebensfreundlicher Planeten von ETs bewohnt ist, stellt sich die Frage, wie viele intelligente Zivilisationen sich darunter befinden. Wären wir in der Lage, sie zu entdecken und mit ihnen zu kommunizieren? Dazu meint der Schweizer Astrophysiker Gustav Tammann: »Wenn es irgendwo im All anderes Leben gibt, dann ist es so anders, daß wir es vermutlich nicht einmal erkennen können. Menschenähnlich werden sie jedenfalls ganz sicher nicht aussehen.« Dem Mikrobiologen und Nobelpreisträger Werner Arber zufolge läßt der genetische Code unendlich viele Varianten von Lebewesen zu. Auf der Erde sei jedoch nur ein winziger Bruchteil der biologischen Möglichkeiten der Natur zur Anwendung gekommen.

»Alle Orte, an denen wir nach Leben suchen könnten, liegen in der Tat sehr weit von der Erde entfernt. Und im Universum ist Entfernung gleichbedeutend mit Zeit. Es sieht so aus, als würde die Chance, unsere kosmischen Ebenbilder zu finden, weit größer, wenn diese Zivilisationen nach ihrer Entstehung und Entdeckung für eine Weile bestehenblieben. Idealerweise wären sie so freundlich, so lange entdeckbar zu bleiben, bis wir sie aufgespürt haben«, resümiert der Präsident des SETI-Instituts, Frank Drake.

Bis heute waren die Astronomen gezwungen, ihre Alterseinschätzung von Sternen, Galaxien, ja, des gesamten Universums immer wieder zu revidieren. Wenn wir jedoch die Anzahl der Planetensysteme in den Galaxien schätzen wollen, muß nicht nur der Ablauf der Entstehung des Universums bekannt sein, sondern auch der Zeitpunkt. Theoretisch haben Physiker die Geschichte des Universums inzwischen bis auf nur $10^{-43}$ Sekunden nach dem Urknall – dem »Big bang« – zurückverfolgt. In Zahlen ausgedrückt würde dieser Bruchteil einer Sekunde durch einen Dezimalpunkt mit 42 darauffolgenden Nullen und einer 1.

Nach den neuesten Theorien war das gesamte Universum zu diesem Zeitpunkt – vor circa 15 Milliarden Jahren – winziger als ein Atomkern. Materie in unserem Sinne existierte noch nicht. Der Kosmos war absolute, gestaute, ultraheiße Energie – der Stoff, aus dem Raum und Zeit entstanden sind. Es existierte eine Art zergehende, sich immer wieder neu formende »schaumige Masse« aus

Schwarzen Löchern. Möglicherweise war unser Universum zu einem bestimmten Zeitpunkt ein winziger Teil dieses »Schaums« und begann rapide zu expandieren – wie ein Hefeteig, der aufgeht. Und damit vollzog sich sozusagen die Geburt unseres Universums.

Nach heutigen Überlegungen hat der Urknall nicht nur das plötzliche Auftauchen von Materie und Energie erzeugt, sondern auch das vierdimensionale Kontinuum Raum und Zeit. Und damit wäre der gesamte physikalische Kosmos vor etwa 15 Milliarden Jahren durch den »Big bang« entstanden. Dieser Vorgang spaltete die vereinte Superurkraft in ihre unterschiedlichen Komponenten auf – in die vier Naturkräfte, mit denen wir es heute zu tun haben.

Bereits $10^{-32}$ Sekunden nach dem Urknall wurde eine feinabgestimmte Balance zwischen Schwerkraft und Expansion erreicht. »Viel später« – etwa nach einer millionstel Sekunde hatte sich das junge Universum so weit abgekühlt, daß aus Quarks Protonen und Neutronen entstehen konnten. (Quarks sind die winzigen Bausteine der Protonen und Neutronen; eine Familie von Partikeln, zu denen auch die Elektronen zählen.) Etwa eine Sekunde nach dem Urknall wurden sogenannte Neutrinos (Geisterteilchen) frei. Heute vermuten viele Wissenschaftler, daß eben diese Neutrinos einige hunderttausend Jahre später eine entscheidende Rolle zu spielen begannen.

Schon $10^{-6}$ Sekunden nach dem Urknall hatte sich das Universum etwa auf die Größe unseres Sonnensystems ausgedehnt. Aber im jungen Universum hatten sich Materie und Antimaterie gebildet, die sich gegenseitig zerstrahlten. Zum Glück behielt die Materie die Oberhand, und alle im heutigen Universum vorhandene Materie ist

30

ein Überrest aus dem »Vernichtungskampf« im Anfangs-
stadium.

Drei Minuten nach dem »Big bang« war die Temperatur
des Universums bereits auf eine Milliarde Grad abgesun-
ken. Protonen und Neutronen verbanden sich zu Atomkernen; Wasserstoff- und Heliumkerne entstanden. Nach
hunderttausend Jahren, als die Temperatur bis auf drei-
tausend Grad gefallen war, vereinigten sich Elektronen
mit den Kernen zu Atomen. Das war auch der Zeitpunkt,
zu dem sich die Photonen – die energetischen Partikel des
Lichts – und andere elektromagnetische Strahlungsarten
aus ihrer Materiebindung lösten. Das junge Universum
nahm sein uns gewohntes Erscheinungsbild an: von
Lichtquellen durchsetztes Dunkel.

Die Eruption von Photonen hinterließ ein Nachglühen,
das von Radioastronomen heute überall im Universum
ohne Schwierigkeiten zu ermitteln ist. Diese kosmische
Hintergrundstrahlung hat sich auf 2,7° Kelvin abgekühlt
– die Durchschnittstemperatur unseres Universums in
der Gegenwart (0° Kelvin = –273,15 °C). Diese erkalteten
Photonen sind sozusagen Fossilien der am Anfang herrschenden ungeheuer hohen Temperatur.

Nach dem Nachglühen bildeten sich Sternensysteme, die
heute in sogenannten Clusters (Galaxiengruppen) und
Superclusters vereinigt sind. Über die Entstehung dieser
Galaxiengruppen gehen die Meinungen der Kosmologen
noch auseinander. Während John Peebles von der amerikanischen Princeton-Universität annimmt, daß sich die
Galaxien zuerst geformt und dann zu Clusters gesammelt
hätten, argumentiert der russische Wissenschaftler Ya-
kow Zeldowich, die Galaxien wären aus den uranfängli-
chen Gaswolken entstanden, die in dünnen Schichten

kollabiert seien. Und diese dünnen »Pfannkuchen« hätten sich dann in Galaxien geteilt.

Peebles meint auch, mit der fehlenden Gewißheit über die eigentliche Zusammensetzung der Galaxien sei nun ein neues Problem aufgetaucht. Bisher habe man vorausgesetzt, daß Galaxien überwiegend aus Sternen bestehen. Inzwischen gebe es aber Hinweise auf ungeheure Mengen dunkler, unsichtbarer Materie innerhalb der Galaxien, und Sterne dürften hier also tatsächlich nur noch eine untergeordnete Rolle spielen.

Diese »dunkle Materie« könnte natürlich von Schwarzen Löchern verkörpert werden, also aus der bis zur unendlichen Dichte kollabierten Materie übergroßer Sterne bestehen, die aller Wahrscheinlichkeit nach aus unserer normalen Raum-Zeit-Struktur verschwunden ist, aber einen rotierenden Schwerkraftstrudel hinterlassen hat. In diesen Regionen ist die Raum-Zeit-Struktur zu einem »Schacht« entarteter Dimensionen »ausgebeult«. Genausogut könnte es sich bei dieser dunklen Materie aber auch um ausgebrannte Sternleichen handeln; vielleicht auch um kleine Objekte mit zu geringer Masse, um die stellare Kernfusion in Gang zu bringen, oder um subatomare Teilchen, Neutrinos genannt.

In Sternen bilden sich ununterbrochen Neutrinos. Kosmologen interessieren sich allerdings vor allem für die »Big-bang«-Neutrinos, von denen wir heute noch »berieselt« werden. Denn Urknall-Neutrinos sind mindestens ebenso zahlreich wie Lichtquanten-Photonen. Sie würden also etwa neunzig Prozent der Masse des Universums ausmachen.

Durch die Masse der Neutrinos ließe sich die neu entdeckte Struktur des Universums erklären. Aus weiter

)urch die Einsteinsche Spezielle und Allgemeine Relativitätstheorie wurde unser
`erständnis von Raum, Zeit, Licht und Gravitation einschneidend verändert. (Foto:
.obert M. Gottschalk)

Der Cambridge-Kosmologe Stephen S. Hawking verbindet in seiner aufsehenerregenden Arbeit über Schwarze Löcher Gravitation, Quantenmechanik und Thermodynamik. (Foto: Archiv Johannes von Buttlar)

Ferne betrachtet, würde sich das Universum danach wie ein riesiger, luftiger Schwamm darstellen, mit unregelmäßig geformten gewaltigen Lücken, mit leeren Raumregionen von mehr als dreihundert Millionen Lichtjahren im Durchmesser, in denen sich keine Galaxien befinden. Es ist nicht auszuschließen, daß dieser »kosmische Schwamm« ein Skelett aus Neutrinos mit Masse umschließt. Materie wäre also einfach in den Gravitationsfallen der Neutrinostruktur gefangen worden.

In den ersten Versuchen ist es bereits gelungen, mit Hilfe von Computern die Zusammenballung von Neutrinos nach dem »Big bang« zu simulieren. Das Ergebnis waren filamentähnliche, durch große Lücken getrennte Strukturen, wie sie heute im Universum tatsächlich wahrgenommen werden.

Bereits mit dem Urknall wurde die Entwicklung des Universums für die Zukunft festgelegt. Das Hauptprodukt dieser Eruption vor etwa 15 Milliarden Jahren war Wasserstoff. Seitdem vollzieht sich im Kosmos die Umwandlung von Wasserstoffwolken zu Himmelskörpern – zu Sternen und Planeten. Wo immer die Bedingungen geeignet waren, dürfte sich auch Leben und schließlich Intelligenz entwickelt haben.

Es gibt eine ganze Reihe mehr oder weniger überzeugender Schätzungen über die Anzahl außerirdischer Zivilisationen in unserer Milchstraße. Die Berechnungen stützen sich vorwiegend auf astronomische, biologische beziehungsweise exobiologische Grundlagen und gehen von erdähnlichen Lebensformen aus. Sonne und Erde sind knapp fünf Milliarden Jahre alt, aber die Milchstraße und die meisten ihrer Sterne zählen rund zehn Milliarden Jahre, sind also doppelt so alt.

Wenn wir die Entwicklung unserer irdischen Welt als typisch betrachten und davon ausgehen, daß von den zweihundert Milliarden Sternen in der Milchstraße etwa ein halbes Prozent einen bewohnbaren Planeten mit sich führt, müßte sich nach vorsichtigster Schätzung auf einer Milliarde Planeten Leben entwickelt haben. Und die meisten dieser Zivilisationen sollten ein unverhältnismäßig höheres Entwicklungsniveau erreicht haben als wir, da sie viel älter sind. In unserer Galaxie existieren also mit hoher Wahrscheinlichkeit viele sehr alte Zivilisationen.

Schätzungen über die Anzahl solcher extraterrestrischer Zivilisationen sind nach der sogenannten Greenbank- oder Drake-Formel vorgenommen worden. Die Greenbank-Gleichung basiert auf der Überlegung, daß sich Intelligenz und Technologie auf der Erde in den mittleren Jahren der Sonne innerhalb einer verhältnismäßig kurzen Zeitspanne entwickelt haben. In einem Zeitraum von nur hundert Jahren gelangte der Mensch auf dem Gebiet der elektromagnetischen Kommunikation von völliger Unkenntnis zu einem relativ hohen Standard. Verglichen mit der durchschnittlichen menschlichen Lebensspanne ist das sehr lang, aber in der kosmischen Zeitskala bedeutet es nur $10^{-8}$ der Lebensdauer eines Sternensystems.

Selbst wenn nur ein kleiner Prozentsatz höher entwickelter Zivilisationen die »technologischen Flegeljahre« überlebt haben sollte, wäre die verbliebene Anzahl in unserer Milchstraße heute wahrscheinlich dennoch sehr groß. Voraussetzung dazu sind Milliarden von lebensfreundlichen Planeten und Milliarden von Entwicklungsjahren. Schätzungen darüber stehen natürlich auf recht unsicherem Boden, und die Meinungen gehen auch hier stark auseinander.

So geht Drake von der Annahme aus, daß in unserer Milchstraße etwa eine Million Zivilisationen bestehen, die entweder unser Evolutionsstadium erreicht oder bereits überschritten haben. Wären diese Zivilisationen wahllos über die Milchstraße verstreut, müßte die mittlere Entfernung zur nächstliegenden etwa dreihundert Lichtjahre betragen, meint Drake. Aus diesem Grunde wäre jede zwischen ihnen und uns zustande kommende Einweginformation dreihundert Jahre unterwegs.

Das Problem der Greenbank-Formel beruht auf den variablen Faktoren dieser zur Zahl »N« führenden Gleichung. N steht für die geschätzte Anzahl der entwickelten Planeten in unserem Sternensystem. Und hier ist eben jede Zahl zwischen eins und einer Million denkbar.

Intelligenz und wahrscheinlich auch Technologie dürften Voraussetzung für eine hochentwickelte Zivilisation sein. Hat sie dieses Evolutionsstadium erreicht, besteht allerdings auch die Gefahr, daß sie sich durch Umweltvergiftung, Ausbeutung ihrer natürlichen Rohstoffquellen und nicht zuletzt durch kriegerische Auseinandersetzung mit Atomwaffen selbst wieder vernichtet. Mit welcher Lebenserwartung können hochentwickelte Zivilisationen also überhaupt rechnen?

Nach Kalkulationen des deutschen Astrophysikers Sebastian von Hoerner liegt die kritische Phase für die Lebensdauer einer Zivilisation bei 4500 Jahren. Falls sie diese Zeitspanne überlebt, hat sie berechtigte Aussichten, sehr alt zu werden. In anderen Worten: Entweder kommt eine intelligente Zivilisation durch Selbstvernichtung relativ schnell um, oder sie bleibt viele Tausende, wenn nicht gar Millionen Jahre bestehen.

Die schnellste uns bekannte Methode zur Kontaktaufnahme und bei weitem auch die billigste ist die elektromagnetische Strahlung. Denn unserem derzeitigen Wissensstand zufolge sind Radiowellen das effizienteste und ökonomischste Verfahren zu einer Verbindungsaufnahme. Sie käme allerdings nur dann zustande, wenn die Bewohner einer fremden Welt in ihrer Entwicklung wesentlich fortgeschrittener wären als wir. Denn um unsere Signale empfangen und ihre eigenen ausstrahlen zu können, müßten ihre Sender und Empfänger der langen Laufzeit wegen ein paar Generationen weiter sein als unsere. Zudem müßte eine solche Zivilisation eine überaus lange Lebensdauer haben. Unter Berücksichtigung all dieser Faktoren müßten eigentlich ständig Radiobotschaften von anderen Planetensystemen ausgestrahlt werden. Die Frage ist nur, wie wir sie empfangen sollen, da uns weder die Sendefrequenz, die Bandbreite, die Art der Modulation noch das jeweilige Planetensystem bekannt ist, von dem diese Signale kommen könnten.

Eventuell existierende Zivilisationen im Besitz hochleistungsfähiger Radioteleskope könnten sich natürlich auch ausschließlich auf den Empfang fremder Signale spezialisieren und auf eigene Ausstrahlungen verzichten. Radioteleskope dieser Art würden es ihnen unter Umständen sogar erlauben, die ersten Radioausstrahlungen einer weniger fortgeschrittenen Zivilisation zu ermitteln. Und sicherlich dürfen wir davon ausgehen, daß eine hochentwickelte Zivilisation mit ihren Superradioteleskopen die Signale einer anderen bewohnten Welt entdecken und in der Folge auch auf sich aufmerksam machen würde. Drake nimmt an, daß die 1420-MHz-Frequenz, also die 21-cm-Wellenlänge, sich am besten zur Suche eignet.

In den USA, den Staaten der ehemaligen Sowjetunion und in Kanada wurden und werden immer noch »Lausch«-Programme mit Hilfe von Radioteleskopen durchgeführt in der Hoffnung, Signale außerirdischer Intelligenzen aufzufangen. Das Arecibo-Radioteleskop in den Hügeln von Puerto Rico strahlte außerdem auch Radiobotschaften mit einer Sendeleistung von 450 Kilowatt über die 21-cm-Wellenlänge und 1610 MHz zum etwa 300 000 Sterne umfassenden Kugelhaufen »Messier 13« im Sternbild Herkules aus.

Falls in »Messier 13« intelligentes Leben existieren sollte, käme die in Codes abgefaßte Botschaft über die chemische Zusammensetzung des Lebens auf der Erde allerdings erst in 13 000 Jahren dort an. Und wir beziehungsweise unsere Nachkommen – falls es noch welche gibt – müßten 26 000 Jahre auf eine eventuelle Rückantwort warten.

Zudem wurden die heute zur Verfügung stehenden Ortungsmöglichkeiten außerirdischer Signale von einem Komitee der NASA eingehend überprüft. Die Beteiligten, darunter auch Philip Morrison vom Massachusetts Institute of Technology, debattierten über eine Vielfalt zweckdienlicher wissenschaftlicher und technologischer Hilfsmittel unter Einbeziehung neu zu installierender Radioteleskope auf der Erde und im Weltraum.

In der ehemaligen Sowjetunion wurde eine staatliche Kommission damit beauftragt, eine Suchaktion nach außerirdischem Leben zu starten, an der sich auch das im Kaukasus errichtete RATAN-600-Radioteleskop beteiligt. Darüber hinaus entwickelten die Russen Weltraum-Radioteleskop-Systeme, die etwaige Funksignale außerirdischer Zivilisationen aufspüren sollen.

Die Suche geht also ständig weiter. So ist in Amerika unter Leitung von Paul Horowitz das »Projekt Sentinel« angelaufen, ein Gemeinschaftsunternehmen der Harvard-Universität und der Planetary Society, das sich des Radioteleskops des Oak-Ridge-Observatoriums bedient. Ein hochleistungsfähiger Computer steht hier als Analysator zur Verfügung, um künstliche Signale zu identifizieren. Er untersucht 130 000 verschiedene, auf die 21-cm-Wellenlänge zentrierte Funkfrequenzen. Der Analysator ist in der Lage, mögliche außerirdische, intelligente Signale von irdischen Funkstörungen zu unterscheiden. Horowitz meint allerdings, daß mit Erfolgen nur dann gerechnet werden könne, wenn ein paar Millionen Sterne abgetastet, eine Fülle von Signalen aufgefangen und analysiert werden würden.

Am 12. Oktober 1992, dem fünfhundertsten Jahrestag der Entdeckung Amerikas durch Christoph Kolumbus, startete die NASA unter Leitung von Frank Drake die erste großangelegte systematische Suche nach extraterrestrischen Zivilisationen. Nachdem der amerikanische Kongreß im Oktober 1993 jedoch den entsprechenden Forschungsetat aus Geldmangel gestrichen hatte, war die Zukunft des SETI-Projekts erst einmal ungewiß. Doch wie so oft im »Land der unbegrenzten Möglichkeiten« siegten am Ende Einsatz und Begeisterung über politische Sachzwänge und verbohrte Bürokraten. Die mit SETI befaßten Wissenschaftler riefen eine private Stiftung unter dem Namen »Projekt Phoenix« ins Leben, der es in kürzester Zeit gelang, private Mittel für das Forschungsprojekt locker zu machen. Die Geldgeber stammen hauptsächlich aus Industrie- und Wirtschaftskreisen, und es ist nicht weiter verwunderlich, daß die Vertreter der sogenannten Zukunftstechnologien dabei den ersten Platz einnehmen.

Diese Mittel ermöglichten es dem SETI-Institut, die von der NASA entwickelten Digitalempfänger zu verbessern und seine ET-Suche mit Hilfe des Arecibo-Radioteleskops sowie des Parkes-Radioteleskops in Australien fortzusetzen.

Für die Suche nach außerirdischer Intelligenz ist der australische Busch eine nicht alltägliche Umgebung. Weideland inmitten von Buschwerk, mit Fliegen im Überfluß und Schafherden, die hier den größten Teil des Jahres verbringen.

Jedenfalls haben die Australier eben dieses vom Trubel des modernen Lebens weit entfernte Gebiet zum Bau des größten Radioteleskops der südlichen Hemispäre ausgewählt. Nach sechsstündiger Fahrt von Sydney aus in westlicher Richtung gibt es keine Störfaktoren mehr. Das Siebzig-Meter-Parkes-Teleskop in New South Wales ist seit über dreißig Jahren im Einsatz und bildet mit dem 304-Meter-Radioteleskop in Arecibo, Puerto Rico, die Basis für die Lauschaktionen von Projekt Phoenix.

Parkes wurde am 2. Februar 1995 zum Sitz der ersten Lauschoperation des ehrgeizigen neuen Suchprojektes des SETI-Instituts zum Aufspüren kosmischer Gesellschaft. Das Ziel von Phoenix sind etwa tausend nahe gelegene Sterne. Es wird wohl etliche Jahre in Anspruch nehmen, um deren Umgebung abzuhören.

Die »Zwei Daves«, David Latham vom Harvard-Smithsonian Center for Astrophysics und David Soderblom vom Space Telescope Science Institute, haben vor einigen Jahren eine Liste geeigneter SETI-Zielsterne zusammengestellt. Diese Sterne gleichen unserer Sonne in bezug auf ihre Masse und Leuchtkraft. Zudem handelt es sich um Einzelgänger. Die beiden Daves haben sowohl enge Doppelgestirne als auch Zwillingssterne von ihrer Liste gestrichen, deren »stellarer Pas de deux« entweder jeden umkreisenden Planeten aus der Bahn schleudern oder ihn extremen Temperaturschwankungen aussetzen würde. Zudem befinden sich die Sternkandidaten im mittleren Alter, sind also mindestens drei Milliarden Jahre alt. Damit sollte die Zeit ausgereicht haben, um Leben – falls es auf begleitenden Planeten existiert – den langen Weg der Entwicklung zur Intelligenz zu ermöglichen.

Die Phoenix-Sternkandidaten sind aufgrund ihrer Nähe besonders attraktiv, da sie sich alle innerhalb von hundertfünfzig Lichtjahren Entfernung befinden. Das heißt, Phoenix ist in der Lage, extraterrestrische Signale mit relativ geringem Energieaufwand aufzuspüren, nämlich mit etwa einem Megawatt, wenn man davon ausgeht, daß die ETs mit einer Sendeantenne von der Größe der Parkes-Schüssel operieren.

Möglicherweise haben aber Zivilisationen auf Planeten nahe liegender Sterne unsere Erde bereits aufgrund unserer charakteristischen Biosphäre beziehungsweise Atmosphäre oder aufgrund unserer Radio- und Fernsehausstrahlungen entdeckt. Das könnte bedeuten, daß sie ganz bewußt Signale in Richtung Erde abstrahlen.

Wie andere SETI-Projekte hört Phoenix Frequenzen im schmalen Mikrowellen»fenster« des Radiospektrums ab. In diesem Fall wird jedoch eine wesentlich größere Bandbreite abgedeckt als bisher, nämlich 1,2 bis 3,0 GHz (Gigahertz), mit einer Auflösung bis zu einem Hz.

Der Phoenix-Vielkanal-Empfänger (Multichannel spectral analyzer = MCSA) analysiert gleichzeitig 28 Millionen

40

Kanäle. Die Empfänger werten die aufgefangenen Signale blitzschnell mit bisher nie erreichter Genauigkeit aus. Die von dem blinden Astronomen Kent Cullers entwickelten Computerprogramme müssen den kosmischen Wellensalat entwirren, um dann mögliche intelligente Botschaften aufzuspüren. Wenn sich unter den natürlichen Radioquellen ein Signal befindet, das als außerirdische Nachricht gedeutet werden könnte, löst die Software umgehend Alarm aus.

Auf einem ganz anderen Blatt steht die Frage, ob wir überhaupt in der Lage wären, eine derartige Nachricht zu entschlüsseln. Ist eine Verständigung, ein Dialog mit einer außerirdischen Intelligenz, die sich durch Raum und Zeit getrennt von uns entwickelt hat, überhaupt vorstellbar, nachdem es für uns sogar schwierig ist, überlieferte Schriftzeichen untergegangener irdischer Hochkulturen, zum Beispiel die der Mayas, zu verstehen?

Einige Astronomen vertreten auch den Standpunkt, Radiowellen seien nicht unbedingt die beste Methode zur Nachrichtenübermittlung zwischen Planetensystemen. Denn eventuell vorhandene andere Zivilisationen könnten unter Umständen Laserstrahlen oder sonstige, uns bisher noch unbekannte Techniken zur Nachrichtenübertragung anwenden.

Auch mit Hilfe von Satelliten suchen jetzt einige Astronomen nach außerirdischer Intelligenz. So suchte der im Erdumlauf befindliche astronomische Beobachtungssatellit »Kopernikus« mehrere nahe gelegene Sterne auf ultraviolette Signale ab. Britische Astronomen beabsichtigen, auch Röntgenstrahlen-Daten auf Hinweise intelligenter Transmissionen zu analysieren. Der britische Röntgenstrahlen-Astronom Dr. Mike Cruise ist nämlich der

Ansicht, daß die Astronomen ihre ohnedies bereits gespeicherten Daten auf mögliche außerirdische Signale hin analysieren sollten, da der mit der Computertechnologie verbundene Aufwand im Vergleich zur Bedeutung einer Entdeckung von außerirdischer Intelligenz relativ gering sein würde.

Trotz aller Bemühungen ist es bisher nicht zu einer Kontaktaufnahme mit Bewohnern anderer Welten gekommen. Einige Wissenschaftler haben dafür eine ganze Reihe von Erklärungen: Vielleicht sind wir die einzige Zivilisation in der Milchstraße, vielleicht sind alle anderen Zivilisationen nicht technisch orientiert, beschränken sich auf ihr eigenes Planetensystem oder sind an einer Kontaktaufnahme nicht interessiert.

Außerdem sei wohl auch die Lebensspanne technischer Zivilisationen für das Zustandekommen eines Kontaktes zu kurz. Vielleicht sind uns aber auch alle anderen Zivilisationen in ihrer Entwicklung so überlegen, daß wir unfähig sind, ihre Botschaften zu erkennen.

Ein weiterer Grund, der immer wieder genannt wird: Wir könnten für fortschrittlichere Zivilisationen zu uninteressant, wenn nicht gar tabu oder zu unreif für eine Kontaktaufnahme erscheinen – ein Argument, das der Wahrheit wahrscheinlich am nächsten kommt. Nicht zuletzt wird argumentiert, daß interstellare Raumfahrt eben doch auch in ferner Zukunft nicht durchführbar, Kontaktaufnahme deshalb auch für fortgeschrittenere Zivilisationen uninteressant sei.

Zusammenfassend ist also folgendes festzustellen:

• Andere Planetensysteme existieren, und aller Wahrscheinlichkeit nach gibt es auch sehr viele Planeten im lebensfreundlichen Bereich ihrer Sonnen.

42

- Mit ziemlicher Sicherheit hat sich auf vielen dieser Planeten Leben entwickelt.
- Es ist anzunehmen, daß in anderen Planetensystemen hochentwickelte Zivilisationen existieren.
- Es liegt im Bereich des Möglichen, daß sowohl die Erde als auch der Mars irgendwann in der Vergangenheit von fremden Intelligenzen aufgesucht wurden und werden.

# Marsbakterien – Mondwasser

## Die neuesten Entdeckungen der NASA

Von keinem Planeten in unserem Sonnensystem wurden unsere Phantasie, aber auch die wissenschaftlichen Spekulationen so sehr angeregt wie vom roten Planeten. Unzählige Science-fiction-Romane und Filme suggerieren, daß auf dem Mars nahezu alles möglich ist; es ist eine Welt, in die viele von uns ihre Ängste, Sehnsüchte und Hoffnungen projizieren. Wäre es etwa möglich, daß wir gerade dort mehr über unseren Ursprung erfahren könnten – vielleicht sogar über die Prozesse, die zur Entscheidung des Lebens führen?

Die 15 Millionen Jahre lange kosmische Reise eines etwa vierpfündigen, kartoffelgroßen, steinernen Marsboten mit metallisch schimmernder Oberfläche fand ihr Ende in einer Vakuumkammer des Johnson Space Centers im amerikanischen Houston, Texas. Der mindestens drei Milliarden Jahre alte kosmische Abkömmling mit der wissenschaftlichen Bezeichnung »Allan Hills 84001« hatte sich vor ungefähr 13 000 Jahren von der Oberfläche des roten Planeten gelöst, war nach einer »Irrfahrt« im All schließlich in das Gravitationsfeld der Erde geraten und in die Antarktis abgestürzt. Dort wurde er 1984 von einer amerikanischen Polarexpedition entdeckt und »sichergestellt«. Diverse Universitäten wurden mit Proben aus dem Material dieses steinernen Boten vom Mars versorgt, was wiederum Anlaß gab zu langjährigen wissenschaftlichen Analysen.

In steriler Umgebung wurde der Weltraumbrocken dann in feine Schichten zersägt, durchleuchtet und Laserstrahlen ausgesetzt. Im August 1996 wurde die Öffentlichkeit schließlich in einer aufsehenerregenden, weltweit ausgestrahlten Live-Pressekonferenz der US-Weltraumbehörde NASA von CNN über die Forschungsergebnisse unterrichtet. NASA-Chef Daniel S. Goldin kam in seinen Ausführungen zu dem Schluß, daß alle Untersuchungsergebnisse für die Existenz von Leben auf dem Mars sprechen. Im Marsmeteoriten seien Spuren bakterienähnlicher Gebilde analysiert worden. Als Beweismaterial gäbe es mikroskopische Aufnahmen goldbrauner, von schwarzen und weißen Schichten umkränzter Einschlüsse sowie die Fotografien wurmartiger und eiförmiger Gebilde in zehntausendfacher elektronenmikroskopischer Vergrößerung. Gleichzeitig zeigen farbige Computeranimationen neben Meteoriteneinschlägen und Gaswolken Lebewesen, die grünen Silberfischchen gleichen.

Die NASA-Wissenschaftler hätten mit dem glitzernden Marsbrocken »eine der bedeutendsten Entdeckungen dieses Jahrhunderts ans Tageslicht befördert«, begeisterte sich der Astronom Geoffrey Marcy, und der Planetologe Carl Sagan stellte fest, daß mit dem Nachweis von Mikrofossilien auf dem Mars »unserer Rolle im Universum eine völlig neue Bedeutung zukomme«.

Astronomen, Geochemiker und Paläontologen sind allerdings geteilter Meinung darüber, ob der in der Antarktis aufgefundene Marsmeteorit tatsächlich als erster unumstößlicher Beweis für die Existenz außerirdischen Lebens gewertet werden darf. Eines ist jedenfalls sicher: Nie zuvor wurde eine wissenschaftliche Entdeckung so publikumswirksam unter die Leute gebracht.

Daß dieser Gesteinsbrocken tatsächlich vom Mars stammt, weiß man schon seit drei Jahren. Zu diesem Ergebnis waren NASA-Wissenschaftler gekommen, als sie die chemische Zusammensetzung des Marsbrockens »Allan Hills 84001« beziehungsweise »ALH 84001« mit jener der vom Viking Lander zusammengekratzten Marsboden-Proben verglichen. Die Übereinstimmung war so frappierend, daß es sich bei dem aus dem All stammenden Fund in der Antarktis nur um einen Gesteinsbrocken vom Mars handeln kann. Die mit der Analyse des Fundstücks beauftragten Wissenschaftler wurden daraufhin zu strengstem Stillschweigen verpflichtet.

Weiterhin suchten die Forscher beim US-Präsidenten um eine vertrauliche Audienz nach, noch ehe sie die Fachwelt über ihre Ergebnisse unterrichteten. Bill Clinton nahm die günstige Gelegenheit wahr, um die Ergebnisse der Wissenschaftler für seine politischen Zwecke zu nutzen. Mitten im Wahlkampf trat er vor die Kameras, um zu verkünden: »Durch ein Forschungsergebnis dieser Größenordnung wird das Weltraumprogramm der USA gerechtfertigt.«

Tatsache ist jedenfalls, daß die winzigen Strukturen im Marsmeteoriten den über drei Milliarden Jahre alten, in Sedimentschichten entdeckten, versteinerten irdischen Bakterien verblüffend ähneln. Auch die von irdischen Mikroben ausgeschiedenen Minerale, wie z. B. Magnetite und Eisensulfite, wurden im Marsmeteoriten in der Umgebung der Marsmikroben gefunden. Aus zahlreichen Tests und Kontrollversuchen geht hervor, daß die ebenfalls isolierten polyzyklischen, aromatischen Kohlenwasserstoffe – PAKs – keine Folgeerscheinungen irdischer Verunreinigungen sind, sondern vor etwa 3,6 Milliarden Jahren auf dem Mars entstanden sein müssen.

Durch ALH 84001 hat die Suche nach außerirdischem Leben somit neuen Anreiz bekommen. Es ist sehr gut möglich, daß vor circa 3,8 Milliarden Jahren sowohl auf dem Mars als auch auf der Erde gleichzeitig Leben entstanden ist, und theoretisch hätte es sich auch auf dem Mars weiterentwickeln können.

Die NASA-Führung spielt – vor allem wohl auch aus Kostengründen – mit dem Gedanken, eine internationale Allianz zur Erforschung des roten Planeten ins Leben zu rufen, unter anderem mit dem Ziel, möglichst bald mit Tiefbohrungen zu beginnen.

Nach dem mißlungenen Start der russischen Mars-96-Sonde 1996 hat die NASA im gleichen Jahr zwei eigene Sonden erfolgreich auf den Weg zum Mars gebracht. Eine davon, Mars Global Surveyor, übernahm die Aufgabe, die Planetenoberfläche im Hinblick auf zukünftige Landungen neu zu kartographieren. Für die zweite Sonde, Pathfinder, war für den 4. Juli 1997, den amerikanischen Unabhängigkeitstag, die Landung in einem ausgetrockneten Flußbett vorgesehen. Von dort aus führte der 10,5 Kilogramm schwere Erkundungsroboter – sozusagen unter den Augen der Weltöffentlichkeit – die Untersuchungen am Marsgestein durch.

Alles in allem sind für die nächsten Jahre von Amerikanern, Europäern, Japanern und Russen etwa zwanzig Marsmissionen vorgesehen, an denen auch deutsche Wissenschaftler mit entsprechender Ausrüstung teilnehmen werden.

Bei einer Pressekonferenz, die Ende 1996 im Pentagon

stattfand, erklärten Wissenschaftler, daß der notwendige Treibstoff für die »Eroberung« des Mars auf dem Mond gewonnen werden könne, zumal da dort ja nun auch noch Wasser entdeckt worden sei. Anlaß für diesen Optimismus gab die Mission von »Clementine«, einem Kleinsatelliten der Ballistic Missile Defense Organization (BMDO), der ursprünglich für das Star Wars SDI-Programm vorgesehen war. Dieser hat in einem am Südpol des Mondes gelegenen dreizehn Kilometer tiefen Krater tiefgefrorenes Wasser aufgespürt – eine Sensation. Denn damit eröffnen sich völlig neue Perspektiven für zukünftige Weltraumprojekte, die von Mondbasen aus operieren sollen.

Wie bereits in meinem Buch »Terraforming« angeschnitten, will auch die Europäische Raumfahrtagentur ESA dort bis zum Jahr 2020 eine bemannte Luna-Außenstelle einrichten: »So soll die Erkundung der Mondoberfläche mit Hilfe kleiner Satelliten und Bodensonden eingeleitet werden. Anschließend sollen dann Roboter für Bodenanalysen eingesetzt und die Ergebnisse schließlich durch zu errichtende bemannte Mondbasen ausgeweitet werden. Zwar ist auch bei der ESA die Vorstellung einer bemannten Basis zur Rohstoffgewinnung noch umstritten, aber dennoch gehen die Weltraumexperten davon aus, daß ›der Start eines europäischen Mondorbiters schon bald in Aussicht gestellt werden könnte‹.«

Die Japaner haben ebenfalls ehrgeizige Pläne mit dem Mond. Sie haben sich zum Ziel gesetzt, erste Erkundungsexpeditionen durchzuführen, um damit Roboter auf dem Erdtrabanten abzusetzen, die eine Pilotanlage zur Produktion von Sauerstoff, Nahrung und Energie aufstellen sollen. In den sieben Jahren zwischen 2017 und

2024 wollen die Japaner dann mit einer relativ kostengünstigen bemannten Mondstation aufwarten, für die bereits 50 Milliarden Mark eingeplant sind.

Der kühnste, anspruchsvollste Plan – das eigentliche Endziel – aber besteht darin, Verfahren und Techniken zu entwickeln, um andere, bisher lebensfeindliche Planeten so umzugestalten, daß sie für den Menschen bewohnbar werden, Terraforming anzuwenden.

Die Existenz von Wasser beziehungsweise Eis auf dem Mond sollte eigentlich nicht überraschen, da auch der Erdtrabant im Lauf der Zeit immer wieder von riesigen, kosmischen, »schmutzigen Schneebällen« – Kometen – getroffen wurde. Im permanenten Weltraumfrost des nie von einem Sonnenstrahl erwärmten Mond-Südpols blieben die Eismassen aus dem Weltall erhalten. Doch auch wenn der Mond als durchaus wichtige Station auf dem Weg zur Erforschung unseres Sonnensystems gilt, richtet sich das Hauptinteresse derzeit dennoch auf den Planeten Mars. Allerdings ist die Bilanz der bereits gestarteten Marssonden nicht gerade vielversprechend. Denn von den bisherigen Versuchen, dem roten Planeten seine Geheimnisse zu entlocken, sind über fünfzig Prozent fehlgeschlagen.

Der erste bemannte Flug zum Mars soll in den nächsten Dekaden stattfinden. Allein die Hinreise zum roten Planeten wird ungefähr ein Jahr dauern. Daß Raumfahrt in diesen zeitlichen Dimensionen möglich ist, wurde bereits bewiesen. Der russische Kosmonaut Valery Polyakov hält mit seinen 679 Tagen Weltraumaufenthalt den Weltrekord. Davon hat der Kosmonaut allein 437 Tage und 18 Stunden an Bord der einstigen russischen Raumstation »MIR« verbracht.

Ein Unternehmen von diesen Ausmaßen wird den Astronauten körperliche und geistige Höchstleistungen abverlangen, deren Dimensionen bisher nicht überschaubar sind. Um derartige Anforderungen erfüllen zu können, muß der Weltraummedizin nunmehr ein ebensogroßer Stellenwert zugemessen werden wie der eigentlichen Raumfahrttechnologie.

Die Auswirkungen der Schwerelosigkeit auf den menschlichen Organismus werden seit nunmehr etlichen Jahren vor allem durch die Astronauten der »ISS«-Raumstation eingehend erforscht. Prinzipiell kann davon ausgegangen werden, daß die Schwerelosigkeit im menschlichen Organismus keine schwerwiegenden Veränderungen verursacht. Um das Wohlbefinden der Raumschiffbesatzungen sicherzustellen, muß aber eine Vielzahl von Faktoren berücksichtigt werden. Der Tages- und Nachtrhythmus, Gedächtnis- und Muskeltraining, ein möglichst normaler Tagesablauf sind ebenso Aspekte der Weltraummedizin wie die sorgfältige Beobachtung organischer Abläufe im All, beispielsweise die mikrozirkulatorischen Veränderungen, bei denen es zu unzureichender Blutversorgung von Gliedmaßen kommt, die sogar absterben können.

Die Mikrozirkulation ist ein Netzwerk kleinster Arterien, der sogenannten Arteriolen, Kapillaren und Venolen, das den Flüssigkeits- und Nährstoffaustausch zwischen Blut und Gewebe bestimmt – ein Vorgang, der bei langen Raumflügen und Aufenthalten in Raumstationen gut kontrolliert werden muß, da alle Veränderungen weitreichende Probleme für die menschlichen Vitalfunktionen mit sich bringen. Seit Herbst 1996 werden im Moskauer Institut für Biomedizin gemeinsam mit der Medizini-

schen Fakultät der Ludwig-Maximilians-Universität
München Untersuchungen an Probanden durchgeführt,
die 120 Tage mit einer Kopftieflage von sechs Grad im
Bett verbringen mußten und überwacht wurden.

Neben Herz- und Kreislaufmessungen stehen Blutunter-
suchungen auf dem Forschungsprogramm, da es im
Zustand der Schwerelosigkeit auch zu Veränderungen
in der Blutzusammensetzung kommt. Bereits nach neun-
tägigem Aufenthalt im All nehmen die roten Blutkörperchen – Erythrozyten – um sechzehn Prozent ab. Aus der
deutsch-russischen Zusammenarbeit auf medizinisch-
technischem Gebiet erhofft man sich einen entscheidenden Beitrag zur Verwirklichung des Marsabenteuers. Und
mit Hilfe der von 13 Nationen betriebenen, 25 Milliarden
Dollar teuren Raumstation ISS soll zusätzlich festgestellt
werden, ob und unter welchen Umständen ein längerer
Aufenthalt im All für Menschen möglich ist.

Schließlich bleibt zu hoffen, daß mit den vorgesehenen
Marsmissionen auch die Frage nach dem Ursprung der
umstrittenen Strukturen auf dem Mars endgültig geklärt
werden kann.

Das Entstehen von Leben ist nach unseren irdischen Erfahrungen an bestimmte Umweltkonstellationen gebunden. Können solche Voraussetzungen zu irgendeiner Zeit
auf dem Mars bestanden haben? Während einer dreitägi-
gen Konferenz von Planetologen, insbesondere von
Marsspezialisten, die im Oktober 1985 im Ames Research
Center der NASA stattfand, wurde der rote Planet folgendermaßen klassifiziert:

»Eis, Schnee, fließende Ströme und großflächige Seen
könnten eine entscheidende Rolle bei der Formung der
marsianischen Oberfläche und des Klimas in früher Zeit

gespielt haben. In der frühen Geschichte des Planeten könnten sich in den Felsenschluchten, nahe dem marsianischen Äquator, riesige eisbedeckte Seen gebildet haben ... Der ursprüngliche Mars könnte warm genug gewesen sein, um Flüsse und Seen auf der Oberfläche zu ermöglichen. Ein komplexer geochemischer Kreislauf könnte dieses warme Klima für mehr als eine halbe Milliarde Jahre aufrechterhalten haben ... Die frühe marsianische Atmosphäre war wesentlich dichter ...«

Die Annahme, daß es eine warme, feuchte Periode auf dem frühen Mars gegeben hat, bestärkt die Auffassung vieler Wissenschaftler, daß die Voraussetzungen für die Entwicklung einzelliger Mikroorganismen und damit für Leben schlechthin besonders gut gewesen sein müssen. Ob sich allerdings zu irgendeiner Zeit intelligentes Leben auf dem Mars aufgehalten hat, wird sich nur durch zukünftige Marsmissionen klären lassen.

# Schlüsselträger der Zeiten

## Auf dem Weg in die Katastrophe?

Die menschliche Rasse, als Individuum und als Spezies, ist einem kontinuierlichen Intelligenztest ausgesetzt. Zuerst müssen die Probleme definiert werden (Umweltschützer haben diesen Part übernommen). Als zweites müssen unser Wissen und unsere Ressourcen dafür eingesetzt werden, um Lösungen zu finden. Man muß überall nach ihnen suchen, selbst in neuen Wissenszweigen wie der Raumfahrt und Raumfahrttechnologie. Sollte sich herausstellen, daß es keine Lösungen gibt außer weltweiten Hungersnöten oder Tod durch globale Umweltzerstörung, dann ist wirklich nichts mehr zu retten. Aber wenn man davon ausgeht, die Probleme seien sowieso unlösbar, dann wird man sich auch nicht anstrengen, Lösungen zu finden, und kann sicher sein, daß auch keine gefunden werden«, meint der Direktor des NASA-Raumfahrtzentrums an der Universität von Arizona, John S. Lewis, lakonisch.

Ende Januar 1987 veröffentlichte die Max-Planck-Gesellschaft in München einen Forschungsbericht, demzufolge die Schädigung der irdischen Ozonschicht in der Stratosphäre dramatisch zugenommen hat. Die Auflösung der Ozonschicht wird nach Einschätzung des Max-Planck-Instituts für Chemie in Mainz durch Fluorchlorkohlenwasserstoff (FCKW) verursacht, der in Kühlag-

53

gregaten, geschäumten Kunststoffen und als Treibgas auch heute noch in Spraydosen verwendet wird.

Professor Paul Crutzen, Direktor des Mainzer Max-Planck-Instituts für Chemie, bezeichnet die Meßwerte als besonders erschreckend. Mitte Oktober 1986 war zum Beispiel das Ozon in der Höhenschicht zwischen zehn und zwanzig Kilometern über einem Gebiet von rund zehn Millionen Quadratkilometern fast völlig verschwunden.

Schon bei einem Teilverlust der Ozonschicht drohen dem irdischen Leben schwerwiegende Folgen, da die harten ultravioletten Strahlen ungehindert – wie auf dem Mars – die Erdoberfläche treffen. Damit ist der Fortbestand des Lebens ohne die schützende Ozonschicht gefährdet. Es besteht die Wahrscheinlichkeit, daß sich neben dem bereits vorhandenen Ozonloch über der Antarktis ein weiteres über dem nördlichen Polargebiet bildet.

Wir werden fast jeden Tag mit Hiobsbotschaften über neue Schädigungen unserer Umwelt konfrontiert: mit Vergiftungen von Flüssen, Seen und Meeren, mit immer größerer Luftverschmutzung, Waldsterben und radioaktiver Verseuchung und – nicht zuletzt, als Konsequenz – mit der Vergiftung unserer Nahrung.

Der Untergang unserer Welt war noch nie so greifbar nah. Die Menschheit ist bereits auf dem Weg zum Selbstmord, weil sie bisher keine Symbiose zwischen Natur und Technik, zwischen Vernunft und Gefühl gefunden hat.

Vorläufig sind Lösungen, selbst für die brennendsten Probleme, nicht in Sicht. So wird beispielsweise die Weltbevölkerung weiterhin explosionsartig zunehmen: Im Oktober 1995 betrug sie 5,767 Milliarden Menschen, inzwischen ist die 6,4-Milliarden-Grenze offenbar erreicht worden. Hand in Hand damit schreitet die katastrophale Verstädterung und Zersiedelung der ländlichen Regionen fort.

Auf der Ende 1984 in Mexico City abgehaltenen Weltbevölkerungskonferenz ergab sich in diesem Zusammenhang für jeden zweiten Weltbürger die düstere Perspektive, um die Jahrtausendwende als Städter zu enden – gepaart mit der Aussicht, oft unter erbärmlichen Verhältnissen dahinvegetieren zu müssen, insbesondere in den Ländern der Dritten Welt und Lateinamerikas. UNO-Statistiken spiegeln das erschreckende Bevölkerungswachstum der Erde wider, vor allem in den Großstädten rund um die Welt. Während noch um 1800 nur drei von hundert Menschen Stadtbewohner waren, hatte sich ihre Anzahl 1920 bereits auf zwanzig Prozent erhöht.

Noch vor dreißig Jahren war beispielsweise die brasilianische Stadt São Paulo kleiner als Detroit, Manchester oder Neapel. Inzwischen ist Tokio auf 27 Millionen Einwohner angewachsen.

Wahrscheinlich ist den meisten von uns die Zersiedelung der Landgebiete durch immer neue Straßen, Industriekomplexe und Wohnsiedlungen ein Dorn im Auge, erinnern sich doch inzwischen schon die Vierzigjährigen wehmütig an eine Kindheit, in der es noch glasklare Gewässer gab, herrliche Baumbestände, gesunde Wälder, giftfreie Nahrungsmittel und frische Luft. Nun ist es bereits so weit, daß der für unsere Weiterexistenz so dringend erforderliche Sauerstoffgehalt der Luft systematisch reduziert wird.

Sauerstoff ist zwar das verbreitetste Element auf der Erde, aber davon sind nur etwa 1180 Billionen Tonnen in der Atemluft verfügbar, die für derzeit 6,4 Milliarden

Menschen, bis zum Jahr 2030 jedoch für zehn bis zwölf Milliarden Menschen ausreichen müssen.

Um leben zu können, verbraucht ein Mensch in 24 Stunden etwa zwei Pfund Nahrung, zwei Liter Wasser und siebenhundert Liter Sauerstoff. Aber Wissenschaftler rechnen mit der »alarmierenden Möglichkeit« einer Verknappung des Sauerstoffs. Neuesten Berechnungen zufolge werden durch Photosynthese jährlich 43 Milliarden Tonnen Sauerstoff gewonnen. Es ist jedoch ungewiß, wieviel davon allein durch die Verwesungsprozesse organischer Stoffe verbraucht wird. Dabei darf auch nicht vergessen werden, daß die Sauerstoff produzierende Flora immer weiter zurückgedrängt wird. Heute schon ist der Sauerstoffbedarf der Menschen in den Industriestaaten höher als die Sauerstoffproduktion ihrer gesamten Vegetation.

Bereits 1966 berechnete der Präsident der Ecological Society of America, Professor La Mont C. Cole, die für die Vereinigten Staaten notwendige Sauerstoffmenge mit etwa 4,45 Milliarden Tonnen. Die auf der Gesamtfläche der USA befindliche Pflanzenwelt produzierte im gleichen Jahr aber lediglich etwas über zwei Milliarden Tonnen Sauerstoff.

Es gibt vorläufig zwar einen gewissen Ausgleich durch den Sauerstoffgehalt hoch aufragender Luftsäulen über den Ozeanen, den Winde über den Globus verbreiten. Doch auch dieses gewaltige Reservoir ist nicht unerschöpflich.

Während sich der Sauerstoffgehalt der Luft ständig verringert, nimmt der Kohlendioxidanteil entsprechend zu. In den letzten fünfzig Jahren ist er bereits um über zehn Prozent gestiegen und wird, Schätzungen zufolge, um die

Jahrtausendwende sprunghaft um weitere 25 Prozent steigen.

Diese Faktoren können furchtbare Konsequenzen haben:

* Die Verwandlung unserer Sauerstoffatmosphäre in eine Kohlendioxid-Atmosphäre.
* Das Vordringen der Wüsten um jährlich sechzigtausend Quadratkilometer durch die zunehmende Vernichtung der Flora.
* Immer knapper werdende Frischwasservorräte und Absinken des Grundwasserspiegels. Verwandlung der Erde in einen Wüstenplaneten.
* Die gegenwärtig auf der Erde durch Verkehr, Industrie und Agrarindustrie erzeugten gefährlichen Schadstoffe werden früher oder später einen langfristigen Klimasturz – Eiszeit oder Warmzeit, wahrscheinlich aber Eiszeit – verursachen. Hinzu kommt die Verseuchung des Grundwassers, Säureregen und die Zerstörung der Ozonschicht, mit der auch das irdische Leben bis auf wenige Mikroorganismen erlöschen wird.

Die technischen Errungenschaften unserer Zeit, die Wolkenkratzer, die Glas-, Metall- und Betonklötze werden nach Tausenden von Jahren durch Verwitterung, Erdbeben und tektonische Verschiebungen verschwunden sein. Überdauern könnten auf dem kalten Wüstenplaneten Erde einige der uralten, großen steinernen Monumente, wie zum Beispiel einige der Pyramiden oder die steinernen Köpfe auf der Osterinsel.

Kennt man die Probleme unserer Welt und die meisten Lösungsvorschläge, dann drängt sich unvermeidbar der Eindruck auf, daß die Erdbevölkerung auf eine ausweglose Situation zusteuert. Auf diese Erkenntnis reagieren die meisten Menschen – soweit sie überhaupt informiert sind –, indem sie solche unheilvollen Gedanken verdrängen und sich einreden, unsere Welt wäre viel zu gut organisiert und technisch zu perfekt, als daß wirklich Bedrohliches geschehen könnte. Im Grunde genommen aber empfinden sie Angst.

»Angst ist ein Teil des Selbsterhaltungstriebs und somit etwas völlig Natürliches. Normalerweise kann man Angst überwinden, indem man ihre Ursachen beseitigt oder sich einer Gefahr entzieht«, schrieb Gerd von Haßler in »Welt ohne Notausgang«.

Der unkontrollierte technologische Fortschritt läßt sich heute natürlich nicht mehr zurückschrauben. Die Frage ist, ob er noch in Bahnen gelenkt werden kann, die sich auf den Menschen und seine Umwelt positiv auswirken.

Ein angemessener Weg zur Lösung der die Menschheit bedrohenden Probleme läge in einer internationalen Zusammenarbeit und Gesetzgebung. Doch wahrscheinlich ist es ebenso sinnlos wie naiv, eine derartige Entwicklung zu erhoffen, denn »aus sorgfältigen Berechnungen geht hervor, was die Alternative zwischen Verschmutzung oder Verelendung für die Zukunft von über sechs Milliarden Menschen oder zehn bis zwölf Milliarden Menschen im Jahr 2030 praktisch bedeutet.

Die eine Möglichkeit: Wir lassen alles so weitergehen wie bisher. Dann kollabiert unsere Umwelt in spätestens fünfzig Jahren. Das heißt, die Menschen werden Mühe haben, noch trinkbares Wasser, ausreichend genießbare Nahrung und gesunde Luft zum Atmen zu finden. Von der dann existierenden Menschheit wird kaum ein Sechstel – also etwa 1,6 Milliarden Menschen – die folgenden zwanzig Jahre überleben«, sagt Haßler und fährt fort:

»Die andere Möglichkeit ist, daß wir ab morgen alle Produkte verteuern, indem wir auf jeden Liter Abgas und Abwasser zusätzlich einen Betrag zahlen, der erforderlich ist, um unsere Umwelt von der gleichen Menge Abgas und Abwasser wieder einigermaßen zu befreien. In diesem Fall sind zwei Drittel der Menschheit bis zum Jahr 2000 verhungert, verdurstet oder erfroren. Von den heute lebenden 6,4 Milliarden Menschen würden dann also ebenfalls nur knapp 1,6 Milliarden überleben.«

Es liegt also klar auf der Hand, daß der Mensch entweder auf seiner dem Mars immer ähnlicher werdenden Welt untergeht oder sich in letzter Minute auf Mittel und Wege besinnt, um die Biosphäre seiner Erde in eine bessere Zukunft hinüberzuretten. Es dürfte doch wohl nur dann sinnvoll sein, die Planeten unseres Sonnensystems und die Vergangenheit untergegangener Zivilisationen zu erforschen, wenn die daraus gesammelten Erfahrungen zu wichtigen Rückschlüssen für unsere Zukunft führen.

# Mandelbrot und Feigenbaum

## Ordnung im Chaos

Dem Begriff *Chaos* kommt immer größere Bedeutung zu. So entdeckte die sogenannte Chaos-Wissenschaft – einer ihrer Begründer war Benoît Mandelbrot – nicht nur im täglichen Leben, sondern in allen Bereichen Chaos. Da sich komplexe Systeme unter bestimmten Umständen allem Anschein nach völlig unerwartet aber doch nicht unbedingt chaotisch verhalten, sprechen Forscher vom deterministischen Chaos, einem Zustand, der sowohl Zufall als auch eine bestimmte Ordnung verkörpert.

Der namhafte Mathematiker Benoît Mandelbrot kam 1924 in Warschau als Sohn einer aus Litauen stammenden jüdischen Familie zur Welt. Sein Vater war Textilgroßhändler und seine Mutter Zahnärztin. 1936 wanderte die Familie nach Frankreich aus, nicht zuletzt, weil Benoîts Onkel, der Mathematiker Szolem Mandelbrojt in Paris lebte. Benoît Mandelbrot stieg in die Fußstapfen seines Onkels und wurde Professor der Mathematik an der Pariser Universität.

In seinem 1977 veröffentlichten Buch »Die fraktale Geometrie der Natur« unterbreitet Mandelbrot ein Verfahren, mit dessen Hilfe sich unregelmäßige natürliche Formen mathematisch beschreiben lassen. So kann beispielsweise die Form der englischen Küstenumrißlinie nicht durch die euklidische Geometrie beschrieben werden, denn hier gibt es weder einen geraden noch einen kreisförmigen oder elliptischen Verlauf. Und die gegebenen komplizierten Formen konnten bisher nicht in einer präzisen mathematischen Darstellung festgelegt werden.

Gestützt auf die Vorarbeiten anderer Mathematiker, entwickelte Mandelbrot eine Geometrie, die ihm erlaubte, unregelmäßig verlaufende Kurvenlinien mittels einiger mathematischer Größen – von ihm Fraktale genannt – zu beschreiben. Mit diesen Fraktalen steht Physikern und Ingenieuren nunmehr ein Verfahren zur Verfügung, mit dem sich bis dahin nicht quantifizierbare Phänomene beschreiben lassen. Vereinfacht gesagt sind Fraktale mathematische Beziehungen zur Darstellung komplexer, unregelmäßiger Formen.

Mandelbrot ging von der Vorstellung aus, daß zwar die Anzahl der denkbaren unterschiedlichen Ordnungsebenen unermeßlich groß sein kann (wie zum Beispiel die aus unterschiedlichen Höhen aufgenommenen Umrisse der Küstenlinie Englands). Im Gegensatz dazu erscheint aber die Relation zwischen den verschiedenen Niveau-Ebenen außerordentlich gleichförmig, und zwar so gleichmäßig, daß sie mittels einer mathematischen Figur, die Mandelbrot Fraktalkurve taufte, vorausgesagt werden kann.

Damit hat Mandelbrot den Mathematikern zu einem wertvollen Hilfsmittel verholfen, das sie befähigt, unregelmäßige und äußerst komplexe Formen und Verläufe zu beschreiben, und darüber hinaus gezeigt, daß die Fraktalwerte einer ganzen Reihe von Naturphänomenen innerhalb eines erstaunlich kleinen Zahlenbereichs liegen. Die mandelbrotschen Fraktale sind somit Wegbereiter der Chaos-Physik.

Was ist Chaos?
In der Mythologie wird es als der ungeordnete Urstoff vor
der Schöpfung der Welt gedeutet. In der Umgangsspra-
che verstehen wir unter diesem Begriff Durcheinander –
Wirrwarr.
Danach bietet uns die Natur »jede Menge« Chaos. So
wird beispielsweise Epilepsie genauso als chaotischer Zustand betrachtet wie Herzflimmern oder auch Wasserturbu-
lenzen in der Brandungszone einer Meeresküste.
Die Wissenschaft betrachtete Phänomene dieser Art noch
vor wenigen Jahren sozusagen als »heiße Eisen«, an deren
Komplexität man sich nur die Finger verbrennen konnte,
und unterzog sie daher keiner näheren Untersuchung.
Denn die das Chaos beherrschenden Gesetzmäßigkeiten
erschienen zu schwierig und ließen sich nicht vorausa-
gen. Unlängst ist es jedoch gelungen, Chaos mathematisch verständlich zu machen. Durch den damit verbun-
denen Fortschritt ließen sich die Wissenschaftler davon
überzeugen, daß sich in absehbarer Zeit beispielsweise
das Muster epileptischer Anfälle klären lassen wird oder
auch mit zutreffenderen Erdbeben- oder Wettervoraus-
sagen gerechnet werden kann.
Die Fassung dieses neuen wissenschaftlichen Konzepts
geht größtenteils auf das Konto eines Physikers der amerikanischen Cornell-Universität, Mitchell Feigenbaum.
Als knapp Dreißigjähriger begann er 1977 eine Arbeit, die
sein Spezialgebiet betraf: Er untersuchte das Verhalten
wiederholt auf sich selbst angewandter mathematischer
Gleichungen. Diese entsprachen eine ganze Weile den logischen Erwartungen, bis der Computer ganz plötzlich
chaotisch anmutende Zahlenfolgen »ausspuckte«. Feigenbaum entdeckte zu seiner Überraschung, daß sich der

Übergang zwischen Ordnung und Chaos nach einer bestimmten Struktur vollzog, und das erschien ihm von ganz besonderer Bedeutung. Der Physiker fand heraus, daß die von ihm angewandten einfachen Gleichungen beim Wechsel vom Zustand der Ordnung in den des Chaos dem Phänomen der Periodenverdoppelung unterliegen. Und diese vom Periodizitätsfaktor 4,669201 bestimmte Periodizität (regelmäßige Wiederkehr) nimmt einen mathematisch äußerst präzisen Verlauf.

Anfänglich vermutete Feigenbaum, daß sich der Wert dieses Faktors bei anderen Gleichungen verändern würde. Doch als sich zeigte, daß eben dieser Periodizitätsfaktor den Wechsel von Ordnung zum Chaos auch bei anderen Gleichungen bestimmte, glaubte er seinen Augen nicht trauen zu können.

Erst wenn wir uns die Auswirkungen der Periodenverdoppelung durch ein Beispiel vor Augen führen, wird das ganze Ausmaß dieser Entdeckung völlig klar. Begeben wir uns also auf eine Reise und wandern wir mit einer Schafherde durch den endlosen australischen Busch: Wir würden beobachten, daß sich die Herde bei normaler Entwicklung durch den natürlichen Vermehrungsprozeß ständig vergrößert. Die Wachstumsrate könnte ohne Schwierigkeiten mathematisch errechnet werden. Stießen wir im Busch jedoch plötzlich auf Umzäunungen, hinge das Anwachsen der Herde vom nun vorhandenen Nahrungsangebot ab. Sobald alles abgeweidet wäre, würde sich die Herde von selbst reduzieren. Erst nachdem wieder ausreichende Nahrung nachgewachsen ist, würde sie sich auch wieder vergrößern. Das heißt, der zyklische Vermehrungs- und Schrumpfprozeß der Herde ist vom Nahrungsangebot abhängig. Die auf einen solchen Prozeß anwendbare Gleichung wäre zwar relativ einfach, aber nicht mehr linear.

Über einen längeren Zeitraum hinweg könnte der periodische Wachstums- und Schrumpfprozeß der Herde natürlich etlichen Veränderungen ausgesetzt sein. So wäre es möglich, daß sich die zyklischen Schwankungen sozusagen »auspendeln«, also allmählich schwächer werden, bis sich die Herde auf einem bestimmten Größenniveau stabilisiert.

Aber auch ein anfangs schwankender Herdenbestand könnte sich auf die Dauer festigen, nämlich durch zwei Populationsgrößen, die sich völlig voneinander unterscheiden und die sich ein über das andere Jahr abwechseln. Dieser regelmäßig auftretende Wechsel könnte sich unter Umständen auch von einem auf zwei Jahre ausdehnen, dann auf vier oder immer mehr verdoppeln, bis sich dieser regelmäßige Ablauf urplötzlich ins Chaos kehren würde und damit das jährliche Wachstum der Herde absolut unberechenbar wäre. Wir haben es hier also mit einer Periodenverdoppelung zu tun, mit einem periodisch ablaufenden Ereignis, bei dem die Ordnung während der immer länger werdenden Intervalle schließlich verlorengeht. Durch ein von Feigenbaum verfaßtes Konzept zur Untersuchung des Übergangsstadiums zwischen Ordnung und Chaos hat sich bei vielen Wissenschaftlern mittlerweile der Gedanke durchgesetzt, daß die Periodenverdoppelung und die Konstante 4,669201 in engem Zusammenhang mit einer ganzen Reihe von Naturereignissen stehen. Ob es dabei nun beispielsweise um den Wechsel kochender Flüssigkeit in einen gasförmigen Zustand geht oder um das sogenannte Herzflimmern als Vorstufe (Übergang zu) einer Herzattacke, bleibt sich gleich.

Nach Paul E. Rapp vom Medical College of Pennsylvania könnten gewisse Eigenschaften technischer Produkte unter Umständen auf das Phänomen der Periodenverdoppelung zurückzuführen sein. Er behauptet nämlich, daß zum Beispiel das Verhalten integrierter Computersysteme von einer bestimmten Größe und Komplexität an in zunehmendem Maß dem biologischer Systeme ähnlicher wird. Rapp zufolge muß befürchtet werden, daß solche Computersysteme in Zukunft immer häufiger Funktionsstörungen aufzeigen werden, wie sie bisher nur bei biologischen Systemen üblich sind. Die Tatsache, daß wenige außer Kontrolle geratene Elemente in einem zuvor wohlgeordneten biologischen System urplötzlich Chaos – zum Beispiel Krämpfe – auslösen können, sieht Rapp als Analogie zu rätselhaften Funktionsstörungen bei Computersystemen.

Inzwischen gibt es eine weitere Methode, mit der ihre Entdecker dem Phänomen Chaos auf die Spur kommen wollen. Die Mathematiker David Ruelle vom Naturwissenschaftlichen Forschungsinstitut Buressur Yvette bei Paris und Floris Takens vom Mathematischen Institut der Universität Groningen haben ihre Methode »Strange attractors« genannt: Hier werden die innerhalb von chaotischen Systemen wirksamen Variablen auf einem Computerbildschirm durch Punkte dargestellt und können so zu verschiedenen Mustern führen. Wenn die Punkte dann untereinander durch eine Linie verbunden werden, zeigt sich, daß diese Linie zu geometrischen Formen tendiert. Auffällig an diesen »Strange attractors« ist, daß jeder einzelne Ausschnitt eigentümlicherweise ein verkleinertes Abbild des Ganzen ist. Bei fortlaufender Vergrößerung kann die Figur sogar in zahllose kleiner und kleiner werdende Kopien ihrer selbst aufgelöst werden. Mit den »Strange attractors« sind Ruelle und Takens auf eine weitere Möglichkeit gestoßen, unterschiedliche chaotische Systeme auf bisher noch unvermutete Ähnlichkeiten hin zu untersuchen.

Neuerdings schließen viele Wissenschaftler nicht mehr aus, daß die Chaos-Physik zu neuen, bis vor kurzem noch unerwarteten Erkenntnissen führen wird. So haben die in diesem Zusammenhang gewonnenen Resultate bereits jetzt zur Enträtselung des geheimnisvollen »Roten Flecks« auf der Jupiteroberfläche beigetragen. Dieser stellt sich als ortsfester Wirbel von beachtlicher, unerklärlicher Stabilität innerhalb der stürmischen Gasatmosphäre des Planeten dar.

Vor einigen Jahren wurden die großartigen Aufnahmen der Hasselblad-Kamera an Bord der NASA-Sonde Voyager von dem Harvard-Mathematiker und Astronomen Philip Marcus untersucht. Ihn interessierte auf den Aufnahmen vor allem jener Rote Fleck zwischen den horizontalen Streifen der Jupiteratmosphäre, über den sich die Astronomen schon seit Galileis Zeiten den Kopf zerbrochen hatten und der heute, wie gesagt, als permanenter Gaswirbel gedeutet wird. Marcus gab nun einem Hochleistungscomputer alle über die Jupiteratmosphäre und Chaos-Zustände bekannten Daten ein. Unter Zugrundelegung vorgegebener Bedingungen wie zum Beispiel Temperaturen, Strömungsverhältnisse usw. sollte der Computer die Entwicklung des Zustandes bestimmter Zonen der Jupiteratmosphäre und Wetterbedingungen des Planeten errechnen. Als Ergebnis erschienen Daten über einen schnell rotierenden, dichten Wasserstoff- und Heliumplaneten, der etwas zu wenig Masse hatte, um sich als Stern zu entwickeln. Jupiter ist also quasi ein »verhinderter« Stern.

Die Untersuchungen von Marcus führten zu dem Ergebnis, daß sich – unabhängig vom gewählten Ausgangszustand – in der von Sturmwirbeln heimgesuchten Jupiteratmosphäre nach entsprechend langer Zeit immer wieder eine »Insel der Ordnung« – ein Fleck – bilden würde. Wenn eine stabile Zone entstand, so entwickelte sie sich innerhalb eines Jupiterjahres, also im kurzen Zeitraum von 11,86 Erdenjahren, um dann sehr lange Bestand zu haben.

Aufgrund der Simulationen von Marcus muß weiterhin angenommen werden, daß sich solche »geordneten Zonen« eher in der Nähe des Jupiteräquators als in Nachbarschaft der Pole bilden. Und genau das trifft auf den Roten Fleck zu. Wenn aus irgendeinem Grund plötzlich eine Anzahl kleinerer stabiler Zonen (Flecken) entstünde, würden sich diese Zonen entlang der Oberfläche des Planeten schnell zu einer einzigen großen beständigen Zone vereinen.

Darüber hinaus zeigten die Simulationen, daß sich selbst bei den unterschiedlichsten Anfangsbedingungen stets nur ein Fleck oder überhaupt keiner bilden würde. Der Rote Fleck ist also ein System, das sich selbst erhält. Es wird durch die gleichen nicht-linearen Windungen erzeugt und reguliert, aus denen auch die unberechenbaren Turbulenzen in seinem Umkreis entstehen.

Als Marcus den Roten Fleck in einem Film simulierte, zeigte sich eindeutig »geordnetes Chaos«.

Ihm zufolge kann auch nicht ausgeschlossen werden, daß zum Beispiel wirbelartige Meeresströmungen, wie der Golfstrom, ähnlich strukturiert sind wie der Rote Fleck in der Jupiteratmosphäre. Und daher wäre es auch möglich, daß hier bisher unerkannte Gesetzmäßigkeiten ins Spiel kommen, die mit dem Chaos-Zustand in Zusammenhang stehen.

Inzwischen zeichnet sich die Möglichkeit ab, daß das Chaos-Phänomen auch in der Quantenmechanik sozusagen als »Quantenchaos« zum Zuge kommt. Der Physiker George Ford vom Georgia Institute of Technology kam nämlich zu dem Schluß, daß die Quantenphysik allein nicht mehr ausreicht, um eine besondere Art charakteristischer Vorgänge im subatomaren Bereich zu erklären.

Mittlerweile wird die Wissenschaft vom Chaos bereits in den verschiedensten Disziplinen berücksichtigt. So findet sie ihren Niederschlag sowohl in der Ökonomie als auch in der Soziologie und wird in der Biologie zum Beispiel mit dem menschlichen Immunsystem in Zusammenhang gebracht. Sie wird auch in der Evolution als »Chaos mit Feedback« einkalkuliert und kommt zunehmend auch in der Astrophysik und Kosmologie zum Zuge.

Ist unser Universum nun eine Möglichkeit unter vielen anderen? Und ist seine erstaunliche Komplexität etwa durch Zufall aus Chaos, aber mit Ausrichtung, entstanden? Vielleicht durch Selbstorganisation im Chaos?

# Parallelwelten

## Dimensionen jenseits von Zeit und Raum

In Mythologien und Religionen ist die Erschaffung der Welten und des Lebens kein Problem, da sie sich im Gegensatz zur modernen Naturwissenschaft in Symbolen ausdrücken. Sie setzen die Existenz fremder Welten als gegeben voraus. Aber die mit der Welt der Energie und Materie befaßte Naturwissenschaft geht von ganz anderen Voraussetzungen aus. Denn für sie sind die Prozesse der Lebensentstehung und die Existenz lebensfördernder Planeten in anderen Systemen noch lange nicht hinreichend erwiesen.

Der Rohstoff aller irdischen Lebensformen hat sich in den Sternen entwickelt, und die »Reifezeit« dieser Bausteine des Lebens dauerte etwa zehn Milliarden Jahre. Die Vielfalt der verschiedensten Lebensformen auf der Erde ist auf eine bestimmte Zusammensetzung dieser Bausteine zurückzuführen.

Natürlich bringt nicht jeder Stern die Voraussetzungen mit, die Leben auf seinen Planeten fördern würde. Dazu eignen sich wohl auch nur langlebige, stabile Sterne der sogenannten Hauptreihe, der auch unsere Sonne angehört. Denn nur solche Sterne geben über einen langen Zeitraum ständig gleichbleibende Energiemengen ab. Unsere Sonne »strahlt« beispielsweise schon seit knapp fünf Milliarden Jahren Energie ab und wird das auch noch mindestens für den gleichen Zeitraum fortsetzen.

Nähert sich ein Stern seinem Lebensende, wird er zunehmend heißer, und jeder ursprünglich lebensfreundliche Planet in seiner Umlaufbahn wird schließlich immer lebensfeindlicher.

Hätte die Sonne zum Beispiel mehr Masse, wäre ihre Entwicklung so schnell vorangegangen, daß irdisches Leben nicht über das Stadium von Mikroorganismen hinausgekommen, sondern schon vorher verschwunden wäre. Ein Stern, dessen Masse geringer ist als die der Sonne, lebt zwar länger, aber seine Oberfläche ist kälter. Unter solchen Umständen müßte die Umlaufbahn des Planeten um seinen Stern enger sein, um so die gleiche Energiemenge zu erhalten wie die Erde von der Sonne. Aber durch den Gezeiteneffekt würde er viel langsamer rotieren. Der Tag dieses Planeten wäre dann praktisch so lang wie sein Jahr oder noch länger. Und das hätte katastrophale klimatische Konsequenzen für den Planeten. Unseren Erkenntnissen nach dürfte sich also ein Stern, der Planeten mit sich führt, nicht allzu gravierend von unserer Sonne unterscheiden.

Ein zur Entwicklung von Leben geeigneter Planet sollte eine fast kreisförmige Bahn um seinen Mutterstern einhalten, um seine lebensfreundliche Zone – seine Ökosphäre – keinen zu großen Temperaturschwankungen auszusetzen. Voraussetzung zur Entwicklung von Leben ist also eine stabile Planetenbahn, die allerdings nicht ausschließlich vom Orbit des Planeten abhängt, sondern auch von dessen Größe. Denn durch ihre geringe Schwerkraft können kleine Planeten ihre Atmosphäre wahrscheinlich nicht lange genug halten, um die Entstehung von Leben zu gewährleisten. Bei schwereren Planeten bleibt aufgrund ihrer starken Gravitation die aus Kohlendioxid und Wasserstoff bestehende Ur-Atmosphäre dagegen wahrscheinlich erhalten.

Was die Atmosphäre der jungen Erde angeht, so kamen die beiden amerikanischen Astrophysiker J. S. Levine und T. R. Augustson vom Langley Research Center in Virginia mit Hilfe der Datenauswertung eines UV-Astronomie-Satelliten zu aufsehenerregenden Erkenntnissen. Die Hauptaufgabe dieses Satelliten war es, sehr junge Sterne zu beobachten. Einer unter ihnen, T-Tauri im Sternbild Stier, macht derzeit etwa die gleiche Phase durch wie unsere Sonne während der Entstehung der irdischen Ur-Atmosphäre. Der UV-Satellit hatte Daten mit einer besonders sensationellen Entdeckung übermittelt: daß nämlich die ultraviolette Strahlung bei Sternen in diesem Entwicklungsstadium den bisher angenommenen Wert weit übersteigt und daß diese Strahlung die unserer heutigen Sonne etwa um das Zehntausendfache übersteigt. Diese Erkenntnis bringt ganz entscheidende Schlußfolgerungen bezüglich der Vorstellung über die irdische Ur-Atmosphäre mit sich und damit auch über die Entstehung des Lebens. Nach bisheriger Auffassung setzte sich diese Atmosphäre aus Kohlendioxid, Wasserdampf, Methan und Ammoniak zusammen. Aber bei der jetzt festgestellten Stärke der UV-Strahlung setzt unweigerlich die Photolyse ein, das heißt, es kommt zu einer Abspaltung von Sauerstoff aus Wasser und Kohlendioxid. Nach den Berechnungen von Levine und Augustson muß der Sauerstoffanteil unserer Atmosphäre also von Anfang an wenigstens ein Prozent gewesen sein.

Die Bildung organischer Verbindungen ist die eine Seite. Auf einer ganz anderen stand dagegen der Schritt zur Le-

71

bensentstehung – zur reduplikationsfähigen Substanz, zum genetischen Code der Nukleinsäuren. Dieser Schritt zum Fortbestand, zur Vermehrung und Differenzierung ist noch lange nicht geklärt. Die These, biologische Bausteine wären wie »Buchstaben« in der Ursuppe herumgeschwommen, könnten durch Energiezufuhr »vermengt« worden sein, bis sich schließlich »Worte« zu Informationen verbunden hätten – diese These läßt sich nach dem Gesetz der statistischen Wahrscheinlichkeit nicht aufrechterhalten. Und zutreffen kann diese These schon deswegen nicht, weil die Zeit nicht ausgereicht hätte. Denn schon relativ kurz nach dem Entstehen der Erde tauchten die ersten Lebensformen auf.

Trotzdem setzt eine Anzahl von Evolutionsbiologen nach wie vor als gegeben voraus, daß

- Leben auf der Erde ein einzigartiger Zufall ist;
- Atome sich hier zu Molekülen und diese zu Makromolekülen verbunden haben;
- die DNS (Desoxyribonukleinsäure) aus einer endlosen Kette von Zufällen und physikalischen Wechselwirkungen entstanden ist und daraus schließlich die Zelle;
- die Zelle als kleinste lebende Einheit der Ausgangspunkt der biologischen Evolution ist und die Weiterentwicklung dann durch Mutation und Selektion erfolgte, also durch Veränderung, Auswahl und Anpassung.

Aber im Zufall die Ursache für die Entstehung des Lebens zu sehen, wäre denn doch zu einfach gedacht. Selbst wenn Präferenzen ins Spiel kämen, also die »Vorliebe« bestimmter Atome und Moleküle zueinander, ist keine lückenlose Erklärung gegeben. Es kann so gut wie ausgeschlossen werden, daß die Bildung auch nur der kleinsten Moleküle als Zufallsergebnis gewertet werden kann.

Dr. Bruno Vollmer, Direktor des Polymer-Institutes der Universität Karlsruhe stellt in diesem Zusammenhang fest: In der Ursuppe hätten weder die ersten primitiven Zellen entstehen können noch die im Verlauf der Erdgeschichte aufgetretenen Arten mit ihren von einer Entwicklungsstufe zur anderen immer länger werdenden DNS-Molekülen: »Wo dieses Makromolekül nicht von selbst entstehen kann, ist auch Leben nicht in der Lage, von selbst zu entstehen. Von der Entstehung oder Synthese von Makromolekülen weiß man indessen durch jahrzehntelange, sorgfältige experimentelle Forschungsarbeit zu viel, als daß ein Polymer-Chemiker sich einreden könnte oder einreden ließe, in Ursuppen könnten zufällig von selbst Makromoleküle von der Art der DNS entstehen«, schreibt Vollmer in seiner Arbeit »Das Molekül und das Leben«.

Weiter heißt es dort: »Dasselbe gilt auch für das spätere Kettenwachstum des DNS-Makromoleküls im Laufe der Erdgeschichte von einer Tierklasse zur nächst höheren. Und Darwinismus ist daher eine Weltanschauung, eine Ideologie, und nicht eine wissenschaftlich bewiesene Theorie … Ich halte daher den Darwinismus für einen verhängnisvollen Irrtum, der seinen beispiellosen Erfolg letztlich wieder einem anthropozentrischen Wunschdenken verdankt.«

Stellen wir uns doch einmal eine überdimensionale, bis zum Rand mit Buchstaben gefüllte Lottotrommel vor, die sich einige Milliarden Jahre lang drehen und dabei unverdrossen Buchstaben ausspucken würde. Kein Gedanke daran, daß dabei rein zufällig das Sprichwort entstünde: »Was lange währt, wird endlich gut!«

Einen Ausweg aus dem Zufallsdilemma haben der englische Astronom Fred Hoyle und sein Kollege Chandra Wickramasinghe in ihrer faszinierenden Theorie unterbreitet. Danach muß Leben nicht de novo entstanden sein: Die Sonne und ihre Planeten sind aus kosmischem Staub hervorgegangen. Unser Milchstraßensystem wird von Abermillionen kometenähnlicher Körper umkreist, von denen jährlich mehrere aus ihrer Umlaufbahn geraten und so in die inneren Bereiche unseres Sonnensystems eindringen. Dort kann es zu einem Zusammenstoß mit den Planeten kommen, also auch mit der Erde. Eine direkte Kollision tritt nur selten ein, aber trotzdem »bombardieren« die Erde jährlich schätzungsweise Tausende von Kometen»krümeln«, deren Zusammensetzung sich weitgehend mit den Bausteinen des Lebens deckt.

Ist das Leben in Form von Mikroorganismen aus dem Weltall zur Erde gelangt? Wenn auch theoretisch möglich, steht der praktische Nachweis dieser Lebenskeime im Universum noch aus. Allerdings charakterisierte der amerikanische Astronom Lyman Spitzer diese winzigen Einheiten in den interstellaren Wolken schon vor Jahren beinahe visionär als »Interstellarsporen«!

Von Beginn an wurden mit Kometen – schmutzigen kosmischen Schneebällen aller Größen – Mikroorganismen zur Erde getragen, die aber wegen der ungünstigen physikalischen Verhältnisse auf der Ur-Erde keine Überlebenschance hatten. Doch nach der Entstehung der Weltmeere und der Atmosphäre – die wohl ebenfalls vorwiegend den durch Kometeneinschläge hinterlassenen Rohstoffen zu verdanken sind – stand der Entfaltung der kosmischen Keime – der Mikroorganismen – nichts mehr im Wege.

Dieser Prozeß dürfte sich auf einer Unzahl anderer Welten auf ähnliche Weise vollzogen haben. Übrigens glauben Hoyle und Wickramasinghe, daß die ersten entwicklungsfähigen Lebenskeime auf der Erde zum Zeitpunkt der Isua-Sedimente in Westgrönland auftauchten, also bereits vor knapp vier Milliarden Jahren. Nebenbei erwähnt, fand der Gießener Paläontologe Professor Hans-Dieter Pflug dort Spuren fossiler Mikroben.

Wenn wir die Bedingungen zur Lebensbildung in den wahrscheinlich zahllosen Planetensystemen unserer Milchstraße und in anderen Sternensystemen als gegeben voraussetzen, stellt sich gleichzeitig die Frage, ob auch dort intelligente Lebensformen entstanden sind, oder ob Intelligenz als einzigartiges Phänomen durch einen unglaublichen Zufallsfaktor im ganzen Universum nur einmal, nämlich auf der Erde, vorkommt.

Wenn lebende Substanz eine höhere Ordnung darstellt als unbelebte, dann verkörpert das menschliche Großhirn in seiner komplexen Struktur zweifellos ein besonders hohes Maß an Ordnung. Trotzdem ist es fraglich, ob höhere Intelligenz vom rein evolutionären Standpunkt aus vorteilhafter ist als geringere. Wenn wir Intelligenz nämlich mit besseren Überlebenschancen gleichsetzen, zeigt sich, daß dies nicht unbedingt zutrifft. Denn Gorillas und Schimpansen sind zum Beispiel vom Aussterben bedroht, die als Spezies erfolgreicheren Ratten dagegen nicht. Die Zukunftsaussichten der Elefanten stehen im umgekehrten Verhältnis zu denen der Insekten. Die ersteren sind vom Aussterben bedroht, und die letzteren nehmen überhand. Natürlich ist nicht zuletzt der Mensch an dieser Entwicklung schuld. Aber paradoxerweise trifft auch zu, daß das wohl »intelligenteste« Lebewesen auf der Erde – der Mensch – weniger rosige Zukunftsaussichten hat als beispielsweise Insekten oder Ratten. Und da das »intelligenteste« Wesen der Erde einfallsreich genug ist, um sich und seinen Planeten früher oder später selbst zu zerstören, gerät man über die Vorteile der Intelligenz schon ernsthaft ins Grübeln!

Führt Intelligenz nicht unter Umständen sogar in eine Sackgasse?

Die Menschheit ist heute an einem Scheidepunkt angelangt: Wenn sie die jetzige Übergangsphase überlebt, könnte eine Weiterentwicklung zu einer höheren Ordnung eingeleitet werden. Meistern die Menschen ihre selbstgeschaffene, globale Krisensituation, könnte das den Aufstieg zu einer fähigeren Menschheit bedeuten. Nach Ansicht einiger Wissenschaftler sollen ja Katastrophen und plötzliche Umweltveränderungen auch zur Entwicklung des Lebens, der Bewußtseinsbildung und Intelligenz beigetragen haben. Mit anderen Worten: Die Herausforderung durch neue Umwelteinflüsse führt schließlich in den höheren Lebensformen durch psychische und physische Veränderungen – Mutationen – der Steuerungsmechanismen zu größerer Flexibilität.

Mit derartigen Einflüssen muß wohl auch in anderen geeigneten Welten gerechnet werden, so daß Mutation, Selektion und die Herausforderung durch Krisensituationen schließlich zur Entwicklung höherer Lebensformen führen würden.

In seiner Erkenntnistheorie unterteilt der Wissenschaftsphilosoph Sir Karl Popper das Universum in drei Parallelwelten:

1. in die physikalische Welt mit belebten und unbelebten Substanzen;
2. in die Welt der bewußten Erlebnisse, Gefühle, Absichten, Träume ... und des subjektiven Wissens;
3. in die Welt mit ihren logischen Inhalten von Aufzeichnungen, Speicherungen intellektueller Bestrebungen und theoretischer Systeme in Datenverarbeitungsanlagen, Facharbeiten, Büchern und dergleichen mehr.

Zwischen diesen drei Welten gibt es eine Wechselwirkung gegenseitiger Beeinflussung zwischen Welt 1 und 2 sowie zwischen Welt 2 und 3. Eine direkte Beeinflussung der Welten 1 und 3 untereinander findet jedoch nicht statt.

Der Physiker Paul Dirac stellte schon 1938 die Behauptung auf, daß zu jedem Elementarteilchen ein Antiteilchen existiert, sozusagen ein Spiegelbild der Materie. Kurz nach Diracs Voraussage wurde dann in der kosmischen Strahlung tatsächlich das erste Antielektron – Positron genannt – entdeckt. Wie schon aus dem Namen hervorgeht, ist das Positron im Gegensatz zum Elektron positiv geladen und dreht sich in seinem Spin auch in entgegengesetzter Richtung. Inzwischen ist es gelungen, in großen Beschleunigern Antimaterie zu erzeugen.

Spektakuläre Ergebnisse in der Antimaterieforschung sind allerdings erst in den nächsten Jahren zu erwarten. Wissenschaftler der RWTH Aachen haben in internationaler Zusammenarbeit einen Spurdetektor entwickelt, der in der Lage sein soll, Antimaterie aufzuspüren. Gegenüber bisher verwendeten Methoden erhofft man sich eine Verbesserung der Empfindlichkeit um den Faktor 10 000. Ab 2001 soll das Gerät auf einer internationalen Raumstation stationiert werden und von dort aus nach

Antimaterie im Kosmos suchen. Aus Messungen der kosmischen Höhenstrahlung erhoffen sich die Forscher Hinweise auf den Verbleib der Antimaterie. Professor Klaus Lübelsmeyer erklärt stolz: »Wir können damit in die hinterste Ecke des Weltraums schauen!«

Das »AMS« (Alpha Magnetic Spectrometer) genannte und drei Tonnen schwere Experiment sollte mit der Raumfähre »Discovery« für acht Tage zur Raumstation transportiert werden, um dort auf einwandfreie Funktion getestet zu werden und in diesem Zusammenhang Flüsse kosmischer Teilchen zu messen.

Seit die Existenz von Antimaterie als erwiesen gilt, wird spekuliert, daß parallel zu unserem Universum noch ein Antimaterie-Universum mit Antimaterie-Welten existieren könnte. Auf diesen Welten gäbe es dann Antimaterie-Wesen, mit denen ein Zusammentreffen jedoch tunlichst vermieden werden sollte, da es explosiv enden würde. Denn Materie- und Antimaterie-Wesen würden sich gegenseitig zerstrahlen.

»Die Wirklichkeit ist nicht nur fantastischer, als wir denken, sondern weit fantastischer, als wir uns überhaupt vorstellen können«, stellte der britische Physiologe und Philosoph J. B. S. Haldan einmal fest. Und er hat recht. Gehen Astrophysiker und Mathematiker doch inzwischen von der Überlegung aus, daß außer dem uns bekannten vierdimensionalen Raum-Zeit-Kontinuum noch weitere, verborgene Dimensionen existieren könnten und daß in einer fünften, sechsten oder siebten Dimension die Möglichkeit von Parallelwelten mit intelligentem Leben besteht. Sie befänden sich damit in einem für uns völlig fremdartigen Raum-Zeit-Kontinuum, dessen Zugang uns normalerweise verwehrt wäre. Eine Kontaktaufnahme könnte, wenn überhaupt, nur durch einen Zeitriß zustande kommen.

Lassen sich paranormale Phänomene eventuell durch höhere Dimensionen erklären? Aber hier bewegen wir uns in Dimensionen jenseits von Einstein.

# Jenseits von Einstein

## Auf der Suche nach der Weltformel

Ein Teil der einsteinschen Probleme hing mit den Prinzipien der Quantenmechanik und Unschärferelation zusammen. Denn seinem, Einsteins, gesunden Menschenverstand zufolge gibt es für ein System nur *eine* bestimmte Geschichte«, stellt der englische Kosmologe Stephen Hawking fest. Aber die Unschärferelation führt zu allen möglichen Paradoxen, wie z. B. der Tatsache, daß sich Partikel an zwei Stellen gleichzeitig aufhalten können.

Es gibt im Universum keinen gegenwärtigen Augenblick, der gleichzeitig überall Gültigkeit hat. Nirgendwo dort existiert ein an allen Orten übereinstimmendes Jetzt. Rein subjektiver Natur ist der Begriff Gegenwart; denn er trifft nur auf den Bezugsrahmen zu, in dem sich der von seiner Bewegung abhängige Beobachter befindet. Mit anderen Worten: Während weit voneinander entfernt vor sich gehende Ereignisse für den einen Beobachter in der Zukunft liegen können, sind sie für den anderen bereits Vergangenheit.

Mit dem Aufkommen der Quantenphysik wurde deutlich, daß eine allein auf Ursache und Wirkung abgestimmte mechanistische Denkweise zum Verständnis der Natur und ihrer Zusammenhänge nicht mehr ausreicht. Die Quantenphysik präsentiert uns hier alternative Wirklichkeiten.

Durch Albert Einstein sind die unglaublichen Auswirkungen relativistischer Geschwindigkeiten bekannt geworden. Bereits 1905 offerierte der 1879 in Ulm geborene Einstein der verblüfften Fachwelt eine Reihe genialer Ideen, die den damaligen physikalischen Wissensstand revolutioniert haben. In seiner Speziellen Relativitätstheorie geht er davon aus, daß relative Bewegung einerseits nur experimentell nachgewiesen werden kann – nämlich durch die Bewegung eines Beobachters in bezug auf diejenige eines anderen – und daß sich andererseits Licht ohne Rücksicht auf seinen Ursprung, seine Quelle, stets mit gleichbleibender Geschwindigkeit durch den leeren Raum fortbewegt.

Diese Feststellung scheint dem gesunden Menschenverstand völlig zu widersprechen. Denn danach muß doch angenommen werden, daß sich beispielsweise das von einem Raumschiff in Flugrichtung ausgestrahlte Licht nicht nur mit der eigenen Geschwindigkeit, sondern mit der addierten des Raumschiffs vorwärtsbewegt. Aber das trifft nicht zu. Denn unabhängig davon, ob das Raumschiff auf uns zukommt oder von uns wegfliegt, bleibt die Geschwindigkeit des von ihm ausgestrahlten Lichts immer gleich. Sie wird durch die Bewegungsgeschwindigkeit ihrer Quelle nicht beeinflußt!

Einstein zufolge hat die Lichtgeschwindigkeit als eine Naturkonstante nicht nur stets den gleichen Wert, sondern darüber hinaus eine obere Grenzgeschwindigkeit von rund 300 000 Kilometern pro Sekunde in der mechanistischen und elektromagnetischen Welt.

In seinen Theorien räumt Einstein auch mit dem Konzept der absoluten Längen auf. Es hatte keinen Platz in seiner neuen Welt, in der Zeit, Entfernung und Länge gleichermaßen unbeständig und allein von der relativen Bewegung eines Beobachters abhängig sind.

Diese Theorien zogen natürlich eine Reihe erstaunlicher Schlußfolgerungen über die Auswirkungen relativistischer Geschwindigkeiten nach sich. Doch den größten Schock dürfte Einstein der physikalischen Welt versetzt haben, als er 1905 mit dem bis dahin wohl ungewöhnlichsten Begriff, mit der Zeitdilatation überraschte. Er strapazierte damit den gesunden Menschenverstand (den er ohnehin als eine »Hinterlassenschaft vorgefaßter Meinungen« abtat) in geradezu extremem Maß.

Die Beeinflussung der Zeit durch Bewegung ist die wohl erstaunlichste Erkenntnis in der Relativitätstheorie. Denn das heißt: Für zwei Beobachter, die sich relativ zueinander bewegen, läuft die Zeit unterschiedlich ab.

Nicht genug damit, weist Einstein auf eine in der Natur bis dahin unbeobachtet gebliebene Tatsache hin: daß nämlich Uhren, die mit einem in relativer Bewegung befindlichen Objekt fest verbunden sind, langsamer laufen als Uhren an einem festen Standort. Dieses Phänomen konnte inzwischen bei atomar angetriebenen Uhren und bei solchen mit anderen Laufwerken gleichermaßen nachgewiesen werden. Um zu beweisen, daß Zeit allein schon durch die Geschwindigkeit eines Düsenflugzeugs gedehnt wird, flogen die amerikanischen Physiker J. Haefele und R. Keating 1972 zweimal um die Erde, einmal in westlicher Richtung und dann in östlicher. Sie hatten Atomuhren mitgenommen, die mit anderen auf der Erde synchron liefen. Schon nach dem ersten Rundflug zeigte sich, daß die mitgeführten Atomuhren gegenüber denen auf der Erde um 50 Nanosekunden nachgingen. Das ist zwar so gut wie nichts, wenn man bedenkt, daß eine Nanosekunde der milliardste Teil einer Sekunde ist. Aber verglichen mit der Lichtgeschwindigkeit bewegt sich ein Jumbojet ja nicht einmal im »Schneckentempo«. Nachdem Einstein die bis dahin absoluten Größen – Zeit und Raum – »entthront« hatte, nahm er sich den dritten Grundbegriff der herkömmlichen Physik vor – die Masse. Er behauptete verwegen, daß Masse nichts anderes sei als verfestigte Energie; und jede Energie setzt Materie frei. Demzufolge handelt es sich bei Photonen beziehungsweise Lichtquanten um nichts anderes als masselose Teilchen, die sich nun in Form von Energie mit Lichtgeschwindigkeit fortbewegen. Bei Unterlichtgeschwindigkeit verdichtet sich dagegen Energie durch das verringerte Tempo zu Materie. Erst Einstein erkannte, daß mit steigender Geschwindigkeit – allerdings erst bei annähernd Lichtgeschwindigkeit – ein Massezuwachs stattfindet.

Einstein schloß aus der Tatsache, daß zur Beschleunigung eines Körpers Energie erforderlich ist, auf eine Verbindung zwischen Energie und Masse. Doch für die traditionelle Physik gab es hier nach wie vor eine scharfe Grenze. Als sich damals bei der Entdeckung radioaktiver Substanzen herausstellte, daß deren Energieabstrahlung mit einem Masseverlust verbunden war, standen die Wissenschaftler vor einem Rätsel.

Einstein legte in seiner genial einfachen Formel $E = mc^2$ fest, wieviel Energie (E) sich aus Masse (m) bildet. Oder anders gesagt: Masse muß mit dem Quadrat der Lichtgeschwindigkeit multipliziert werden, um die darin enthaltene Energie zu errechnen. Hier zeigt sich, daß angesichts der immensen Geschwindigkeit des Lichts gewaltige Energiemengen in der Masse enthalten sind.

In seiner 1914/15 veröffentlichten Allgemeinen Relativitätstheorie begründete er die Feststellung, warum Gravitation – die Anziehung, die Körper aufeinander ausüben – keine Kraft ist, sondern eine Eigenschaft der Geometrie des Raums. Je mehr Masse der Raum enthält, um so stärker ist seine Krümmung. Gegenüber anderen Kräften ist die Gravitation zwar sehr schwach, aber als Raumkrümmung beherrscht sie das gesamte Universum.

So haben nicht nur die Erde und ihr Mond ein von ihrer Masse abhängiges Gravitationsfeld, sondern jeder einzelne der Abermilliarden Himmelskörper im Universum.

Allein die sogenannte Schwerkraft hält das Universum zusammen und bestimmt so die Bewegungen aller Himmelskörper. Die Reichweite aller anderen Kräfte ist räumlich begrenzt. So wird also das Geschick des Universums durch die schwächste aller »Kräfte« – die Gravitation – bestimmt. Nach Einstein ist Schwerkraft also eine Eigenschaft des Raums, eine durch Masse verursachte Krümmung des Raum-Zeit-Gefüges.

Am Beispiel eines gedachten interstellaren Raumschiffs wollen wir hier noch einmal die Konsequenzen der Einsteinschen Speziellen und Allgemeinen Relativitätstheorie durchspielen:

- Licht, das von einem Raumschiff bei annähernd Lichtgeschwindigkeit in Flugrichtung ausgestrahlt wird, ist trotzdem nicht schneller als rund 300 000 Kilometer pro Sekunde.

- Wenn sich ein Raumschiff mit hoher Geschwindigkeit fortbewegt, fällt dem Astronauten an seiner Borduhr keine Veränderung auf. Aber relativ zur Zeit auf seiner Heimatwelt ist der Zeitablauf an Bord wesentlich verlangsamt. Und im Gegensatz zu seinem auf der Erde zurückgebliebenen Zwillingsbruder altert er auch entsprechend langsamer.

- Könnte er Messungen vornehmen, würde dieser Zwillingsbruder dagegen erstaunliche relativistische Veränderungen beobachten: Das Raumschiff hätte einen Massezuwachs erfahren, wäre dabei aber kürzer geworden.

- Da die Auswirkungen von Beschleunigung und Gravitation äquivalent sind, kann Zeitdilatation also sowohl durch Beschleunigung als auch durch Gravitation ausgelöst werden. Mit anderen Worten: Bei großer Beschleunigung oder in einem starken Gravitationsfeld tritt eine Zeitdehnung ein – die Zeit läuft langsamer ab.

- Durch Gravitation, also durch die Krümmung der Raum-Zeit, wird ein Lichtstrahl entsprechend abgelenkt beziehungsweise gekrümmt.

Falls die Einsteinsche Relativitätstheorie uneingeschränkt gültig bleibt, bedeutet dies, daß sich der Menschheitstraum vom Flug zu den Sternen auch in fernster Zukunft nur in sehr bescheidenem Maße wird realisieren lassen. Denn selbst wenn eines Tages Antriebssysteme zur Verfügung stehen würden, mit denen sich relativistische Geschwindigkeiten erreichen ließen, würde die begrenzte Lebensspanne des Menschen doch dafür sorgen, daß sich unsere Ausflüge in den Kosmos auf die unmittelbare Umgebung unseres Sonnensystems beschränken müßten.

In den letzten Jahren freilich hat ein neuentdecktes Phänomen die Fachwelt aufhorchen lassen: »Überlichtgeschwindigkeit durch Tunneln« heißt das Schlagwort. Es ist ein altbekannter Effekt, der diesen Forschungen zugrunde liegt: Wenn man ein fließendes Gewässer durch einen Engpaß – etwa eine Röhre – leitet, erhöht sich in diesem Engpaß die Fließgeschwindigkeit. Diese Erscheinung haben einige Forscher, darunter eine Gruppe um Raymond Ciao in Berkeley und eine weitere um Günter Nimtz in Köln, auf elektromagnetische Wellen angewandt. Indem man lichtschnelle Teilchen durch eine Barriere »tunnelte«, gelang es in der Tat, Geschwindigkeiten jenseits der Lichtgeschwindigkeit zu messen. Bei keinem dieser Experimente ist es allerdings gelungen, »Frontgeschwindigkeiten« jenseits der Lichtgeschwindigkeit zu erreichen. Das heißt: Auch wenn in einem Wellenpaket, das sich mit Lichtgeschwindigkeit ausbreitet, einzelne Teilchen vorübergehend Geschwindigkeiten jenseits der Lichtgeschwindigkeit erreichen, so erfolgt doch die Übertragung der Information nur mit Lichtgeschwindigkeit. Die uneingeschränkte Gültigkeit der Einsteinschen Relativitätstheorien als Lehrmeinung der Gegenwartsphysik konnte durch diese Experimente also nicht erschüttert werden.

Einstein, der 1933 wegen der Nazi-Bedrohung nach Amerika ausgewandert war, lebte dort außerhalb der europäischen Physiker-Philosophen-Szene. Aber er übertrug deren Tradition nach Princeton. Im dortigen Institute for Advanced Study gelang es ihm, einen neuen Kreis heranzuziehen und Interesse zu erwecken, das auf verschiedene Weise Früchte trug, zum Beispiel im Raum-Zeit-Konzept von John Archibald Wheeler. Der 1911 geborene Physiker wurde zum großen Kenner und Verfechter der Relativitätstheorie und wurde einer der bedeutendsten Kosmologen.

Wheeler stellt fest: »Auf die Dauer hat sich keiner der angeblichen Widersprüche zu den Voraussagen der Allge-

meinen Relativitätstheorie bewahrheitet. Keine logische
Inkonsequenz wurde je in ihren Grundlagen entdeckt.
Und keine anerkannte Alternative von vergleichbarer
Klarheit und Tragweite konnte je vorgebracht werden.«
Eine mit seinem Kollegen Robert W. Fuller unter dem Ti-
tel »Kausalität und vielfach verbundene Raum-Zeit« ver-
öffentlichte Gemeinschaftsarbeit war nicht nur für die
Fachwelt eine Herausforderung. Wheeler hatte schon
längst nach Hinweisen gesucht, mit deren Hilfe er die
Kluft zwischen der Allgemeinen Relativitätstheorie und
der Quantenphysik überbrücken konnte. Schwarze
Löcher – ein Begriff, den übrigens Wheeler prägte – müssen nach der Allgemeinen Relativitätstheorie existieren.
Der Princeton-Physiker betrachtet sie als eine Art »Treffpunkt« zwischen der Allgemeinen Relativitätstheorie und
der Quantenphysik, die hier zur Kulmination geführt
werden. Aber gerade daraus folgert er, daß das Wesen der
Raum-Zeit-Struktur nur vom Standpunkt beider Theori-
en aus betrachtet werden kann.
Die Kluft zwischen der Relativitätstheorie und der Quantenphysik hat die moderne Kosmologie veranlaßt, das
Universum als relativistische Szene darzustellen, wo
Energie und Materie nicht durch die Relativitätstheorie,
sondern durch die Quantenphysik bestimmt werden. Mit
seiner Quantisierung des Raums versucht Wheeler nun,
den Raum unter gleichzeitiger Anwendung beider Theorien einzuordnen. Seiner Ansicht nach gibt es in der Physik kein anderes Prinzip von ähnlich universaler Bedeutung wie die Quantenphysik.
»Je mehr wir ihr nachgehen, um so offensichtlicher wird,
daß sie das wichtigste Prinzip zu sein scheint, von dem
sich alles andere irgendwie ableitet«, sagt Wheeler.

In seiner Theorie hat er die Unschärferelation insgesamt auf Raum-Zeit, Materie und Energie erweitert. Die kosmologische Raumgeometrie wird nur als eine Wahrscheinlichkeitstheorie angesehen – als Summe der Unschärfen aller Raumquanten im Universum.

»Werden irgendwelche Experimente diskutiert, muß vor allem die Wechselwirkung zwischen Objekt und Beobachter berücksichtigt werden, die zwangsläufig mit jeder Beobachtung verbunden ist … Dies hat zur Folge, daß im allgemeinen die Experimente zur Bestimmung einer physikalischen Größe gleichzeitig die etwa früher gewonnene Kenntnis anderer Größen illusorisch machen, indem sie das zu messende System in unkontrollierbarer Weise beeinflussen und damit die früher bekannten Größen ändern«, schrieb der deutsche Physik-Nobelpreisträger Werner Heisenberg (1901–1976) über seine berühmte Unschärferelation in »Physikalische Prinzipien der Quantentheorie«.

Heisenberg wies damit unmißverständlich darauf hin, daß sich ein befriedigendes Konzept der physikalischen Welt nur aus dem Wahrscheinlichkeitsgesetz von Ereignissen ableiten läßt, nicht aber aus deren Beschreibung und daß im subatomaren Bereich das beobachtete Objekt bereits durch den Vorgang des Beobachtens beeinflußt wird. Das heißt eindeutig: Die Resultate beobachteter Vorgänge in der Mikrowelt werden durch das Meßinstrumentarium bestimmt. Demzufolge ist unsere Welt also von Natur aus unberechenbar und unterliegt statistischen Schwankungen.

Wheeler nennt seine Raumquanten Geonen. Die von ihm daraus entwickelte neue Wissenschaft ist unter der Bezeichnung Geometrodynamik bekannt geworden. Hier geht es um die Geometrie der gekrümmten Raum-Zeit beziehungsweise um die Dynamik der Geometrie selbst. Denn da Raum-Zeit gekrümmt ist, muß sie gewissermaßen auch selbst über Masse verfügen.

Die Existenz seiner hypothetischen Raumteilchen, der Geonen, sieht Wheeler durch die Tatsache bestätigt, daß die Raum-Zeit-Struktur durch die Masse der Sterne und Galaxien gekrümmt wird. Wenn also der Raum – die Geonen – dem Gesetz der Masse unterliegt, müssen Geonen Masse haben – also auch real existieren. Das heißt wiederum, wenn Raum-Zeit mit Masse reagiert, muß sie selbst Masse haben.

Einstein veranschaulichte, daß es in Wirklichkeit keine sogenannte schnurgerade Linie gibt. Wenn man sie entsprechend lange verfolgt, zeigt sich, daß alle Linien gekrümmt sind. Ein Lichtstrahl, der das gesamte Universum durchquert, bewegt sich kreisförmig und kommt schließlich wieder am Ausgangspunkt an. Das erklärt auch Einsteins berühmten Scherz: Ein Mensch mit phänomenaler Sehkraft könne seinen eigenen Hinterkopf sehen, wenn er nur lange genug in den Himmel schaue. Er müsse sich allerdings ein paar Ewigkeiten gedulden, bevor das »Licht-Bild« seines Hinterkopfes die Reise um das Universum geschafft habe.

1935 erwarb Einstein in Princeton ein Haus. Er hatte sich damit abgefunden, daß er wohl niemals mehr in seine deutsche Heimat würde zurückkehren können.

Im gleichen Jahr veröffentlichten Einstein und Rosen ihre Gemeinschaftsarbeit »Das Partikel-Problem in der Allgemeinen Relativitätstheorie«. Sie vergleichen darin separate Teile der Raum-Zeit mit Gummilaken, die durch zeitlose Passagen verbunden sind, und nennen sie Brücken.

In Fachkreisen wurden diese zeitlosen Querverbindungen unter dem Begriff Einstein-Rosen-Brücken bekannt. Das Konzept der Einheit von Raum und Zeit hat unsere moderne Anschauung über das Universum geprägt. Es setzt sich aus zwei grundsätzlichen Einheiten zusammen, von denen jede einzelne sozusagen zwei Seiten hat – nämlich aus Masse-Energie und Raum-Zeit. Die aufgrund der Schwerkraft zwischen beiden stattfindende Wechselwirkung erklärt auch die verschiedensten Phänomene, wie zum Beispiel die Expansion des Universums, die Krümmung eines Lichtstrahls durch ein massereiches Objekt wie einen Stern und die bizarre Eigenschaft Schwarzer Löcher, die Zeit bis zu einem Zeitriß zu dehnen.

Einer der populärsten theoretischen Wissenschaftler unserer Zeit ist der 1942 in Oxford geborene Cambridge-Mathematiker Stephen Hawking. Er konfrontierte die Welt mit einer überraschenden Entdeckung. Und seine eigene Feststellung in diesem Zusammenhang – »Wann sind Schwarze Löcher nicht mehr schwarz? Wenn sie explodieren« – klingt fast wie ein Orakel.

Durch eine neuromuskuläre Erkrankung schon früh an den Rollstuhl gefesselt, hat er sich ausschließlich theoretischen Überlegungen gewidmet. Als er erkannte, daß bestimmte Schwarze Löcher nicht absolut schwarz sind, sondern Partikel abstrahlen und schließlich sogar explodieren können, überprüfte er die Schwarze-Loch-Theorie noch einmal gründlich. Nach Abschluß seiner Arbeit stellte sich heraus, daß bestimmte Schwarze Löcher einen Strom von Partikeln entlassen und damit »weiß« werden. Hawking erkannte, daß während der Geburt unseres Universums Kompressionsvorgänge stattgefunden haben könnten. Und unter dieser Voraussetzung müßte unsere

Milchstraße heute übersät sein von Abermillionen Schwarzer Minilöcher, die aus kosmischer Vorzeit stammen. Die für ein solches Schwarzes Urloch typische Masse entspräche einer Milliarde Tonnen. Im Raum-Zeit-Gefüge wäre ein solches Objekt aber nicht größer als ein Proton, also kaum ein Nadelstich. Bei dieser winzigen Größe müßten seine Eigenschaften – nach Hawking – nicht nur durch die Allgemeine Relativitätstheorie, sondern auch durch die Quantenmechanik definiert werden. Damit würde ein Schwarzes Miniloch eine Art Verbindung zwischen den Gesetzen herstellen, von denen die Bereiche des unendlich Großen und des unsagbar Kleinen beherrscht werden.

Da Schwarze Minilöcher zu klein sind, um dem Raum Materiemengen entnehmen zu können, müssen sie, Hawkings Berechnungen zufolge, ständig außen am Rand Strahlungsenergie abgeben. Durch den eintretenden Energieverlust würde ein solches Miniloch schließlich verdampfen – explodieren mit der Stärke einer 100-Millionen-Megatonnen-Bombe und unter Emission einer gewaltigen Flut von Gammastrahlen und hochenergetischen Partikeln.

Heute versucht Stephen Hawking zwischen der Allgemeinen Relativitätstheorie, der Quantentheorie, der Thermodynamik und der Gravitationstheorie eine Brücke zu schlagen. Er möchte damit den uralten Wunschtraum der Physiker verwirklichen, physikalische Gesetze »unter einen Hut« zu bringen, um sie in einer einzigen, großen, einheitlichen Feldtheorie zu vereinen.

Seine bisher dazu vorgelegten theoretischen Modelle weisen allerdings zu viele paradoxe Lösungen auf. Problematisch ist vor allem, daß derzeit noch keine wirk-

lich stichhaltige Quantentheorie der Gravitation vor-
liegt.

»Aber kann es wirklich eine derartige vereinheitlichte
Feldtheorie geben? Oder jagen wir vielleicht nur einem
Trugbild nach? Anscheinend gibt es hier drei Möglich-
keiten:

- Es gibt eine vollkommene vereinigte Theorie, die wir
  eines Tages entdecken werden, wenn wir intelligent genug sind.
- Es gibt keine endgültige Theorie über das Universum,
  lediglich eine endlose Aufeinanderfolge von Theorien,
  die das Universum immer genauer beschreiben.
- Es gibt keine Theorie über das Universum, Ereignisse
  können über einen bestimmten Grad hinaus nicht vor-
  ausbestimmt werden, kommen rein zufällig und willkürlich zustande.

Einige würden die dritte Möglichkeit vertreten, mit der
Begründung: Wenn es allumfassende Gesetze gäbe, würden sie die Entscheidungsfreiheit Gottes beeinträchtigen,
Seine Meinung zu ändern und in das Weltgeschehen einzugreifen. Es ist in etwa wie das klassische Paradoxon:
Kann Gott einen so schweren Stein erschaffen, daß Er ihn
nicht hochheben kann? Aber auch die Vorstellung, Gott
könnte seine Meinung ändern wollen, ist ein Beispiel für
den Trugschluß, auf den der heilige Augustinus hinwies,
sich Gott als ein in der Zeit existierendes Wesen vorzustellen; Zeit ist eine Eigenschaft in dem allein von Gott geschaffenen Universum. Es ist anzunehmen, daß Er wußte, was Er mit seiner Schöpfung beabsichtigte«, stellt Stephen W. Hawking in »Eine kurze Geschichte der Zeit« lakonisch fest.

Auf der Suche nach einer einheitlichen Feldtheorie werden Elementarteilchen in den neuesten Modellvorstellungen nicht mehr als punktförmige Partikel vermutet, sondern als »strings« – unendlich dünne Fäden –, die nur Länge haben, aber keine anderen Dimensionen. Diese »strings« können zwei Enden haben oder sich zu Schlingen schließen. Aus den verschiedenen »string«-Theorien ergibt sich jedenfalls die Konsequenz, daß außer den uns bekannten vier Dimensionen – drei Raum- und einer Zeitdimension – noch weitere, verborgene Dimensionen existieren müssen. Diese in sich zusammengerollten, verborgenen Dimensionen wären allerdings mit ihrem Durchmesser von $10^{-30}$ Zentimeter unbeschreiblich klein.

Die Gesetzmäßigkeiten des Universums allumfassend beschreiben zu wollen, bedeutet die Suche nach einer objektiven Wirklichkeit. Die aber kann es für uns nicht geben. Allein durch das Aufkommen der Quantentheorie wurde das bis dahin gültige, klassisch-deterministische Weltbild zerschlagen. Denn die Heisenbergsche Unschärferelation beweist überzeugend, daß bestimmte komplementäre Eigenschaften eines Teilchens nicht gleichzeitig bestimmt werden können. Es ist unsinnig, ein Phänomen beschreiben zu wollen, ohne den Beobachter als bestimmenden Faktor mit einzubeziehen.

# Ein Quark mit Charme

## Über die unendliche Teilbarkeit

Inzwischen ist die Elementarphysik in einem sogenannten Standardmodell zusammengefaßt worden,
das die fundamentalen Prozesse des Universums ver-
ständlicher machen soll. Nach diesem Modell besteht
alle Materie aus zwölf fundamentalen Partikeln, die wiederum in drei Viererfamilien aufgeteilt werden – jede mit
zwei sogenannten Quarks und einem engverwandten
Paar Leptonen. Der Weg zu diesen neuen Erkenntnissen
war allerdings mühsam. Es fing schon mit dem Problem
Licht an.

Was ist Licht? – Welle oder Partikel? Auf jeden Fall war
es ein Problem, das Physiker veranlaßte, wieder einmal
intellektuelle Kämpfe auszufechten. Zwei gegnerische
Schulen machten sich ein Vergnügen daraus, mit mühsam
ersonnenen Experimenten die Gegenpartei auf den Leim
zu führen.
Physiker, die Partikel als Realität betrachteten, »ver-
schrieben« sich einem Partikeluniversum. Wellen wiesen
ihrer Ansicht nach nur auf eine Möglichkeit hin, beispielsweise entlang einem Lichtstrahl an jedem beliebigen
Punkt auf Partikel zu stoßen. Der Wiener Physiker Erwin
Schrödinger (1887–1961) dagegen hielt die Partikeltheorie schlichtweg für eine Illusion. Mit anderen Physikern
setzte er auf die Wellenthese. Doch mit Hilfe des engli-

schen Physikers Paul A. M. Dirac wies Schrödinger schließlich nach, daß beide Schulen in letzter Konsequenz auf den gleichen Nenner kamen.

Aber was ist nun eigentlich richtig? Besteht das Licht aus Wellen oder Partikeln? Bereits 1932 war der 31jährige Deutsche Werner Karl Heisenberg (1901–1976) mit dem Nobelpreis für Physik ausgezeichnet worden. Während seines Studiums in Kopenhagen bei Niels Bohr (1885–1962) hatte sich in ihm bereits die Überzeugung gefestigt, daß eine Lösung des Wellen- und Partikelparadoxons nur möglich sei, wenn der Beobachter – der Physiker – einbezogen wird. Diese Überlegung führte Heisenberg zu seiner berühmten »Unschärferelation«.

Dazu formulierte er seine berühmt gewordene und bereits zitierte (S. 93) Theorie, wonach bei allen Experimenten die Wechselwirkung zwischen Objekt und Beobachter berücksichtigt werden müsse.

Heisenberg machte damit unmißverständlich klar, daß sich ein befriedigendes Konzept der physikalischen Welt nur aus dem Wahrscheinlichkeitsgesetz von Ereignissen ableiten läßt, nicht aber aus deren Beschreibung und daß im atomaren Bereich das beobachtete Objekt bereits durch den Vorgang des Beobachtens mehr oder weniger beeinflußt wird.

Heisenberg erinnerte sich später, daß ihn eine Bemerkung Einsteins im Verlauf eines Gesprächs auf seine Unschärferelation gebracht habe. In einer Arbeit hatte es Heisenberg entschieden abgelehnt, von der Annahme auszugehen, Elektronen würden den Kern von Atomen umkreisen. Einstein hatte es besonders gestört, daß sich Heisenberg grundsätzlich nur mit zu beobachtenden Elementen der physikalischen Welt beschäftigte und keinesfalls dazu bereit war, über den Umlauf von Elektronen zu diskutieren, da es niemand gäbe, der ein Elektron in der Umlaufbahn beobachtet habe und höchstwahrscheinlich auch niemals jemand eines zu Gesicht bekommen werde.

Einsteins Frage, ob er tatsächlich der Meinung sei, nur zu beobachtende Größen dürften in eine Theorie aufgenommen werden, beantwortete Heisenberg mit dem Argument, daß er, Einstein, mit der Relativität eben auf diese Weise verfahren sei. Er hätte es doch auch entschieden abgelehnt, die Zeit als absolute Größe zu charakterisieren, weil es eben unmöglich sei, absolute Zeit zu beobachten. Zur Zeitbestimmung in einem bewegten oder unbewegten System wäre nur eine Uhr relevant. Daraufhin wandte Einstein ein, daß eine Theorie nicht allein auf feststellbaren Größen aufgebaut werden könne, da die Theorie bestimme, was beobachtet werden kann.

Bei einem nächtlichen Spaziergang im Jahre 1927 fiel Heisenberg dieser Gedankengang Einsteins plötzlich wieder ein. Er mußte sich auch auf das Problem der Wellen- oder Partikeltheorie anwenden lassen. Denn die subatomare Welt konnte, je nachdem, was gesucht wurde, sowohl als Wellen- als auch als Partikel-»Universum« betrachtet werden. Was wäre die Folge, wenn alle von den Physikern in dieser Mikrowelt beobachteten Vorgänge weniger durch die Wirklichkeit bestimmt worden seien als durch die Beobachtungsmethode der Wissenschaftler? Wurden die Resultate am Ende vielleicht durch das Meßinstrumentarium bestimmt?

Soll beispielsweise ein Elektron aufgespürt werden, wird es mit harter Strahlung, mit Gammastrahlen »beschossen«. Dadurch wird es aber gleichzeitig aus seiner Umlaufbahn im Atom gestoßen. Damit liegt in der Methode

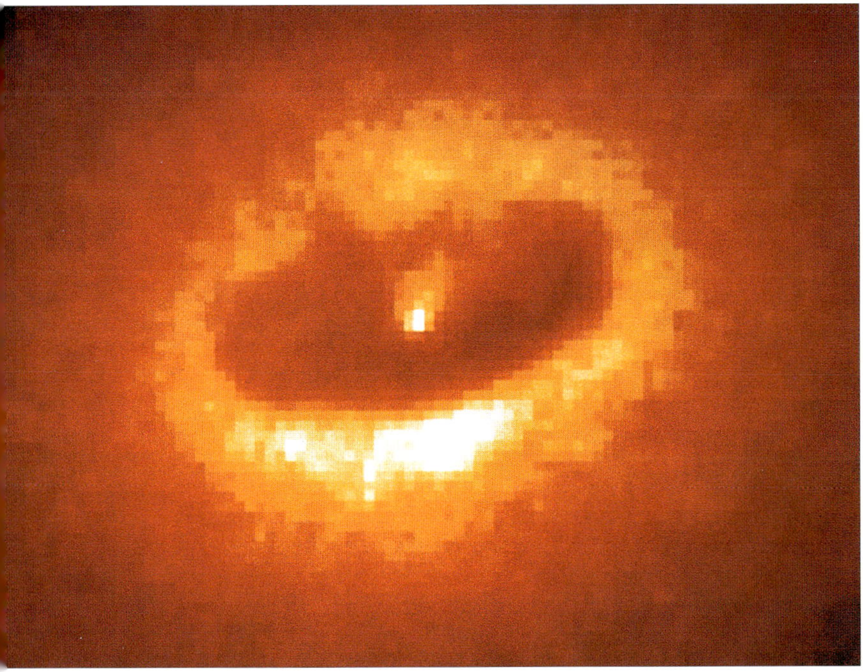

Ein bis zur unendlichen Dichte kollabierter großer Stern hinterläßt einen rotierenden Schwerkraftstrudel, ein sog. Schwarzes Loch, hier aufgenommen vom Hubble-
Teleskop. (Foto: NASA)

Eine leuchtende Gas- und Staubwolke, die in einer gewaltigen Supernova-Explosion von einem einst massereichen Stern am Ende seines Lebens abgesprengt wurde.
(Foto: Archiv Johannes von Buttlar)

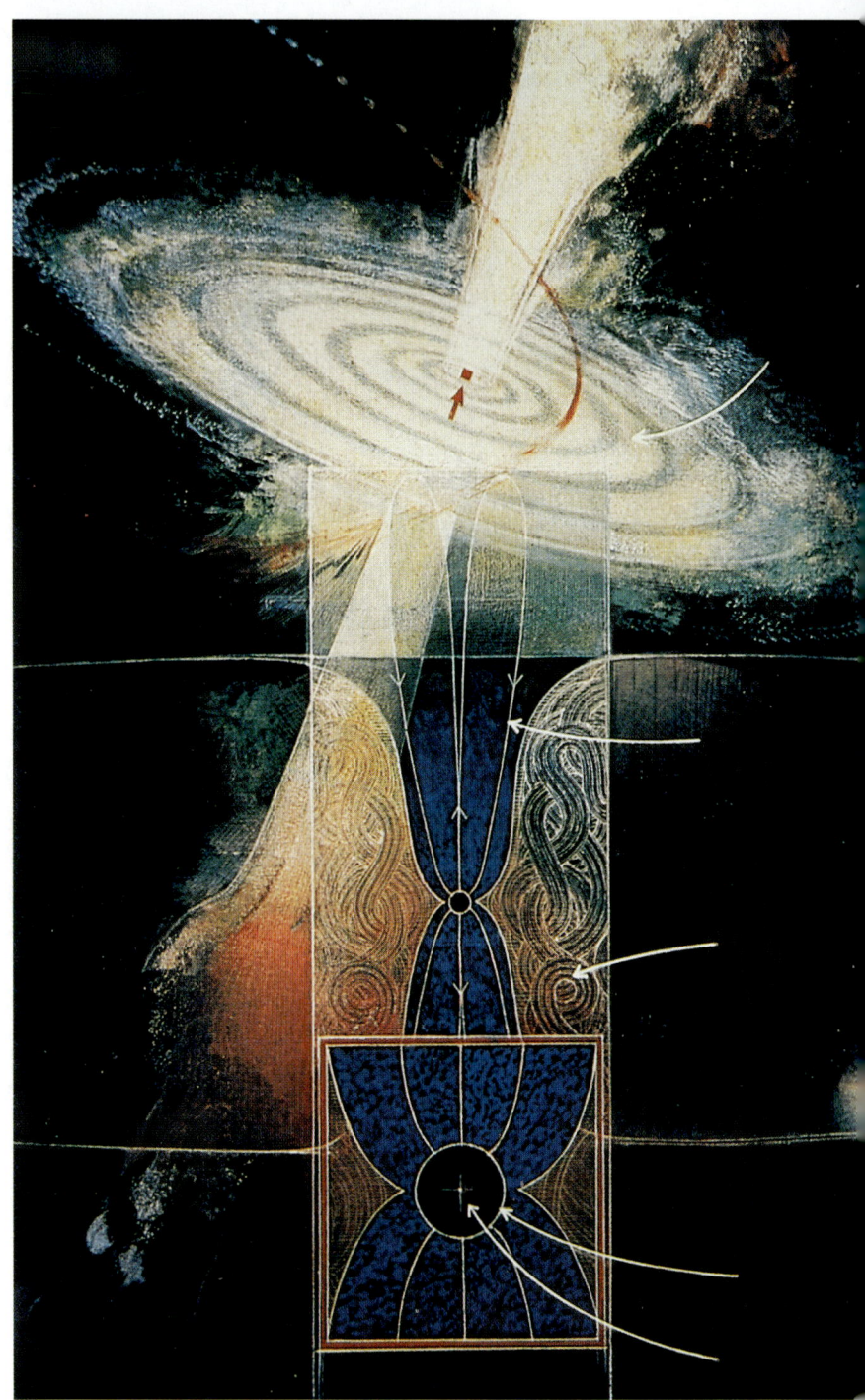

Illustration eines Schwarzen Lochs mit seinem Pendant – einem Weißen Loch –, da im Gegensatz zu ersterem Materie und Energie ausstößt. (Foto: Archiv Johannes vo Buttlar)

der Entdeckung bereits die Veränderung. Verallgemei-
nert man dieses Prinzip, wäre unsere Welt damit von Natur aus unberechenbar.

Über die zukünftige Verhaltensweise eines physikalischen
Systems lassen sich also allenfalls Vermutungen anstellen.
Sie hängt nicht vom Umfang der darüber vorliegenden Informationen ab. Demzufolge ist die Welt statistischen
Schwankungen unterworfen, die sich zum Beispiel auch
beim Roulette auswirken. Denn entgegen jeder Wahr-
scheinlichkeitsrechnung kann irgendeine Zahl beim Spiel
mehrmals hintereinander fallen. Im submikroskopischen
Bereich konnten solche statistischen Schwankungen experimentell nachgewiesen werden.

Mit Heisenbergs Theorie konfrontiert, erarbeitete Bohr
eine Schlußfolgerung, in der er behauptete, allein die un-
tersuchten spezifischen Eigenschaften seien dafür verantwortlich, ob Licht oder Elektronen sich wie in Bewegung
befindliche Wellen oder wie Partikel verhalten. Bohr legte damit den Grundstein zu seinem Korrespondenzprin-
zip. Ihm sind wesentliche Erkenntnisse über das Verhalten von Elektronen zu verdanken. Bohr war von Max
Planck (1858–1947) beeinflußt und hat Grundlegendes
zur Atomforschung beigetragen. Bereits 1922 erhielt er
den Nobelpreis für Physik.

Bis dahin waren die Physiker von der Annahme ausgegangen, daß von den die Atome umkreisenden Elektronen Energie durch Strahlung abgegeben wird, daß sie sich
zwanghaft spiralförmig in den Kern bewegen und dabei
ein stetiges Spektrum abstrahlen. Beobachtungen konnten dieses Verhalten freilich nie bestätigen. Atome strahlen vielmehr stets ihnen ureigene, spezifische Frequenzen
aus.

Bohr beschäftigte sich mit zwei Theorien, um diese Verhaltensweise zu erklären. In seiner ersten Hypothese ging er davon aus, daß Atome nur in zwei bestimmten Grundzuständen oder Ruhepositionen existieren und ihr Kern von den Elektronen in vorgezeichneten »erlaubten« Bahnen umkreist wird. Dabei gibt das Atom keine Strahlung ab. In seiner zweiten Theorie postulierte er, daß von einem Atom dann Strahlung freigesetzt wird, wenn ein Elektron aus bestimmten Gründen von einer »erlaubten« Umlaufbahn auf eine dem Kern näher liegende überspringt. Absorbiert ein Atom dagegen Strahlung, springen eines oder mehrere Elektronen von ihrer »erlaubten« Bahn auf eine andere über, die weiter vom Kern entfernt ist. Aufnahme und Abgabe von Strahlung vollziehen sich in unsteten Einheiten – in Lichtquanten.

Noch zu Anfang des 20. Jahrhunderts herrschte die Ansicht vor, daß es sich bei Atomen um kompakte Gebilde handeln müsse, bis der neuseeländische Nobelpreisträger Ernest Rutherford (1871–1937), einer der hervorragendsten Experimentalphysiker seiner Zeit, 1911 in Cambridge ein neues Atommodell bekanntgab. Er erklärte, daß sich die größte Masse des Atoms in einem schweren Kern im Mittelpunkt konzentriert, den die Elektronen auf Umlaufbahnen umkreisen, die denen der Planeten um die Sonne gleichen.

Verglichen mit einem Sandkörnchen, ist ein Atom zehntausend- bis hunderttausendmal kleiner. Aber Atomkerne sind noch um das Zehntausendfache winziger. Kernkräfte halten den aus positiv elektrisch geladenen Protonen und elektrisch nicht geladenen Neutronen bestehenden Atomkern zusammen.

Für Heisenberg war die Entdeckung der 1932 durch den

englischen Physiker James Chadwick indirekt nachgewiesenen Neutronen von besonderer Bedeutung. Denn durch seine Idee, Protonen und Neutronen als Bausteine des Atoms anzusehen, leistete Heisenberg einen grundlegenden Beitrag zur Weiterentwicklung der gerade im Entstehen begriffenen Kernphysik.

Bereits damals stellte er Überlegungen an, die seiner Zeit weit voraus waren. Er zweifelte nämlich an der gängigen Annahme, daß die aus kleineren Einheiten bestehende sichtbare Materie nur bis zu den (damals bekannten) kleinsten Bausteinen – Elementarteilchen wie zum Beispiel Protonen oder Elektronen – geteilt werden könne. Er zog sogar die Möglichkeit in Erwägung, daß die bisher postulierten nicht mehr teilbaren Kleinstbauteile in Wahrheit vielleicht gar nicht existierten, Materie dagegen möglicherweise so lange geteilt werden könne, bis zum Schluß gar nicht mehr von Teilung zu sprechen sei, sondern von einer Umwandlung von Materie in Energie, wo Teile und Geteiltes gleich groß seien. Aber dann stellte sich die Frage, was am Anfang war. Ein Naturgesetz – Mathematik – Symmetrie?

Noch vor nicht allzulanger Zeit gingen die Physiker von der Voraussetzung aus, daß die Elementarteilchen als Grundbausteine der Materie eine ausreichende Erklärung für die Struktur der Atomkerne und die in ihrer Umlaufbahn befindlichen Elektronen sind.

Doch mit der steigenden Zahl neu entdeckter Elementarteilchen wurde diese Auffassung unhaltbar. Bereits 1960 war die Anzahl der gefundenen Teilchen und Antiteilchen auf über dreißig angestiegen. Die Antiteilchen verkörpern dabei eine Art von »Spiegelbild-Zwillingen« bestimmter Teilchen. Beide – Teilchen wie Antiteilchen –

haben zwar die gleiche Masse und den gleichen Drehimpuls, aber im Gegensatz zum elektrisch negativ geladenen Elektron z. B. hat das Positron eine gleichgroße elektrisch positive Ladung. Elektron und Positron sind »feindliche Zwillinge«, die sich sozusagen auf Leben und Tod gegenüberstehen. Wenn sie aufeinandertreffen, vernichten sie sich gegenseitig. Als verkörperte Energie, die nicht verlorengeht, zerstrahlen sie sich und setzen dabei Gammastrahlung frei.

Heute kann Antimaterie bereits in Laboratorien erzeugt werden. Das läßt den Schluß zu, daß sie schon bei der Entstehung und Fortentwicklung des Universums entscheidend beteiligt war.

Bei ihrer Suche nach fundamentalen Bausteinen der Materie tasten sich die Physiker immer näher an den Urstoff heran. In der ersten uns bekannten Atomtheorie behaupteten Leukippos von Milet (5. Jh. v. Chr.) und sein Schüler Demokrit von Abdera (460 v. Chr.), Materie bestehe aus nicht teilbaren Einheiten, aus Atomen. Diese Ansicht behielt etwa 2500 Jahre lang Gültigkeit und wurde erst revidiert, als Physiker unseres Jahrhunderts immer neue Elementarteilchen und Antiteilchen identifizierten.

Für einen Vorstoß in derart winzige Dimensionen mußten natürlich erst einmal die entsprechenden technischen Voraussetzungen geschaffen werden. Anfangs wurden Protonen und andere Teilchen eben durch diese Protonen und andere Teilchen unter Beschuß genommen in der Hoffnung, in den immer weiter zertrümmerten winzigen Partikeln schließlich vielleicht auf einen fundamentalen Kern zu stoßen.

Da ein ungeheuerer technischer Aufwand erforderlich ist, um die kleinsten Teilchen überhaupt untersuchen zu können, entstanden schließlich die größten Beschleuniger der Welt. Einige von ihnen können in ihren Vakuumrohren einen elektrischen »Spannungssog« erzeugen, der die hineingeratenen Elektronen oder Positronen nahezu auf Lichtgeschwindigkeit beschleunigt, während sie gleichzeitig immer schwerer werden. Der Allgemeinen Relativitätstheorie zufolge kann ihre beschleunigte Masse bei annähernd Lichtgeschwindigkeit ihre ruhende um das Zehntausendfache und mehr übertreffen.

Wenn uns jemand klarzumachen versuchte, daß aus Kugeln, die mit Kugeln beschossen werden, keine Kugeltrümmer entstehen, sondern funkelnagelneue Kugeln, würden wir sicher an seinem Verstand zweifeln. Aber in der Hochenergiephysik ist genau das der Fall. Denn beim Aufeinanderprall von zwei Protonen können zum Beispiel drei Protonen und ein Antiproton entstehen. Und auf diese Weise konnten Physiker über zweihundert unterschiedliche, durch die Aufprallenergie materialisierte Teilchen identifizieren. Allerdings waren die Wissenschaftler sprachlos vor Verwunderung, als sie zwar keine Fundamentalteilchen, dafür aber ein Heer von Partikeln entdeckten, die für Millionstelbruchteile von Millionstelsekunden auftauchten, um sich umgehend wieder in Strahlung aufzulösen.

Erst einmal mußten die Reaktionen dieser rätselhaften Teilchen untersucht werden. Dabei stellte sich schon bald heraus, daß diese mit verschiedenen Kräften ausgestattet sind, wenn auch nicht jedes einzelne auf alle Kräfte reagiert oder sie anwendet.

Durch ihre starke gegenseitige Anziehungskraft vereinigen sich beispielsweise Protonen und Neutronen zu Atomkernen von kaum mehr als $10^{-12}$ Zentimeter Größe.

Durch die nur über geringe Reichweite verfügende Starke Wechselwirkung werden sie im Atom »verkittet«. Da Elektronen über wesentlich schwächere elektromagnetische Kräfte verfügen, befindet sich ihre Umlaufbahn relativ weit vom Kern entfernt.

Die Teilchen wurden nun je nach ihrer Abhängigkeit von der Starken oder der Schwachen Wechselwirkung eingeordnet. Auch die Schwache Wechselwirkung gehört zu jenen zwischen den Teilchen auftretenden Kräften. Sie gleicht zwar der elektromagnetischen Kraft, ist aber ungleich schwächer.

Die sogenannte Familie der Leptonen wird der Schwachen Wechselwirkung zugeordnet. Ihre »Familienangehörigen« sind Elektronen, Myonen, Tauonen und drei zugehörige Neutrinoarten. Da Leptonen nicht aus »Unterbausteinen« bestehen, werden sie als Elementarteilchen betrachtet.

Auch die Starke Wechselwirkung »erfreut« sich einer Familie: Es sind dies die sogenannten Hadronen, zu denen außer dem Neutron und Proton noch weit über zweihundert andere Teilchen gehören. Die uns umgebende Materie besteht zu 99,9 Prozent aus Hadronen.

1964 hatten zwei amerikanische Physiker, Murray Gell-Mann und George Zweig, unabhängig voneinander die gleiche Idee. Sie behaupteten nämlich, der Bausatz der Hadronen-Materie bestehe aus drei Elementarteilchen, die noch winziger seien als alle bis dahin beobachteten Teilchen. Gell-Mann taufte sie »Quarks«. Es gibt fünf Arten von ihnen, und eine sechste wird vermutet. Quarks sind in je drei »gedachten« Farbvarianten geordnet. Aber es dauerte etwa zehn Jahre, bis die Wissenschaftler von ihrer Existenz überzeugt waren. Inzwischen freilich kann an der sogenannten Quantenchromodynamik, an der »Farblehre« der Quarks, kaum mehr gezweifelt werden. So wie Photonen die Vermittler – Boten – des elektromagnetischen Feldes sind, vermitteln Gluonen (englisch glue = Klebstoff) die Starke Wechselwirkung, und letztere bestimmt wiederum das Verhalten von Quarks. Diese Gluonen sind auch in der Lage, die »Ladungen« beziehungsweise die »Farbe« der Quarks zu verändern. So können die mit drei Eigenschaften ausgestatteten Quarks blau, rot oder grün werden. Demgegenüber kann die entweder positive oder negative elektrische Ladung also nur mit einer Eigenschaft aufwarten. Ein rotes Quark, das zum Beispiel ein Gluon abstößt, kann dabei zu einem blauen Quark werden. In anderen Worten: Als Träger einer positiven roten Ladung entledigt sich das Gluon seiner negativen blauen. Unter den Gluonen gibt es acht verschiedene, die selbst Farbträger sind.

Quarks haben nicht nur die Farbcharakterisierungen blau, rot oder grün erhalten, sondern obendrein noch Flavour (Geschmack) zugeteilt bekommen. Quark-Physiker verpaßten ihnen nämlich kennzeichnende »Geschmacksrichtungen«. Es gibt up-, down-, strange-, charme-, bottom-, top-Quarks, umgesetzt auf die »Geschmacksrichtungen«, also oben-, unten-, seltsam-, charme-, Grund-, Spitzen-Quarks. Die leichtgewichtigsten sind die »Up- und down-Quarks«, die Neutronen und Protonen bilden. Während das Proton drei Up-up-down-Quarks enthält, sind es beim Neutron drei Up-down-down-Quarks.

Aber wer will schon darauf wetten, daß die Quarks wirklich die kleinsten unter den Winzlingen unseres Universums sind? Schon hat der Oxford-Mathematiker Roger Penrose die Physiker in aller Welt mit der Meldung überrascht, er habe den Urbaustein des Universums gefunden. Penrose ist davon überzeugt, die Fundamentalbausteine des Kosmos wenigstens mathematisch entdeckt zu haben. Er hat sie »Twistoren« genannt (englisch to twist = verdrehen, verkrümmen). Twistoren verkörpern sozusagen in sich selbst verdrehte, verkrümmte Raum-Zeit, das heißt gewissermaßen Raum-Zeit-Knoten.

Schon der englische Astronom und Physiker Sir Arthur Eddington (1882–1944) hat darauf verwiesen, daß Masse und Energie als Krümmungen des Raum-Zeit-Kontinuums betrachtet werden können. Einmal ließ Eddington gar verlauten, daß der Mensch eine Schleife – ein Knoten – in der Raum-Zeit sei.

Wäre es etwa möglich, daß die Bausteine aller Teilchen und Antiteilchen nichts anderes darstellen als positiv oder negativ verkrümmte, unvorstellbar kleine Raum-Zeit-Knoten? Penrose will jedenfalls nachweisen, daß die Naturkräfte – die elektromagnetische Kraft, die Gravitation, die Starke und die Schwache Wechselwirkung – ein Ergebnis der Twistoren sind. Er folgt damit dem bisher unerfüllt gebliebenen großen Traum der Physiker, alle Geschehnisse – von den kleinsten Dimensionen der Materie bis hin zum Kosmos – durch eine große einheitliche Feldtheorie erklären zu können.

Schon im 19. Jahrhundert entwickelten Michael Faraday (1791–1867) und James Clerk Maxwell (1831–1879) den Begriff des Kraftfeldes. Nach dieser Theorie baut eine elektrische Ladung in dem sie umgebenden Raum ein unsichtbares elektrisches Feld auf. Eine in diesem Feld schon vorhandene andere elektrische Ladung ist der Wirkung einer Kraft ausgesetzt. Damit war die Feldtheorie geboren. Der Einfluß, den zwei voneinander entfernte

Körper oder Teilchen aufeinander ausüben, hatte zur Vorstellung geführt, daß der Kontakt zwischen einem Teilchen und dem Feld eines anderen zu einer Wechselwirkung führt. Heute gibt es für alle Naturkräfte eine Feldtheorie, und viele Physiker sind der Meinung, daß eine einheitliche Feldtheorie sowohl die Anzahl und Eigenschaften als auch die jeweilige Stärke der Wechselwirkung festlegen kann.

Am Ringen um eine einheitliche Feldtheorie scheiterte bereits Albert Einstein, als er in seinen letzten Lebensjahren vergeblich versuchte, die ihm damals bekannten beiden Naturkräfte – die elektromagnetische Kraft und die Schwerkraft – in einer einheitlichen Theorie zu vereinen. Durch die Entdeckung der Kernkräfte komplizierte sich das Problem zusätzlich.

Inzwischen bemühen sich Hochenergiephysiker mit Hilfe von Großbeschleunigern intensiv darum, nicht nur den Teilchen-Wirrwarr nach gemeinsamen Grundprinzipien zu ordnen, sondern auch gemäß ihrem alten Wunschtraum die Naturkräfte in einer Urkraft oder Superkraft »unter einen Hut« zu bringen beziehungsweise mathematisch zu vereinen.

Zwei Physiker, der Inder Jogesh Pati und der Pakistani Abdus Salam, stellten 1973 die erste Fassung einer Weltformel auf. Doch erst ein Jahr später, als die beiden Amerikaner Howard Georgi und Sheldon Glashow eine vereinfachte Fassung dieser Theorie veröffentlichten, wurde sie in Fachkreisen anerkannt. Wenn ihre These zutrifft, ergeben sich entscheidende Konsequenzen, sensationelle neue Möglichkeiten, denn auch Quarks und Leptonen stünden unter diesen Umständen sozusagen in verwandtschaftlichen Beziehungen: Sie könnten sich in ein Teilchen der jeweiligen anderen Kategorie umwandeln. Das bedeutet: Wenn sich die drei Quarks innerhalb des Protons etwa in ein Positron – also ein Lepton – und ein Teilchen namens Pion umwandeln würden, zerfiele das Proton.

Bei der Schwachen Wechselwirkung gelang ein erfolgversprechender Anfang mit einer sogenannten einheitlichen Eichfeldtheorie, mit lokaler Eich-Invarianz (Maßunveränderlichkeit) für alle schwachen und elektromagnetischen Prozesse. Die Schwache Wechselwirkung und die elektromagnetische Kraft verlieren in dieser vereinheitlichten Theorie der elektroschwachen Wechselwirkung nicht die eigene Identität, sondern bleiben als unterschiedliche Erscheinungen eines verallgemeinerten Eichfeldes fest miteinander verbunden.

In den letzten Jahren haben einige Physiker eine vielversprechende Theorie unter dem Namen »Superstrings« (strings = Saiten) aufgestellt. Sie gingen dabei von einer übergeordneten Symmetrie aus und sind davon überzeugt, daß die einst vereinten Naturkräfte auseinandergefallen sind, weil der Kosmos den Zustand niedrigster Energie anstrebt. Mit anderen Worten: Am Anfang, als das Universum unvorstellbar heiß war – sich also in einem Zustand der Hochenergie befand – gab es nur eine Superkraft.

Es beginnt sich also eine revolutionierende Weltformel abzuzeichnen, in der die in einer Superkraft vereinten Naturkräfte und die Raum-Zeit-Quanten, also die Twistoren, als Urbausteine der Materie erfaßt wären. In dieser These würden die schwächeren, relativ großen Twistoren die Raum-Zeit-Struktur ausfüllen und die kleinen, starken Twistoren die Bausteine der Materie verkörpern – etwa die Quarks. Selbst ausgesprochen rätselhafte Teilchen wie die Neutrinos bestehen danach aus Twistoren.

Aufgrund von Untersuchungen der sogenannten Betastrahlung dachte der österreichische Physiker Wolfgang Pauli (1900–1958) im Jahr 1930 als erster an die Möglichkeit der Existenz von Neutrinos. Dieser hatte bereits 1924 sein Ausschließungsprinzip entdeckt, wonach in einem Atomverband keine zwei Elementarteilchen in allen Eigenschaften übereinstimmen können. Zum Beispiel können sich auf jeder Bahn um den Atomkern immer nur verschiedene Elektronen (mit unterschiedlichem Spin) tummeln, niemals zwei gleiche. Für die Entdeckung dieses Prinzips erhielt Pauli 1945 den Nobelpreis.

Einige Wissenschaftler glauben nun, daß aus den Zerfallprozessen der Materie drei unterschiedliche Neutrino-Arten entstehen, bei denen sich Elektronen und deren schwere Vettern – Myon- und Tauon-Partikel bilden. In Hochenergiekollisionen tauchen im Gegensatz zu den stabilen Elektronen die Myonen und Tauonen nur flüchtig auf. Als Nebenprodukt finden sich darunter auch Neutrinos. In bezug auf elektromagnetische Kräfte sind Neutrinos neutral – daher auch der Name – und reagieren nicht auf die Starke Wechselwirkung.

Durch Laborexperimente in aller Welt konnte zweifelsfrei nachgewiesen werden, daß Neutrinos nur scheinbar gewichtslose »Gespenster«-Partikel sind, während sie in Wirklichkeit doch ein bißchen Masse haben. Dazu stellt der amerikanische Physiker Carlo Rubbia von der Harvard-Universität fest:

»Die kosmologischen Konsequenzen daraus sind absolut phantastisch. Sollten sich diese Entdeckungen bestätigen, ist eine revolutionäre Umstellung in der theoretischen

Physik unvermeidbar. Es würde bedeuten, daß Neutrinos im Universum die vorherrschende Materie darstellen und vielleicht genügend Schwerkraft liefern, um die Expansion des Universums schließlich umzukehren und einen Kollaps herbeizuführen.«

Wenn es stimmt, daß der Kosmos mit Neutrinos angefüllt ist, von denen jedes einzelne etwas Masse hat, wäre eine der großen Fragen in der Kosmologie beantwortet, darunter auch die nach der Art des unsichtbaren »Stoffes«, dessen Schwerkraft Galaxien und Galaxienhaufen zusammenhält – und vielleicht sogar das ganze Universum. Denn die von den Astrophysikern errechnete Masse der Gestirne wäre viel zu gering, um diesen Zusammenhalt über ihre Gravitationskräfte herbeizuführen.

Die allgegenwärtigen Neutrinos sind ruhelos. Schätzungsweise durchdringen in jeder Sekunde Hunderte von Milliarden von ihnen jeden Menschen auf der Welt. Bisher wurde irrtümlich angenommen, daß sie in dreierlei Gestalt auftauchen, keine Masse haben und sich mit Lichtgeschwindigkeit fortbewegen.

Aber nach neuesten Erkenntnissen scheinen Neutrinos ständig zwischen diesen drei Stadien zu schwingen und sich dabei unentwegt wie ein »Chamäleon« zu verändern. Durch diese Oszillation entsteht eine fortgesetzte Masseveränderung – ein Beweis dafür, daß diese Partikel Masse haben müssen. Wenn sie jedoch Masse hätten, könnten sie sich nicht mit absoluter Lichtgeschwindigkeit fortbewegen und würden daher von massereichen Objekten wie zum Beispiel Galaxien eingefangen. Mit der Bestätigung dieser neuesten Entdeckungen wären jedenfalls grundlegende Berichtigungen der geläufigen Theorien über die Struktur der Materie erforderlich.

Der 1988 verstorbene Architekt der Quantenphysik und Nobelpreisträger Richard Feynman stellte einmal fest: »Erstens sind alle Erscheinungsformen der Materie aus wenigen gleichartigen Bausteinen aufgebaut, und alle Naturgesetze werden von denselben allgemeinen physikalischen Gesetzen beherrscht. Das trifft auf Atome und Sterne wie auf Menschen zu. Zweitens ist das Geschehen in lebenden Systemen das Ergebnis derselben physikalischen und chemischen Prozesse, wie sie in nichtlebenden Systemen vorkommen. Höchstwahrscheinlich gehören auch die psychischen Vorgänge im Menschen dazu. Drittens gibt es keinen Hinweis auf eine planmäßige Entwicklung natürlicher Phänomene. Die gegenwärtige Komplexität des Lebens entstand durch die viel einfacheren Bedingungen eines Zufallsprozesses natürlicher Auswahl und des Überlebens des anpassungsfähigen Organismus. Viertens ist das Universum im Verhältnis zu menschlichen Raum- und Zeitbegriffen ungeheuer groß und alt. Es ist daher unwahrscheinlich, daß das Universum für den Menschen geschaffen wurde oder dieser als sein zentrales Thema gilt. Schließlich und endlich sind viele menschliche Verhaltensweisen nicht angeboren, sondern erlernt. Spezifische Verhaltensmuster können durch psychologische, chemische und physikalische Methoden verändert werden. Die menschliche Natur und die Welt können also nicht als unabänderlich betrachtet, sondern können geändert werden.«

# Die siebte Genesis

## For ever young

Wie alt könnte der Mensch in letzter Konsequenz werden? Sagt die derzeitige durchschnittliche Lebenserwartung von etwa 80 Jahren etwas darüber aus, welche Lebensspanne der Mensch tatsächlich erlangen könnte? Nach dem derzeitigen Stand der Wissenschaft lautet die Antwort: »Nein«. Altersforscher verfolgen nun den Traum von der immerwährenden Vitalität – der ewigen Jugend.

Die Potenzpille Viagra hat bei Männlein und Weiblein weltweit Furore gemacht und mit dem Versprechen nahezu endloser Liebeslust mit zu der optimistischen Annahme beigetragen, daß den Forschern in Kürze sozusagen alles »gelingen« wird, z. B. Substanzen für erneute Haarfülle, glatte Samthaut und Bodystyling – alles nach dem Motto »for ever young«.

Bereits vor Jahren gelang dem amerikanischen Altersforscher Prof. Louis Dublin der Nachweis, daß die Grenze der menschlichen Lebensspanne momentan im Durchschnitt bei 115 bis 120 Jahren liegt. Die Gründe dafür sind im wesentlichen genetischer Natur: Die Beschädigung beziehungsweise Verkürzung der Chromosomen-Endabschnitte, der sogenannten Telomere, sind dafür verantwortlich. Und damit tickt in der DNS – der Steuerzentrale des Lebens – eine biologische Zeitbombe. Denn die in jedem Zellkern vorhandene DNS enthält alle gene-

tischen Erbinformationen. Von der Haarfarbe, der Nasengröße bis zur Form der kleinen Zehe ist hier jeder
Mensch als Individuum gespeichert.

Jede Körperzelle ist ein Wunderwerk der Natur. Greifen
jedoch sogenannte »Freie Radikale« die Zelle an, ist sie
aufs höchste gefährdet. Es sind diese Freien Radikale, die
vor allem für den Alterungsprozeß des Menschen verantwortlich sind, denn sie dringen in den Zellkern ein, schädigen das Erbgut und greifen schützende Zellmembranen
und lebensnotwendige Proteine an. Mit der Zeit häufen
sich die Schäden, verursachen Krankheiten und die Zellen sterben ab.

So konnte beispielsweise der an der Methodist University in Dallas arbeitende Altersforscher Rajindar Sobal
nachweisen, daß sowohl die Lernfähigkeit als auch die
Motorik alternder Ratten proportional zur zunehmenden
Beschädigung ihrer Gehirnzellen durch Freie Radikale
nachläßt. Diese hochreaktiven Moleküle bilden sich vor
allem bei der Energiegewinnung in den Zellen.

Jeder Mensch ist so alt wie seine Zellen. Die Zelle ist mit
einem Staat zu vergleichen. Es gibt dort eine Armee zum
Schutz seiner Grenzen, ein Kraftwerk für die Energieversorgung, eine Müllabfuhr zum Abtransport der Schadstoffe und ein Reparaturteam zur Beseitigung von Zellschäden. Durch die Attacken der aggressiven Freien Radikale bricht dieses System allerdings im Lauf der Zeit zusammen.

Wie kann sich der Mensch nun gegen diese Freien Radikale – diese Terroristen im eigenen Leib – zur Wehr setzen? Was können wir gegen das Altern unternehmen?
Wie ihm begegnen? Denn in den meisten Fällen wird das
Altern als Last empfunden, verbunden mit Rücken-

schmerzen, mit einer Beeinträchtigung des Sehvermögens, mit Rheuma, Zahnverlust und schütterem Haar und in der Folge oft mit Siechtum und Pflegebedürftigkeit. Daher ist es nur allzu legitim, daß sich der Mensch dagegen zu wehren versucht, dagegen ankämpft – nicht nur im eigenen Interesse, sondern auch in dem seiner Angehörigen und der Gemeinschaft, der er angehört,

Auch der gegenwärtige Jugendlichkeitswahn, der darauf abzielt, den alternden Menschen zum Entsorgungsmüll zu erklären, ist nicht länger aufrechtzuerhalten, wenn die »Alten« jugendlich, vital und beschwerdefrei sind.

Hierzu können bioaktive Vitalstoffe als Nahrungsergänzung einen entscheidenden Beitrag leisten. Radikalenfänger – Vitamine und Co-Enzyme wie Q10 oder NADH in Verbindung mit Aminosäuren – Mineralstoffe und Spurenelemente, das Diosgenin aus der Yams-Wurzel und andere pflanzliche Stoffe können den Jahren mehr Leben geben. Die Erhaltung der Vitalität fördert die Lebensqualität.

Mit einer weiteren Grenzüberschreitung sind Wissenschaftler nun dabei, eines der letzten Tabus der Menschheit zu entzaubern. War es bisher das Ziel der Forschung, altersbedingte Gebrechen zu eliminieren – z.B. einer Achtzigjährigen möglichst die Vitalität, Fitneß und Schönheit einer Vierzigjährigen zu »verleihen«, ist es nunmehr ihr Ziel, die menschliche Lebensspanne nicht nur um Jahrzehnte, sondern gar um Jahrhunderte zu verlängern. So meint der kalifornische Gerontologe Michael Rose: »In der Zukunft bedeutet Lebensverlängerung nicht mehr als sich Zahnersatz zu beschaffen oder die Haare zu färben.« Die faszinierenden Projekte der Altersforscher scheinen seine Vision zu bestätigen ...

Die Möglichkeit, das Leben zu verlängern, ist ein uralter Traum – wohl so alt wie die Menschheit selbst. Über Jahrtausende bemühten sich Gelehrte, die Hintergründe des Alterungsprozesses zu ergründen. Doch ihre Jagd nach dem »Lebenselixier« blieb leider erfolglos.

Der Alterungsprozeß setzt schon mit der Geburt ein, dem ein »lebenslanges Sterben« folgt, das mit dem Tod endet. Wenn auch der Selbsterhaltungstrieb, der Lebenswille, einer der primären Naturtriebe ist, folgt doch jeder in diese Welt Hineingeborene einer unerbittlich festgelegten Bahn.

Kein Mensch wird vor den traurigen Auswirkungen des Alters bewahrt. Als Jugendlicher hat der Mensch bereits den Zenit seiner Vitalität erreicht. Schon nach der Pubertät beginnt unmerklich der Abstieg. Dann beschleunigt sich dieser Vorgang, bis ihm der Tod früher oder später ein Ende setzt.

Die Lebenserwartung des Menschen war noch nie sehr hoch. Statistiken zufolge werden von 100 Menschen nämlich nur vierzehn 80 Jahre alt, und höchstens sechs erreichen das 85. Lebensjahr. Nur zwei von 100 werden 90 Jahre alt, und das 95. Lebensjahr erleben nur vier von 1000 Menschen.

Wenn auch die Aussichten auf eine höhere Lebenserwartung innerhalb der vergangenen 2000 Jahre angestiegen sind – denn heutzutage liegt die durchschnittliche Lebenserwartung immerhin schon bei 78 Lebensjahren –, so wird die genetisch mögliche Lebensspanne von 120 Jahren nur von einer verschwindend geringen Anzahl Menschen erreicht.

113

Welche Ursache ist nun für diese begrenzte Lebensspanne verantwortlich? Wie läßt es sich beispielsweise erklären, daß unter Gleichaltrigen die Haare bei dem einen schneller grau werden als beim anderen? Warum bringt es die amerikanische Grannenkiefer auf 5000 Lebensjahre, die Galapagos-Schildkröte auf 300 und die Maus nur auf armselige zweieinhalb Lebensjahre?

Obwohl am Ende alle sterben müssen, enthält jeder Organismus eine Substanz, die anscheinend »unsterblich« ist. Diese Substanz ist die Desoxyribonukleinsäure (DNS), die Befehlszentrale im Zellkern, der Ursprung allen irdischen Lebens.

Das einzigartige Merkmal dieser DNS ist ihre Fähigkeit, sich fast unbegrenzt vervielfältigen zu können, solange das in der Zelle vorhandene Baumaterial dazu ausreicht. Nach den durch ihre biochemische Struktur festgelegten genetischen Instruktionen produziert sie aus dem Baumaterial ihrer Umgebung weitere DNS und Proteine, um den sie beherbergenden Organismus am Leben zu erhalten.

Das menschliche Leben läuft im allgemeinen nach einem bestimmten Muster ab: Geburt, Heranwachsen, Nachwuchs aufziehen, Altern und Sterben. Dabei altert die DNS der Zellen des Menschen höchstwahrscheinlich mit ihm – bis auf die Keimzellen, die zur Fortpflanzung kommen. Sie sind eine Ausnahme und sozusagen unsterblich. Die DNS hat nämlich zum Überleben einen genialen Ausweg gefunden: Sie vollzieht ihre ständige Erneuerung durch die Verschmelzung weiblicher und männlicher Keimzellen, das heißt die Zeugung neuer Individuen. Und diese Erneuerung ist für die DNS gleichbedeutend mit Unsterblichkeit.

Es sieht beinahe so aus, als benutze die DNS die von ihr »bewohnten« Zellen beziehungsweise Organismen zum eigenen Fortbestand, um sie abzustoßen – wie eine Schlange ihre alte Haut –, wenn sie ausgedient haben. Verfolgt die Schöpfung etwa nur das Ziel, die DNS am Leben zu erhalten?

Der renommierte Biologe und Altersforscher Leonard Hayflick vom Oakland Medical Center in Kalifornien bewies schon vor Jahren, daß die Teilungsfähigkeit menschlicher Bindegewebszellen nach 50- bis 60maliger Teilung aufhört. Als die Gewebezellen eines Embryos bei einem Experiment nach der zwanzigsten Teilung für einige Jahre »auf Eis gelegt« wurden, teilten sie sich – trotz der Pause im Tiefkühlschrank – hinterher noch dreißigmal.

Bei jeder Teilung folgen die Zellen den Instruktionen des Erbprogramms, das durch die Gene der Chromosomen in der DNS gespeichert ist. Das erlaubt es ihnen, sich immer wieder genau und funktionsfähig zu kopieren – bis das Programm zwischen der fünfzigsten und sechzigsten Zellteilung allem Anschein nach unleserlich geworden, also abgelaufen ist. Damit ist das Ende des Organismus gekommen.

Hayflick erbrachte durch einen sensationellen Versuch den endgültigen Beweis dafür, daß die entscheidenden Befehle tatsächlich vom Zellkern stammen: Ihm und seinem Team gelang es, die Zellkerne einer jungen und einer älteren Zelle mit Hilfe einer aus Schimmelpilzen gewonnenen Substanz namens »Cytochalasin B« zu isolieren. Anschließend manipulierten die Wissenschaftler den jüngeren Zellkern in das Plasma einer alten Zelle. Diese reagierte umgehend auf die Befehle des jüngeren Zellkerns und teilte sich entsprechend oft.

115

Der sogenannte »Hayflick-Effekt«, also die auf fünfzig-
bis sechzigmal begrenzte Teilungsfähigkeit menschlicher
Gewebezellen, ist höchstwahrscheinlich auf den mit der
Zeit immer schadhafter werdenden DNS-Doppelstrang
zurückzuführen. Das heißt, wenn sich die Zelle durch die
Teilung nicht mehr erneuert, ist sozusagen der »Lebens-
faden« gerissen.

Aufgrund von Forschungsergebnissen kamen Gerontologen inzwischen zu der Schlußfolgerung, daß der Prozeß
des Alterns auf den verschiedensten Faktoren beruht. Die
Hauptursache für den Alterungsprozeß muß dabei freilich der DNS, dem Erbprogramm des Menschen, zuge-
schrieben werden. Damit ist aber auch eine Chance gegeben, Ursache und Wirkung dieses Prozesses zu beeinflussen. Mit dem Erkennen der Zusammenhänge ist die Kontrolle des Alterungsprozesses keine Zukunftsvision mehr,
sondern liegt in greifbarer Nähe. Die nächste Stufe auf
der Evolutionsleiter des Menschen dürfte mit einer Lebenserwartung verbunden sein, die nicht nach Jahrzehnten, sondern nach Jahrhunderten zählt.

Im großen und ganzen stimmen die Gerontologen darin
überein, daß nicht mehr zur Debatte steht, ob die
menschliche Lebensspanne verlängert werden kann, sondern nur noch wann.

In aller Welt widmen sich über 200 Forschungsprojekte
der Aufgabe, eine Verlängerung der vitalen, aktiven Lebensjahre des Menschen zu erreichen. Forscher der amerikanischen Michigan-Universität konnten bereits einen
bahnbrechenden Erfolg verzeichnen. Durch einen Eingriff in die Homöostase – den Gleichgewichtszustand –
von Mäusen ist es ihnen gelungen, deren Lebensspanne
über das Doppelte hinaus zu verlängern.

Der Organismus wird durch Nahrungsaufnahme, die
Wach- und Schlafzyklen, Atmung, Reproduktion und einen bestimmten Wärmehaushalt – also durch die Reaktion mit seiner Umwelt – am Leben erhalten. Dieser für die
Existenz unerläßliche Gleichgewichtszustand ist ein
Wunderwerk der Natur. Beim Menschen erfolgt die Regulierung der Homöostase durch ein wichtiges, kirsch-
großes Organ namens Hypothalamus. Es ist direkt mit
der Hirnanhangsdrüse, der sogenannten Hypophyse, verbunden und hat seinen Sitz an einem besonders ge-
schützten Ort im Kopf, nämlich etwa in Nasenhöhe un-
terhalb des Großhirns.

Der Hypothalamus ist vor allem dafür verantwortlich,
den Wärmehaushalt des Körpers zu regulieren und die
Körpertemperatur, unabhängig von Klimaeinflüssen,
ständig auf etwa 37 Grad Celsius zu halten. Zusätzlich ist
diese Drüse für geregelte Wach- und Schlafphasen zuständig, den Fett- und Wasserhaushalt, den Blutdruck,
die Atmung und das Sexualleben. Darüber hinaus hat der
Hypothalamus auch noch die Aufgabe, die von der Medizin so lange vernachlässigte Thymusdrüse zu regulieren.

Ein nicht minder wichtiges Organ des menschlichen
Körpers ist die zu 85 Prozent aus Wasser bestehende
und mit dem Hypothalamus verbundene Hirnanhangsdrüse. Dieses kleine Organ wiegt nicht einmal ein Gramm
und produziert doch all die Hormone, die für den Ablauf der inneren Funktionen des Organismus notwendig
sind.

In Verbindung mit der Hirnanhangsdrüse, insbesondere
aber dem Hypothalamus, beschäftigt sich ein Forscher-
team der amerikanischen Michigan Universität unter Lei-

tung von Professor Barmelt Rosenberg mit der Entwicklung eines geradezu sensationellen Medikaments, das es ermöglichen soll, die menschliche Lebenserwartung auf wenigstens 200 Jahre auszudehnen.

Daß eine geringere Körpertemperatur das Leben verlängert, war bereits 1917 bekannt. Denn schon damals entdeckten Wissenschaftler in einer Reihe von (inzwischen klassischen) Experimenten, daß die Lebensspanne von Fruchtfliegen durch die Herabsetzung ihrer üblichen Körpertemperatur von 25 Grad Celsius auf 19 Grad beträchtlich verlängert werden konnte.

Inzwischen ist es in Versuchen gelungen, die Körpertemperatur von Affen durch Injektionen minimaler Dosen von Calcium-Ionen in den Hypothalamus um sechs Grad zu senken. Der körpereigene Thermostat im Hypothalamus der Tiere hat sich daraufhin auf eine niedrigere Körpertemperatur eingestellt. Rosenberg und sein Team entwickelten nun eine Schluckkapsel, die beim Menschen den gleichen Effekt bewirken soll. Mit einer Senkung der Körpertemperatur wäre eine ungeheure Veränderung der Lebenserwartung des Menschen verbunden, da der im Körper eingebaute »Verbrennungsmotor« damit langsamer – niedertouriger – laufen könnte, wobei der Organismus dennoch weiterhin ganz normal und ohne negative Nebenwirkungen funktionieren würde.

Nach Rosenberg wäre bei einer Neueinstellung des Hypothalamus – also einer Herabsetzung der Körpertemperatur von 37 Grad Celsius auf 33 Grad – eine Lebenserwartung von etwa 700 Jahren durchaus im Bereich des Möglichen. Da die Regulierung der Körpertemperatur durch ein solches Medikament nicht abgestellt, sondern nur anders justiert würde, wäre damit auch keine Änderung des Befindens verbunden. Denn da alle biochemischen Prozesse des Körpers durch Fermente – Enzyme – katalysiert werden, wickeln sie sich ohnehin bei niedrigerer Antriebsenergie ab. Wenn das rosenbergsche Mittel rechtzeitig, also zwischen dem 35. und dem 60. Lebensjahr angewendet würde, müßte der Alterungsprozeß langsamer ablaufen – und das hieße: eine wesentliche Verlängerung der aktiven Lebensjahre des Menschen.

Professor Allen Goldstein von der Universität Texas arbeitet dagegen mit Hormonen. Genaugenommen, mit Hormonen der Thymusdrüse. Forschungsergebnissen zufolge bleibt die Thymusdrüse während des ganzen Lebens von ausschlaggebender Bedeutung für den Organismus. Auch in der Altersforschung gewinnt sie zunehmend an Bedeutung, da sie im körpereigenen Abwehrsystem eine Schlüsselrolle spielt. Aber leider bildet sie sich nicht nur bei Erkrankungen zurück, sondern auch mit zunehmendem Alter. Denn kaum ist der Mensch über die Pubertät hinaus, läßt ihn diese Drüse bereits im Stich: Sie beginnt zu verkümmern. Die Folgen sind schwerwiegend, da die Abwehrkräfte des Menschen allmählich nachlassen. Das Immunsystem funktioniert um so besser, je größer die Thymusdrüse ist. Der neugeborene und der neunzigjährige Mensch haben die geringste Widerstandskraft, daher sind ihre Thymusdrüsen auch gleich klein.

Wissenschaftler gehen nun davon aus, daß die den Thymus passierenden weißen Blutkörperchen, die Lymphozyten, gewissermaßen von seinen Hormonen, vor allem dem Thymushormon Thymosin, aufgeladen werden. In der Abwehr von Krankheiten und bösartigen Zellen kommt ihnen also die Trägerrolle zu.

119

Nach allen einschlägigen statistischen Erhebungen gehören Krebs, Arthritis und Diabetes zu den Altersleiden. Da auch Infektionskrankheiten im Alter öfter auftreten als in der Jugend, kommen immer mehr Forscher zur Überzeugung, daß das körpereigene Immunsystem mit den Jahren zusammenbricht. Denn wie alle anderen Zellen altern auch die T-Lymphozyten, die Polizei des Organismus. Dabei geht ihre Fähigkeit verloren, kranke oder alte Zellen zu ermitteln und zu beseitigen.

Goldstein geht es bei der Erforschung der Thymusdrüse vor allem um ein bestimmtes Molekül, das »Thymosin-Alpha« genannt wird. Er hofft, damit Krebserkrankungen erfolgreicher bekämpfen zu können.

Dabei suchen die Wissenschaftler natürlich vor allen Dingen nach Möglichkeiten, das alt gewordene Immunsystem wieder zu »verjüngen«. Bei Tierversuchen haben sich in dieser Richtung auch schon einige Erfolge abgezeichnet: zum Beispiel im Zentrum für Altersforschung der Veterans Administration in Los Angeles. Dort injizierte eine Forschergruppe älteren Mäusen Vorläuferzellen von T-Lymphozyten und die aus jüngeren Artgenossen entnommenen Thymusextrakte. Dadurch wurde das Abwehrsystem der älteren Tiere für ein halbes Jahr ganz unerwartet revitalisiert – ein Zeitraum, der auf den Menschen übertragen fünfzehn bis zwanzig Jahren entspricht! Nach Ansicht des Projektleiters, T. Makinoden, könnten einem jungen Menschen T-Lymphozyten entnommen, dann tiefgefroren und in einem zehnjährigen Zyklus immer wieder injiziert werden. Dem Menschen würden auf diese Weise lebensbedrohliche Krankheiten mit großer Wahrscheinlichkeit erspart bleiben.

Im Zusammenhang mit der Thymusdrüse wurden auch

im Altersforschungsinstitut Baltimore aufsehenerregende Erfolge mit Tierversuchen erzielt. So wurde nicht nur das Immunsystem alter Mäuse durch die auf sie verpflanzten Thymusdrüsen und durch das Knochenmark junger Artgenossen verjüngt, sondern ihre Lebensspanne um rund 30 Prozent erhöht. Die an den Versuchen beteiligten Mäuse waren nicht nur bis zu ihrem natürlichen Tod »rundherum« gesund, sondern überlebten sogar eine unter den Tausenden von Versuchstieren wütende Epidemie. Dieses Ergebnis auf den Menschen übertragen würde bedeuten: ein Sechzigjähriger hätte wieder die Abwehrkraft eines Zwanzigjährigen.

Neben allen Unbilden, denen der Mensch mit Krankheiten und Alter ausgesetzt ist, vermutet der namhafte Biologe Dr. D. Denckla, daß als Auslöser für Altern und Tod nun auch noch ein »Todeshormon« wirksam ist. In der Tierwelt spielen solche Hormone offensichtlich eine entscheidende Rolle. Hat beispielsweise der australische Wüstenmäuserich seinen Nachwuchs gezeugt, stirbt er augenblicklich. Verantwortlich dafür ist eine von seiner Hirnanhangsdrüse ausgeschiedene »Todessubstanz«. Den Lachsen ist ein ähnliches Schicksal bestimmt, da auch ihre Tage nach dem Laichen gezählt sind. Sobald der Nachwuchs gesichert ist, wird die Hirnanhangsdrüse durch einen genetischen Befehl veranlaßt, ein Hormon abzugeben, das die absolut gesunden Fische jäh vom Leben zum Tod befördert. Welchen Grund hat die Natur, genetisch ein Todeshormon zu programmieren? Könnte dieses Gen blockiert werden, sobald seine Isolation gelungen ist? Und könnte es vielleicht gar zu einem Unsterblichkeitsgen »umgepolt« werden?

Denckla gelang in Verbindung mit dem »Todeshormon«

ein vielversprechendes Experiment. Er entzog der Hirnanhangsdrüse eines Rindes eine Substanz und schaltete
die Wirkung der Drüsenhormone aus. Es handelt sich
hierbei um Kriterien, die Denckla auch bei einem möglichen menschlichen »Todeshormon« in seine Überlegungen einbezieht. Die Entwicklung eines synthetischen Ge-
genhormons wäre also möglich, falls ein Todeshormon
ausfindig gemacht werden kann.

Wenn der Mensch auf der Höhe der Funktionstüchtigkeit
seines Hormonhaushalts – zwischen dem zehnten und
zwölften Lebensjahr – anfangen würde, eine Pille gegen
das Altern zu schlucken, könnte er zweifellos mit einer
Lebenserwartung von 200 bis 300 Jahren rechnen.

Unabhängig von Denckla stieß auch Professor Jerome
Wodinsky durch Zufall auf ein »Todeshormon«. Im Zuge
seiner Versuche operierte er Tintenfischweibchen nach
dem Laichen. Dabei entfernte er hinter den freigelegten
Augenhöhlen zwei Hormondrüsen. Auch Kraken bleiben
nach dem Laichen nur noch wenige Tage am Leben. Sobald diese Weichtiere ihre etwa 150 000 Eier gelegt haben,
vergeht ihnen der Appetit. Sie altern rapide und sterben
nach dem Schlüpfen des Nachwuchses. Der von Wodinsky operierte Krake war auch dabei, sein Leben auszuhau-
chen. Doch nach Entfernung der Hormondrüsen er-
wachte in ihm neuer, ungeahnter Lebenswille. Ungehemmte Freßlust setzte ein, und er starb erst sieben Monate nach der Operation. Das Tintenfischweibchen hatte
es auf eine Lebensspanne gebracht, die siebenmal länger
war als die jedes anderen weiblichen Kraken vor ihm. Die
operative Entfernung der beiden Hormondrüsen schien
zufällig einen »Selbstzerstörungsmechanismus« außer
Kraft gesetzt zu haben.

Weitere Versuche Wodinskys führten zu der Erkenntnis, daß die beiden Drüsen neben anderen Sekreten ein »Todeshormon« zur Selbstzerstörung produzieren. Diese Entdeckung führte den Forscher zu neuen Theorien über die biochemischen Vorgänge des Alterns. Er geht davon aus, daß es keinen biologischen Grund gibt, warum das in Weichtieren existierende Todeshormon nicht auch bei Säugetieren in irgendeiner Form wirksam sein sollte. Wenn Wodinsky also auf der richtigen Spur ist, wäre der Tod nicht die Folge einer langsam nachlassenden Hormonproduktion, sondern würde vielmehr durch ein zusätzlich produziertes Sekret ausgelöst.

Dem amerikanischen Biologen C. Williams von der Harvard-Universität bleibt wohl die frappierendste Entdeckung auf dem Gebiet der Hormone vorbehalten. Ein von ihm aus dem Gehirn bestimmter Insekten im Raupenstadium isoliertes Hormon namens Juvenil ist sofort mit einem stark verjüngenden Effekt verbunden, wenn es auf die Chitin-»Haut« eines Insekts aufgetragen wird. Mäuse reagieren auf dieses Hormon ebenso stark, denn der Alterungsprozeß scheint auch bei ihnen zum Stillstand zu kommen.

Aus einer Reihe von Einzelergebnissen und Fakten ergibt sich also langsam ein Bild des Alterungsprozesses und die Aussicht auf erfolgversprechende Möglichkeiten zu seiner Bekämpfung. Der Genetiker Professor Klaus Bayreuther von der Universität Stuttgart-Hohenheim experimentierte zum Beispiel mit dem aus dem Pflanzenwachstumshormon Auxin und der Substanz Acetylcholin gewonnenen Stoff Zentrophenoxin, um damit die Zelle von unerwünschten Ballaststoffen wie Lipofuszin zu säubern. Bayreuther konnte das Leben von Versuchsratten und

-mäusen durch die Anwendung von Zentrophenoxin bereits ganz erheblich verlängern. Darüber hinaus ergab sich aus elektronenmikroskopischen Untersuchungen des Wissenschaftlers, daß diese Substanz die Funktionsfähigkeit auch menschlicher Gehirnzellen länger aufrechterhält.

Unlängst gelang es, für die Fruchtfliege ein lebensverlängerndes »Mittel« in Form eines einzigen Biomoleküls zu entdecken, das von den Biologen »Elongationsfaktor« (EF-1a) genannt wurde. Amerikanische Genetiker hatten schon seit längerem herausgefunden, daß bei Fruchtfliegen die Herstellung von Körpereiweißen mit zunehmendem Alter nachläßt. Verantwortlich dafür ist der bei der Proteinsynthese so wichtige, aber immer größer werdende Mangel an EF-1a im Körper der Fruchtfliegen.

Die Erkenntnisse der amerikanischen Genetiker regten Professor Walter Gehring vom Biozentrum der Universität Basel dazu an, den Versuch zu machen, den Elongationsfaktor der Fruchtfliegen zu steigern, um auf diese Weise gegebenenfalls die Eiweißproduktion zu erhöhen. Wenn nämlich das Altern und der Tod der Insekten aufgrund mangelhaft funktionierender Proteine ausgelöst würde, müßte es möglich sein, ihr Leben durch eine erhöhte Protein-Produktion zu verlängern. Aus diesem Grund manipulierte Gehring für den Elongationsfaktor ein zusätzliches Gen in die Erbmasse einiger Fruchtfliegen und aktivierte zudem die Erhöhung der Körpertemperatur der Insekten.

Der Wissenschaftler erzielte erstaunliche Ergebnisse. Mit dem verdoppelten EF-1a-Gen lebten die Fruchtfliegen nun bei normaler Körpertemperatur bereits 45 Tage statt der üblichen 38. Damit war eine Lebensverlängerung von immerhin 18 Prozent erreicht. Eine Erhöhung der Temperatur bei den Fruchtfliegen regte das zusätzliche Gen sogar zu einer Leistungssteigerung an, die mit einer um 41 Prozent erhöhten Lebenserwartung verbunden war. Das entspräche einer menschlichen Lebensspanne von 162 Jahren.

Mit diesen Versuchen ist es also zum erstenmal gelungen, einen Alterungsprozeß rückgängig zu machen, der offensichtlich nur auf Eiweißmangel beruhte – ein Ergebnis, das die Fachwelt aufhorchen ließ. Denn die Baseler Forscher könnten damit auf dem richtigen Weg sein, den »Jungbrunnen des Lebens« auch für den Menschen zu entdecken. Der vom Alter ausgelöste Mangel an EF-1a wurde nämlich nicht nur bei Fruchtfliegen und Mäusen nachgewiesen, sondern auch in menschlichen Fibroblast-Kulturen (Fibroblast = Vorstufe des spindelförmigen Bindegewebes).

Bei einem Schimmelpilz, der Podospora anserina genannt wird, ist der »Traum vom längeren Leben« definitiv zur Wirklichkeit geworden, und zwar seit 1976, als der Biologe Professor Karl Esser von der Ruhr-Universität Bochum im Freien auf eine Mutation dieses Pilzes stieß, die nicht, wie üblich, nach 25 Tagen abstirbt. Diese Schimmelpilz-Mutation hat die übliche Lebensspanne der Podospora anserina bisher schon um das 205fache überschritten. Im Zusammenhang mit diesem Pilz entdeckten französische Wissenschaftler zu ihrer Verblüffung bereits vor 30 Jahren, daß sein Alterungsprozeß übertragbar ist. Sobald nämlich eine Berührung zwischen jungen und alten Pilzfäden stattfindet, beginnt bei den jungen umgehend der Zerfall.

Als Professor Esser in den Zellen dieses Schimmelpilzes

125

einen frei beweglichen, in sich geschlossenen DNS-»Ring«, Plasmid genannt, ausmachte, war er auf den Spuren des »ewigen Lebens«. Das Plasmid entstammt den Mitochondrien, von denen die Zelle mit Energie versorgt wird. Wie sich herausstellte, wird von zwei der im Genom des Pilzes verankerten Genen die Freisetzung des Plasmids (der Altersgene) gesteuert. Große Mengen behindern jedoch die Zellatmung. Die Zellen altern und sterben schließlich an Energiemangel. Essers Mutanten verloren schließlich die Kraft, Plasmide freizusetzen. Diese Entdeckung erklärt auch die Übertragbarkeit des Alterungsprozesses.

In den Anstrengungen um die Verlängerung des menschlichen Lebens ist jedoch der entscheidende Schritt der Genetik vorbehalten. Ein Gebiet, auf dem sich revolutionierende Entwicklungen abzeichnen. Es kam zu grundlegenden Erkenntnissen über die ungewöhnlichen Restriktionsenzyme von Bakterien, die scheinbar unentwirrbare Molekülketten der Erbinformation auf biochemischem Weg – wie mit einem Skalpell – in ihre Einzelteile, also Gene, zerlegen können. Demgegenüber steht die Entdeckung des Ligase-Enzyms, das fähig ist, einzelne Gene wieder zu Ketten zu verknüpfen. Ein gefährliches Instrument, das jederzeit genchirurgische Manipulation zuließe. Vielleicht ist es sogar in absehbarer Zeit möglich, den Befehl zur »Unsterblichkeit« genetisch zu programmieren.

Russische Genspezialisten konnten inzwischen bereits ganze DNS-Abschnitte als Ersatz für schadhafte Gene in Mäusezellkulturen einschleusen. In diesem Zusammenhang ist der Gerontologe Professor G. D. Berdigshev der Ansicht, daß die Manipulation fremder und künstlicher

Gene in den Organismus mit unausdenkbaren Zukunftsaussichten verbunden ist. »Auf diese Weise ließe sich die Ungerechtigkeit der Natur bezüglich der kurzen Lebensspanne des Menschen korrigieren. Darüber hinaus könnten durch diesen Eingriff auch bestimmte Erbkrankheiten geheilt werden«, erklärt Berdigshev.

Die Russen beschränkten sich nicht nur auf die Methode, intakte DNS in Zellen einzuschleusen, sondern entdeckten zudem ein Enzym, das den geschädigten DNS-Strang von einer Zellteilung zur anderen laufend repariert. In einer Reihe von Versuchen gelang es ihnen, solch ein »Reparaturenzym« in die Zellen von Säugetieren einzuschleusen.

Die Nase vorn haben indes wieder einmal die Amerikaner. Im Januar 1998 wurde der erfolgreiche Abschluß eines Experiments bekanntgegeben, das in naher Zukunft konkrete Konsequenzen haben könnte. Forschern des Medical Center der University of Texas Southwestern ist es erstmals gelungen, das als »Unsterblichkeitsenzym« gepriesene Enzym Telomerase in menschliche Zellen einzubringen und damit deren Lebensdauer wesentlich zu verlängern. Telomerase ist ein Enzym, das die Teilungsfähigkeit einer Zelle erhält. Es findet sich beim Menschen sonst nur in Geschlechts- und Krebszellen.

Telomerase bewirkt eine Verlängerung der Telomer-Schutzkappen an den Enden der Chromosomen, die sich im Zuge der Zellteilungen abnutzen. Wenn sie verbraucht sind, tritt der Tod der Zelle ein. Mit Hilfe von Telomerase können auch normale Körperzellen dazu gebracht werden, sich leichter und vor allem länger zu teilen.

Was die Auswirkungen des Experiments angeht, hält man sich in Texas einstweilen bedeckt. Woodring Wright und

Jerry Shaw, die Leiter des Projekts, wollen von Visionen einer Lebensverlängerung auf mehrere hundert Jahre nichts wissen. Sie glauben aber, daß mit Hilfe des Enzyms die Vitalität innerhalb der biologischen Lebensspanne von 120 Jahren erheblich verbessert werden kann.

Doch auch auf dem umgekehrten Weg könnte sich die Telomerase als Schlüssel zu revolutionären Verfahren erweisen. Denn wenn es gelingt, die Produktion des Enzyms in Krebszellen zu blockieren, würden diese irgendwann aufhören, sich zu teilen. Das ungehemmte Wachstum des Tumors und die Metastasenbildung könnten so zum Stillstand gebracht werden.

Altern und Tod sind wohl die größte Bedrohung in der Evolution des Menschen. Heute zeichnen sich immerhin Möglichkeiten ab, diesem unvermeidlichen Prozeß entgegenzuwirken.

Wissenschaftler betrachten das Problem des Alterns von jeder nur möglichen Perspektive und warten ständig mit neuen Erkenntnissen und möglichen Gegenmaßnahmen auf. Die Verlängerung des Lebens gehört heutzutage nicht mehr in den Bereich der Utopie, sondern wird der nächste Schritt in der Evolution – und damit im Sinne der Schöpfungsstrategie – sein. Und wenn der Mensch sich und seinen Planeten bis dahin nicht vernichtet hat, hält die Zukunft für ihn eine Lebenserwartung von einigen Jahrhunderten bereit.

Ein längeres Leben gäbe dann auch jedermann die Chance und die Zeit, gelassen jenen Interessen nachzugehen, für die sich die jetzige Lebenserwartung als zu kurz erweist. Denn die dem Menschen vergönnte allzu kurze Vitalitätsspanne reicht im allgemeinen höchstens zur nackten Selbsterhaltung aus.

Die Moleküle, aus denen unser Körper besteht, sind so komplex, daß sie ständig zerfallen und erneuert werden müssen. Wie aber ist es möglich, daß sich die Moleküle aufs Haar genau so erneuern, wie sie zuvor waren? Eine Frage, die sich aus der Tatsache ergibt, daß sich der Körper vorwiegend aus ständig in Bewegung befindlicher Flüssigkeit zusammensetzt, unterschiedlichste Nahrung aufnehmen kann, die nach kaum vorstellbaren chemischen Vorgängen zur richtigen Zeit und am richtigen Platz in noch vielfältigere Moleküle verwandelt wird.
Trotz dieser ständigen Veränderung bleibt der Körper als Ganzes erstaunlich konstant. Wenn wir beispielsweise einen Bekannten nach sechsmonatiger Trennung wiedersehen, erkennen wir ihn sofort, obwohl die Proteine seines Gesichts ausgewechselt wurden. Dort ist kein einziges Molekül von denen mehr vorhanden, die vor sechs Monaten sein Gesicht ausmachten. Unser Körper muß also über einen erstaunlichen »Mechanismus« verfügen, der nicht nur seine Form durch endlose stoffliche Veränderungen aufrechterhält, sondern auch seine Stabilität unter vielen variierenden Bedingungen und Notfällen garantiert.
Dieser »Mechanismus« ist nun entdeckt worden, obwohl die Kunde bisher noch nicht zu vielen wissenschaftlichen Kreisen vorgedrungen ist. Dieser während der letzten 40 Jahre sorgfältig studierte »Mechanismus« ist ein wichtiger Durchbruch und Beitrag zur Medizin und Biologie dieses Jahrhunderts. Denn es geht hier um eine Grundentdeckung von höchster Bedeutung und viele potentielle Anwendungsmöglichkeiten in vielen Zweigen der Medizin und Biologie.
Nach dieser Entdeckung sind allen Lebensformen – ob

Menschen, Tieren, Bäumen oder niederen Lebensformen – elektrodynamische beziehungsweise elektromagnetische Felder zu eigen, die sie erhalten und steuern. Bei diesen sogenannten L-Feldern (Lebensfeldern) handelt es sich um die Organisations-»Mechanismen«, die jede Art von Leben durch unentwegten »Materialwechsel« in Form halten, aufbauen, unterhalten und reparieren.

Der Schlüssel zur biologischen Weiterentwicklung des Menschen liegt im Potential seiner DNS. Mit der Verlängerung der menschlichen Lebensspanne wäre ein Schritt getan, der unglaubliche Perspektiven eröffnet. Besonders für die Weltraumfahrt ergäben sich dann phantastische Möglichkeiten. Denn die Eroberung des Weltraums hängt in hohem Maße von einer Verlängerung der aktivsten Lebensjahre des Menschen ab, weil Zeit für den Menschen der begrenzende Faktor für interstellare Reisen ist.

# Experimente mit dem Schicksal

## Der Geist kennt keine Grenzen

Neueste Untersuchungen belegen, daß viele Menschen – in den USA schätzungsweise 20 Millionen – regelmäßig einen Astrologen konsultieren, um sich beraten zu lassen und damit ihr Schicksal zu beeinflussen. Zeitungen, Illustrierte und Fernsehen sind sich dessen bewußt und haben diesen Bedarf in ihr tägliches, wöchentliches oder monatliches Horoskop-Serviceprogramm einbezogen. Eine Studie der Vereinten Nationen über die Auswirkungen der Astrologie ergab sogar – zur Bestürzung vieler Skeptiker –, daß immerhin zwölf Regierungen ihre politischen Entscheidungen aufgrund astrologischer Vorhersagen fällen. Naturwissenschaftler lehnen dagegen im allgemeinen die Astrologie vehement als Aberglauben ab. Dasselbe gilt grundsätzlich auch für parapsychologische Phänomene – aber nicht ohne Einschränkungen.

Es gibt wohl kaum ein umstritteneres Gebiet als die Parapsychologie – eine Tatsache, die nicht weiter überraschen dürfte, da hier Vernunft und Gefühl, Glauben und Wissen im starken Widerspruch zueinander stehen. Wer auch immer sich mit diesem Gebiet befaßt, muß mit den Vorurteilen anderer rechnen. So wird die Parapsychologie von fanatischen Gegnern als eine auf Schwindel und Manipulation beruhende Pseudowissenschaft abgetan. Ihre

Anhänger setzen sich dagegen sehr oft aus blauäugigen und kritiklosen Gläubigen zusammen. Aber es gibt natürlich auch Ausnahmen: seriöse Wissenschaftler, die auf diesem Gebiet sorgfältige Forschungsarbeiten durchgeführt und deren Ergebnisse in psychologischen, medizinischen, psychiatrischen und weiteren Fachjournalen veröffentlicht haben.

Paranormale Wahrnehmungen wie Hellsehen, Telepathie und Präkognition, aber auch Psychokinese gehören zu den interessantesten Phänomenen, die eine Reihe von Forschern durch rationale Überlegungen und Experimente zu ergründen suchen. Durch die vielen positiven Resultate solcher Versuchsreihen ist das orthodoxe naturwissenschaftliche Verständnis ins »Schleudern« geraten. Denn Experimente mit der Problematik »Vorsehung oder Zufall« lassen erkennen, daß sich die Zeit nicht unbedingt linear (von der Vergangenheit in die Zukunft) fortbewegen muß, sondern unter bestimmten Voraussetzungen auch die andere Richtung einschlagen kann – von der Zukunft in die Vergangenheit. Daraus ergibt sich dann aber auch ein ganz anderes Verhältnis zu den Begriffen Schicksal, Vorsehung und Zufall.

Es wird wohl immer ein Rätsel bleiben, warum der kleine, dunkelhaarige Mann ausgerechnet Mitte September in die über 3200 Meter hoch aufragenden Felsen und Gletscherzungen der Ötztaler Alpen aufgestiegen ist. Ging er auf die Jagd, war er Hirte, oder suchte er nach Erzen? Oder war er auf der Flucht, verfolgt von Feinden, die er im Hochgebirge abzuschütteln hoffte?

Dort oben kann das Wetter um diese Jahreszeit ganz plötzlich umschlagen: Gerade eben noch strahlt die Sonne in warmer Föhnluft, die vom Süden herauf über das Gebirge streicht, aber unversehens dreht der Wind. Eisige Sturmböen aus dem Norden jagen schwarze Wolkenbänke mit Schneegestöber vor sich her.

In seiner gegerbten Fellkleidung ist der circa 1,60 Meter große, etwa dreißig Jahre alte Mann für seine Bergtour eigentlich gut gerüstet. Seine Füße stecken in Schnürschuhen aus Wildleder, die innen mit einer »Isolationsschicht« aus Birkenrinde und wärmendem Heu wetterfest ausgelegt sind. Die Trage auf dem Rücken ist an einem U-förmigen Haselnußrahmen befestigt. Neben einem mannshohen Bogen führt er einen Lederköcher und 14 Pfeile mit sich, vier knöcherne Pfeilspitzen, dazu eine starke Tiersehne für den Bogen.

In seiner Gürteltasche verwahrt er neben einem Amulett zwei wie Kinderkreisel geformte, kleinere Steine. Zudem eine Steinperle, die auf sechs feine Schnüre aus geflochtenen Grashalmen aufgezogen ist. Vor allem ist da ein Zunderschwamm und ein Holzstäbchen mit eingelassener Kieselsteinspitze, um Feuer zu machen. Schließlich birgt die Gürteltasche noch einen Klebstoff aus Birkenwurzeln zur Befiederung der Pfeile. Der Mundvorrat des einsamen Bergsteigers besteht aus Dörrfleisch, Fladenbrot und getrockneten Beeren. Er hat gamslederne Fäustlinge an und trägt ein Beil mit sich, das zu 99 Prozent aus Kupfer gegossen ist und nur winzige Spuren von Silber und Antimon enthält.

Anfangs kommt der Mann verhältnismäßig gut voran. Stunde um Stunde quält er sich auf seinem beschwerlichen Weg durch Geröll und bizarre Felsformationen nach oben. Da stürzt er und bricht sich dabei einige Rippen. Erschöpft und unter Schmerzen schleppt er sich weiter. Seine Vorräte sind aufgezehrt. Immer öfter muß er eine Pause einlegen. Er ahnt nicht, daß jeder weitere Schritt in ferner Zukunft eine Weltsensation auslösen wird. – In 3200 Meter Höhe ist er am Ende seiner Kräfte. In eine Felswanne stolpernd, kann er seine Trage gerade noch von den Schultern gleiten lassen, bevor seine Knie nachgeben und er bäuchlings zusammenbricht.

September, etwa 5300 Jahre später:
Am 19. Tag dieses Monats entschließt sich der in Nürnberg beheimatete Urlauber Helmut Simon, das schöne Wetter zu nutzen. Er will von der Similaun-Hütte, die nach dem nahe gelegenen Gletscher im österreichisch-italienischen Grenzgebiet der Alpen benannt ist, ins Ötztal absteigen. Mit acht Grad Celsius über dem Gefrierpunkt ist es an diesem Tag dort oben verhältnismäßig warm. Da der von ihm eingeschlagene Weg in 3200 Meter Höhe unerwartet durch Schmelzwasser überschwemmt ist, muß er ausweichen. Als er plötzlich neben dem Paß Kopf und Schulter eines Menschen aus dem Eis ragen sieht, fährt ihm der Schrecken in die Glieder. So schnell ihn seine Füße tragen, läuft er zur rund zwei Kilometer entfernten Hütte zurück, um seine schreckliche Entdeckung zu melden.
Der Similaun-Wirt rief den zuständigen Gendarmerieposten an und setzte damit automatisch den Behördenapparat in Gang. Der Leichnam wurde also von Amts wegen sichergestellt: In Gegenwart des Gerichtsmediziners Professor Dr. Rainer Henn scheuten freiwillige Helfer keine Mühe, um ihn mit brachialer Gewalt – unter Anwendung von Eispickeln, Skistöcken und Hämmern – aus seiner eisigen Umklammerung zu befreien.

Daß »Ötzi«, wie er inzwischen von den Österreichern getauft wurde, dabei eine erhebliche Hüftverletzung davongetragen hat, dürfte mittlerweile nur noch die zuhauf mit ihm beschäftigten Wissenschaftler schmerzen. Der nur 1,60 Meter große, lederbraune Mann mit den tiefliegenden, ausgedörrten Augen unter offenen Lidern und dem klaffenden Mund spürt längst keine Schmerzen mehr.

Nach seiner Fundstätte als Similaunmann registriert, geriet er nach seiner Bergung in die Fänge der High-Tech-Zivilisation des 20. Jahrhunderts. Unter einem Hubschrauber schwebend, wurde der Holzsarg mit seinen sterblichen Überresten ins Tal geflogen und gelangte von dort ins Gerichtsmedizinische Institut der Leopold-Franzens-Universität der Stadt Innsbruck. Seither befassen sich Spezialisten der unterschiedlichsten Fakultäten mit dem »Boten« aus grauer Vorzeit – diesem »Zeitreisenden« aus einer längst vergangenen Epoche.

Während eines Gesprächs sagte mir Professor Konrad Spindler vom Innsbrucker Universitätsinstitut für Ur- und Frühgeschichte: »Es ist ein Glücksfall für uns, daß der Similaunmann mit seiner Ausrüstung nach über fünftausend Jahren in so gutem Zustand entdeckt worden ist. Dafür dürfte das Zusammentreffen einer Reihe von Faktoren verantwortlich sein.«

Auf meine Frage, welche schier unglaublichen Zufälle da mitgespielt haben könnten, führte Professor Spindler aus: »Die Todesursache des Vorzeitmenschen steht noch nicht fest. Aber möglicherweise ist er an Erschöpfung und Unterkühlung gestorben. Wahrscheinlich haben ihn warme Föhnwinde im Verlauf einiger Tage dehydriert.«

Sonne und Wind könnten ihn also wie Dörrfleisch ausgetrocknet haben. Deswegen dürfte sich seine Hautfarbe so dunkel verfärbt haben. »Dann muß ein plötzlicher Wetterumsturz erfolgt sein«, fuhr Spindler in seinen Ausführungen fort. »Eine Schneeschicht nach der anderen lagerte sich auf dem Mann ab und wurde schließlich zu Gletschereis, das ihn fünftausend Jahre lang gefangen hielt. Im Frühherbst 1991 wurde dann mit einer hochreichenden Südströmung Saharastaub zum Similaungletscher getragen, der sich als ockerfarbene Schicht ablagerte. Auf diese Weise wurde die Sonneneinstrahlung nicht mehr reflektiert, sondern absorbiert und löste somit eine erhebliche Eisschmelze aus.«

Im März 1998 fand Ötzi endlich seine letzte Ruhestätte – in einem eigens für ihn errichteten Museum in Bozen. Dort ruht er in einer speziellen Kühlkammer unter den gleichen klimatischen Bedingungen, die seine Mumie Jahrtausende überdauern ließen.

Die eisige Grabstätte entließ den mumifizierten Vorzeitmenschen nach fünftausend Jahren sozusagen als Zeitreisenden ins 20. Jahrhundert. Hat sich damit sein Schicksal erfüllt? Die Zeitgenossen des Similaun-Toten haben sein spurloses Verschwinden sicher als Vorsehung betrachtet, als den Willen der Götter und damit als Schicksal. Dagegen betrachten wahrscheinlich viele unserer aufgeklärten Mitmenschen den Tod des Vorzeitmenschen als reinen Zufall.

Ötzis Welt war dereinst eine von Göttern, Geistern und Dämonen beherrschte, von Witterungsunbilden und dem Überlebenskampf geprägte Welt. Zu jener Zeit lebten die Menschen noch in weit auseinanderliegenden dörflichen Ansiedlungen. Sie betrieben bereits Ackerbau, waren Hirten und Jäger, verstanden sich aber bereits auf die Verarbeitung von Metallen. Darauf lassen einfache, vorwiegend noch aus Kupfer gefertigte Werkzeuge schließen.

In diesen dörflichen Gemeinschaften erfüllte der Schamane, der Medizinmann, eine wichtige Aufgabe. Er betätigte sich nicht nur als Heilkundiger, sondern galt darüber hinaus als Zauberpriester, als Mittler zwischen seinen Stammesbrüdern, den Geistern und den Seelen der Verstorbenen.

Als Seher war es Hauptaufgabe des Schamanen, die Gedanken und Absichten der Götter frühzeitig zu erkennen, um den Stamm – die Gemeinschaft – vor Schicksalsschlägen zu bewahren, selbst wenn bestimmte Ereignisse als Werke der Vorsehung galten.

Zeitliche Abläufe wahrzunehmen und zu unterscheiden – zum Beispiel Vergangenheit, Gegenwart und Zukunft –, ist eine der wichtigsten geistigen Fähigkeiten des Menschen. Als er erkannte, daß er, wie alle anderen lebenden Kreaturen, geboren wird, um wieder zu sterben, muß er verständlicherweise das Verlangen gehabt haben, der gnadenlos verrinnenden Zeit – der Vergänglichkeit – zu entkommen.

Schon der Neandertaler hat seine Toten mit Grabbeigaben für die Zukunft ausgestattet. Rituelle Beerdigungen gab es bereits 7000 Jahre vor Christus, und die Toten wurden nicht nur mit Waffen, Werkzeugen und Schmuck versorgt, sondern auch mit Nahrungsmitteln, an denen es den Lebenden selbst oft mangelte. Archäologen haben Leichen in Grabstätten gefunden, die mit einer Art roter Farbe behandelt worden waren. Hier lag zweifellos der Wunsch zugrunde, den physischen Verfall des Toten durch die Farbe des »Lebenssaftes« auf magische Weise aufzuheben. Im allgemeinen wurde der Tote in Hockstellung beigesetzt. Möglicherweise besteht hier ein Zusammenhang mit der Vorstellung, daß die Toten bis zu ihrer Wiedergeburt im Schoß von Mutter Erde ruhen. Ob diese Auslegung der Beerdigungsbräuche unserer vorzeitlichen Ahnen zutrifft, bleibt eine offene Frage. Aber damit ließe sich vielleicht der Ursprung der zyklischen Vorstellung des Seins – Leben, Tod, Wiedergeburt – erklären.

Mit der Ablösung des Hirten- und Nomadenlebens durch die höher organisierte Lebensform des Ackerbauern erlangten periodisch auftretende Naturphänomene weitaus größere Bedeutung. Der Mensch wurde sich der Zyklen der Natur bewußt, der Jahreszeiten, die ebenso zyklisch verlaufen wie das Leben selbst: die Blüte des Lebens, der Sommer; das Alter, der Herbst; der Tod, der Winter; und die Wiedergeburt, der Frühling. Er erkannte, daß auch das Geschehen am Himmel diesem Rhythmus unterworfen ist: Daß die Phasen des Mondes dem weiblichen Zyklus entsprachen, daß bestimmte Sterne zu bestimmten, signifikanten Zeitpunkten im Jahreslauf am Horizont auftauchten. So ist es kaum verwunderlich, daß die ersten Monumente der Menschheit – von den Megalithdenkmälern Westeuropas bis hin zu den ägyptischen Pyramiden – fast ausschließlich astronomisch ausgerichtet waren. Die frühen Priester studierten als Astronomen zugleich auch die Sterne, um den Rhythmus des Lebens und den Willen der Götter zu erkunden. So wurde die Astrologie geboren – der erste Versuch des Menschen, sein Schicksal zu ergründen.

Die Anfänge dieser Kunst gehen bis auf vorgeschichtliche Zeiten zurück. So künden in der Bibliothek des Assurbanipal in Ninive viereinhalbtausend Jahre alte Keilschrifttafeln von einer hohen Blütezeit der Astrologie bei den

Sumerern. Lange Zeit galt sie als Weltanschauung und wurde unter anderem bei den Chaldäern und Babyloniern zur Grundlage ihrer Religion, der sich die Menschen unterwarfen. Auch die Tempel Ägyptens tragen in Stein gemeißelte astronomische und astrologische Symbole, deren schönstes – der Zodiak (Tierkreis) von Denderah – heute im Louvre gezeigt wird.

Die klassische Astrologie ging vom Einfluß der Gestirne auf das Wesen und Schicksal des Menschen aus. In einer erweiterten Bedeutung vereint sich in ihr jedoch philosophisches und naturwissenschaftliches Gedankengut. Denn nach ihrem Grundprinzip steht alles Irdische mit der Schöpfung in Einklang – also der Mensch als Mikrokosmos mit dem gesamten Universum als Makrokosmos. »Wie oben, so unten«, wie es in der vielgerühmten »Smaragdtafel« des sagenhaften Ur-Astrologen Hermes Trismegistos heißt.

Einerseits umstritten und leidenschaftlich angegriffen, andererseits fanatisch verteidigt, überdauerte die Astrologie Jahrtausende. Sie überlebte sogar, als die gelehrte Welt nach der Proklamation des heliozentrischen Weltbildes durch Kopernikus (1473–1543) die Sonne in den Weltmittelpunkt rückte und zum Großangriff gegen die Astrologie antrat. Wie könne es sich bei der Astrologie um eine Wissenschaft handeln, argumentierten die Gelehrten, wenn sie von einem überholten geozentrischen Weltsystem ausgehe, das die Erde als Mittelpunkt der Welt betrachtet. Ihre Widersacher vertreten auch heute noch den Standpunkt, die Astrologie sei eine Pseudowissenschaft, nichts weiter als moderner Aberglaube. Ihre Anhänger dagegen verteidigen sie mit dem Argument, daß der Mensch als Teil des Kosmos auch seinen Gesetzen unterworfen sei, die sich in seinen ewigen Rhythmen widerspiegeln. Sein Körper, seine Veranlagung und sein Wesenskern würden von diesen kosmischen Schwingungen und Strömungen geprägt.

In astrologischen Urtexten des Altertums heißt es: »Die Sterne regieren das Schicksal, aber die Sterne werden von den Weisen beherrscht« – eine Aussage, die immer wieder zitiert wird, um zu beweisen, daß der wirklich Weise zwar über der Kette von Ursache und Wirkung (Karma) steht, sich aber freiwillig in die kosmischen Gesetze oder den höheren Willen einfügt. Der Osten bezeichnet diesen Kreislauf von Ursache und Wirkung als »Samsara« und setzt voraus, daß er über die Grenzen eines Lebens, einer Inkarnation hinausgeht. Sämtliche Begleitumstände eines Lebens sind nach Überzeugung der Meister die Folgen von Ursachen aus einer vergangenen Existenz. Sie werden als »Karma« bezeichnet, als die Summe aller Konsequenzen des Tuns eines Individuums. Nur die vollständige Aufgabe des Egos kann verhindern, daß neues Karma angelegt wird.

Ist das Karma-Prinzip der Hindus und Buddhisten deterministisch? Insofern nicht, als jeder Mensch seine Handlungsweisen selbst bestimmen kann. Obwohl er sich die Begrenzungen seines Potentials selbst auferlegte, weil es durch vergangene Gedanken und Handlungen entstanden ist, hat er die Wahl, diesen von ihm geprägten Tendenzen weiter zu folgen oder sie zu bekämpfen. Die Taten bestimmen zwar die Art der Wiedergeburt, nicht aber die Handlungen eines Menschen; das Karma liefert nur die Situation, nicht die Antwort auf die Situation. »Wie ein Mensch handelt, so wird er. Wie das Streben eines Menschen ist, so ist sein Schicksal«, weiß die altindische Geheimlehre Brihadaranyaka-Upanishad. »Wir sind, was wir denken. Alles, was wir sind, entsteht aus unseren Gedanken. Mit unseren Gedanken erschaffen wir die Welt«, lehrte der Buddha.

In der Erfüllung eben dieser ihm angeborenen Gesetze, also durch die Eingliederung in den höheren Willen, wird der Mensch wirklich frei: Er gibt sein Ego – sein begrenztes Ich – auf und wird Teil des Ganzen, des gigantischen Multiversums. Und je mehr er die Begrenzung ablegt, die ihm die Illusion des Getrennt-Seins von der Schöpfung auferlegt, desto größer ist seine Chance, zum »Meister der Schöpfung« zu werden und sein Schicksal – im Rahmen der kosmischen Gesetze – in die Hand zu nehmen.

Denn der Mensch ist mehr als sein »Haut-umhülltes Ich«, mehr als ein im Körper gefangener Geist. Er ist Teil jener Kraft, die das Multiversum lenkt, dazu befähigt, sich seine eigene Wirklichkeit zu schaffen. Denn sein Geist ermöglicht ihm den Vorstoß in alternative Welten jenseits der gewohnten Raum-Zeit, erlaubt ihm die Reise in andere Dimensionen, in die Vergangenheit und Zukunft sowie die Kontrolle der Materie.

Zu den beunruhigendsten Beobachtungen der Väter der Quantenphysik gehörte die Feststellung, daß das scheinbar chaotische Verhalten von subatomaren Teilchen durch ihre Beobachter zu beeinflussen ist – eine Aussage mit weitreichenden Konsequenzen. Wäre der Geist somit wirklich in der Lage, die Materie zu beeinflussen – »mind over matter«? Sollte es sich bei der Materie tatsächlich nur um »gefrorene Energie« eines kosmischen Hologramms handeln? Und – so anmaßend es klingen mag – könnte die kosmische Ordnung durch den Geist beeinflußt werden?

Dies sind Fragen, die uns in den Bereich der Parapsychologie führen. Denn führende Wissenschaftler versuchen seit Jahrzehnten, das Phänomen der Psychokinese (PK) experimentell zu ergründen. Sie gehen unter anderem der Frage nach, ob sich die Funktionen hochempfindlicher Geräte durch geistige Kraft, den gezielten Willen eines Menschen, beeinflussen lassen.

Robert Jahn und Brenda Dunne vom amerikanischen »Princeton Engineering Anomalies Research Laboratory« gingen dieser Frage in einer Reihe von Experimenten auf den Grund. Sie kamen zu erstaunlichen Ergebnissen. Anhand konventioneller Instrumente und Computer konnten sie nämlich nachweisen, daß die meisten ihrer Versuchspersonen die Fähigkeit hatten, die zufällig produzierten Zahlenreihen eines Geräts durch geistige Beeinflussung zu verändern.

Die Experimente wurden mit einem sogenannten Zufallsgenerator durchgeführt, der eine vorgegebene Menge von Zahlenreihen und deren laufendes Durchschnittsergebnis produzierte. Die Versuchspersonen mußten den Vorgang auf einem Bildschirm verfolgen und versuchen, die zufälligen Zahlenfolgen und deren Durchschnittsergebnis geistig zu beeinflussen, also zu verändern. Im Verlauf von über 5000 Experimenten konnte nachgewiesen werden, daß der erwartete Durchschnittswert der Zahlenfolgen durch die geistige Willenskraft der Versuchspersonen so auffällig verändert wurde, daß hier jeder Zufall ausgeschlossen werden konnte.

Darüber hinaus hielten die Kandidaten ihr Leistungsniveau im Lauf vieler Experimente nicht nur unverändert aufrecht, sondern entwickelten sogar ein ureigenes Muster, sozusagen eine »persönliche Handschrift«. Konnte beispielsweise eine Versuchsperson den Durchschnittswert einer Zahlenreihe mindern, aber nicht erhöhen, wiederholte sich diese Eigenart grundsätzlich in allen Experimenten.

Um auszuschließen, daß die Ergebnisse nur von einem bestimmten Gerätetyp abhängig sind, wurden die Versuchsreihen mit den unterschiedlichsten Zufallsgeneratoren durchgeführt. Schließlich bauten die Forscher den sogenannten »Galton Desk« nach, ein Gerät aus dem 19. Jahrhundert, um den Einfluß des Geistes auf zufällige Ereignisse zu untersuchen.

Beim »Galton Desk« handelt es sich um einen drei Meter hohen und zwei Meter breiten Schacht, durch den zehn Zentimeter große Styroporkugeln in zufälliger Reihenfolge langsam nach unten fallen. Sie landen schließlich in einem durchsichtigen Kasten, der mit 330 Holzpflöckchen versehen ist und einem Nagelbrett gleicht. Beim Abwärtstrudeln stoßen die Kugeln natürlich zusammen und werfen sich gegenseitig aus der Bahn. Beim Aufprall auf die Stäbchen verändern sie noch einmal ihre Richtung, bevor sie schließlich in den Lücken zwischen den Stäbchen liegenbleiben.

Die Versuchskandidaten vor dem Kasten mußten die Verteilung der Styroporbällchen nach allen Seiten hin durch psychokinetische Beeinflussung steuern. Genau wie bei den Experimenten mit Zufallsgeneratoren konnten die Beteiligten auch ein bestimmtes Ablaufmuster durch psychische Willenskraft erfolgreich beeinflussen.

Eine weitere Studie widmeten die Princeton-Wissenschaftler Phänomenen wie Telepathie, also der Wahrnehmung der Gedanken und Gefühle anderer, sowie dem Hellsehen – der außersinnlichen Wahrnehmung von Örtlichkeiten oder Ereignissen – und der Präkognition – der paranormalen Wahrnehmung zukünftiger Ereignisse.

Die Teilnehmer der Versuchsreihen mußten vor laufender Kamera den Ort beschreiben, an dem sich der Experimentator anderthalb Stunden später aufhalten würde. Dieser war längst mit einem Kamerateam unterwegs. Genau eine Stunde vor Beginn des Experiments aktivierte ein Mitglied der Versuchsgruppe einen Rechner mit einem Zufallszahlenprogramm: Danach wurde einer von zehn Umschlägen ausgewählt, die Außenstehende vorbereitet hatten. Jeder Umschlag enthielt die Richtungsanweisung zu einem anderen Zielort, der innerhalb von 30 Minuten Fahrzeit erreichbar war. Nachdem der Zufallszielort nunmehr durch den gewählten Briefumschlag feststand, fuhren der Experimentator und sein Filmteam umgehend dorthin, um Aufnahmen zu machen. Zudem wurden markante Einzelheiten des Ortes aufgezeichnet, die später mit den schriftlich festgehaltenen Ortsbeschreibungen der Probanden verglichen wurden.

Innerhalb von drei Jahren nahmen 40 Versuchspersonen an 334 Experimenten teil. Dabei ging es um Entfernungen von bis zu 8000 Kilometern und um eine Zeitspanne von bis zu fünf Tagen vor Eintritt des jeweiligen Ereignisses. Es wurden Resultate mit derartig genauen Einzelheiten erzielt, daß der Zufallsfaktor ausgeschlossen werden konnte.

Im Labor für Elektronik und Biomechanik des »Stanford Research Institute« (SRI) in Kalifornien führten der Elektroingenieur Dr. Harold E. Puthoff und der Physiker Dr. Russel Targ ein über mehrere Jahre laufendes, sehr erfolgreiches Forschungsprojekt durch. In Experimenten sollten nämlich geübte und ungeübte Kandidaten versuchen, willkürlich gewählte, weit entfernte Ziele – wie zum Beispiel Gebäude, Straßen oder auch Laboratorien mit ihren Einrichtungen – kraft ihrer Psyche zu »sehen« und danach zu beschreiben. Es ging also darum, präkognitive Fernwahrnehmungen nachzuweisen.

Eine der Versuchspersonen war Hella Hammid. Da sie mit einem Zufallsgenerator unglaubliche Erfolge erzielt hatte, wurden mit ihr Fernwahrnehmungsexperimente durchgeführt, die außerordentliche Ergebnisse brachten. So sollte sie beispielsweise innerhalb von 15 Minuten einen erst 20 Minuten später zu wählenden Zielort beschreiben, den ein Experimentator erst 35 Minuten später erreichen würde. Da Hella Hammid diesem Versuch erstmals unterzogen wurde, wollte sie wissen, wie sie einen noch nicht einmal ausgewählten Zielort überhaupt paranormal erfassen könne. Schließlich habe sie den Experimentator in allen vorausgegangenen Versuchen stets nur dann an einem bestimmten »Ort« gesehen, wenn er sich dort auch tatsächlich aufhielt.

Da die Forscher den Verlauf dieses neuen Experiments noch nicht absehen konnten, empfahlen sie Hella Hammid lediglich, sich einfach zu entspannen, sobald der Experimentator Dr. Harold Puthoff das Labor verlassen würde. Nach zehn Minuten sollte sie anfangen, alles aufzuschreiben, was sie vor ihrem geistigen Auge sah beziehungsweise wahrnahm, auch wenn es noch 20 Minuten dauern sollte, bevor Puthoff überhaupt seinen Zielort wählen würde. Kurz, Hella Hammid sollte alle vor ihrem geistigen Auge auftauchenden Bilder und Eindrücke aufschreiben, ohne darüber nachzudenken.

Das Experiment lief täglich nach dem gleichen Muster ab: Jeden Vormittag um zehn Uhr verließ einer der drei Experimentatoren das SRI-Labor mit zehn versiegelten Umschlägen. Sie enthielten die Wegbeschreibungen zu den verschiedenen Zielorten. Jeden Tag wurden aus einem Haufen verschiedener Briefumschläge zehn wahllos – also auf Zufallsbasis – herausgegriffen. Weder der Versuchsperson noch den beiden im Labor zurückgebliebenen Experimentatoren waren die darin benannten Ziele bekannt. Indessen fuhr Puthoff zwischen 10.00 Uhr und 10.30 Uhr ständig herum, um ein schlechtes Ziel abzugeben – denn den Beobachtungen des Forscherteams zufolge sind Menschen oder Objekte in schneller Bewegung für die Fernwahrnehmung unzugänglich. Nach halbstündiger Fahrzeit ließ Puthoff seinen Zufallsgenerator während der Fahrt eine Zahl zwischen null und neun wählen, suchte dann den dieser Zahl entsprechenden Umschlag heraus und fuhr weiter zum so bestimmten Zielort, den er gegen 10.45 Uhr erreichte.

Um 11.00 Uhr kehrte Puthoff in das Institut zurück, zeigte dem Wachposten am Eingang den Umschlag mit dem Namen des Zielortes und ging weiter zum Versuchslabor. Von seinen beiden Kollegen war inzwischen das festgelegte Protokoll eingehalten worden: Die Versuchsperson hatte um 10.10 Uhr mit der Beschreibung des Zielortes begonnen, den Puthoff 35 Minuten später aufsuchte. Sie hatte Zeichnungen angefertigt und auf Tonband ihre Eindrücke beschrieben. Um 10.25 Uhr hatte sie ihre im Rahmen des Experiments gestellte Aufgabe erfüllt – also fünf Minuten vor der Wahl des Zielortes durch Puthoff.

Das Erstaunliche an diesem so sorgsam überwachten Experiment war, daß man nach der Logik und dem Gesetz der Wahrscheinlichkeit angenommen hatte, daß es bei all diesen Versuchen höchstens zu einem, vielleicht sogar zu zwei »Zufallstreffern« kommen würde; doch es kam alles ganz anders. Bei allen Versuchen sah Hella mit geradezu unheimlicher Präzision den Ort voraus, an dem Puthoff schließlich landen würde.

Nur eine Frage blieb offen: Hatte Hella Hammid den Zielort vorausgesehen – oder den Zufallsgenerator mit ihrem Geist beeinflußt? In der Sprache der Parapsychologen hieße das: Lag hier ein Fall von Präkognition oder Psychokinese vor?

Die Experimente von Puthoff und Targ waren lediglich moderne Neuauflagen der klassischen Psi-Kartenexperimente des Begründers der amerikanischen wissenschaftlichen Parapsychologie, Dr. J. B. Rhine von der Duke-Universität in Durham, North Carolina. Rhine und seine Mitarbeiter hatten sich 1933 die Aufgabe gestellt, der Frage auf den Grund zu gehen, ob der Mensch in der Lage sei, telepathisch zu kommunizieren. Zu diesem Zweck wurden fünf Karten mit verschiedenen Symbolen entwickelt: mit einem Kreuz, einem Stern, einem Quadrat, einem Kreis und einer Welle. Eine der Versuchspersonen diente in einem abgeschlossenen Raum als »Sender« und konzentrierte sich auf eines der fünf Symbole; eine zweite Person, der »Empfänger«, mußte »erraten«, um welche Karte es sich dabei handelte. Die Erprobung dieser »drahtlosen Kommunikation« von Raum zu Raum war so erfolgreich, daß Rhine damit nicht nur die Realität des Phänomens Telepathie nachwies, sondern noch einen Schritt weiterging: Er wollte wissen, ob sich darüber hinaus auch eine zeitliche Überbrückung würde nachweisen lassen.

Zu diesem Zweck wandelte er das Experiment ab. Der Empfänger mußte nun erraten, welche Karte gezogen würde, ehe der Sender sie tatsächlich zog. Im Laufe des Versuchs mußten 25 Karten vorausgesagt werden. Bei insgesamt 4500 Experimenten war die Erfolgsquote derartig überwältigend, daß Rhine geradezu schockiert war. Er zögerte fast ein Jahrzehnt, bevor er die Ergebnisse dieser Versuchsreihe veröffentlichte – aus Furcht, daß skeptische Kollegen die Ergebnisse seiner Forschung doch nur bezweifeln würden. Bei solch skeptischen Kollegen galten Rhines Versuche noch jahrzehntelang schlichtweg als »Kartentricks«. Erst die sehr viel differenzierteren Forschungsmethoden der sechziger und siebziger Jahre zwangen auch die Kritiker der Parapsychologie, ihr Weltbild zu revidieren.

Der in leitender Position für die Flugzeugfirma Boeing tätige Physiker Helmut Schmidt hat 1970 einen ersten Bericht über eine Methode veröffentlicht, in dem er die Erforschung des Vorauswissens (Präkognition) und die Teilchenaktivität auf subatomarer Ebene miteinander in Verbindung brachte. Dabei bezog sich Schmidt auf die scheinbar vollkommen unvorhersehbaren »Quantensprünge« der subatomaren Partikel und wollte deren »Zufälligkeit« für seine Experimente nutzen. So entwickelte er einen Konverter, der Quantensprünge ebenso zufällig in Lichtsignale umsetzte, wie wir zum Beispiel »Zahl« oder »Kopf« einer geworfenen Münze voraussagen. Das radioaktive Element 90 diente Schmidt als Quantensprung-Quelle, weil es nach einer durchschnittlichen Lebensdauer von 30 Jahren plötzlich und unvorhersehbar in Partikel zerfällt. Den »Münzwurf« ersetzten zwei Geräte: ein Geiger-Müllersches Zählrohr, das den Zerfall und die Freisetzung der Teilchen anzeigte, und ein Hochfrequenzschalter, der in der Sekunde eine Million

Male zwischen den möglichen Positionen »Kopf« oder »Zahl« oszillierte. Wurde ein Teilchen frei, wenn der Schalter sich genau in der Position von Kopf oder Zahl befand, so leuchtete eines von vier Kontrollämpchen auf. Aufgabe der Versuchspersonen, deren präkognitive Fähigkeiten getestet wurden, war es, vorauszusagen, wo das Lämpchen aufflackern würde: rechts (für »Kopf«) oder links (für »Zahl«). Nach dem Gesetz der Wahrscheinlichkeit müßte es bei einer größeren Anzahl von Versuchsdurchgängen gleich viele Treffer wie Falschvoraussagen geben. Unter seinen hundert Testpersonen wählte Schmidt drei besonders aus, deren Voraussagen von Anfang an weit über der Wahrscheinlichkeit lagen. Diese drei – eine Hausfrau, ein Fernfahrer und ein »Medium« – ließ er den Versuch jeweils 60 000mal wiederholen, wobei sie ein Ergebnis von einer Milliarde zu eins gegen die Wahrscheinlichkeit erzielten. Ein zweiter Versuchsdurchlauf führte sogar zu einer noch höheren Trefferquote.

In weiteren Experimenten gelang es Schmidt, mit Hilfe des subatomaren Zufallsgenerators überzeugend nachzuweisen, daß der menschliche Geist auf die Quantensprünge im subatomaren Bereich einwirken kann.

Seine spektakulärste Versuchsreihe führte Helmut Schmidt mit Marilyn Schlitz 1987 an der »Mind Science Foundation« in San Antonio, Texas, durch. In einem ausgeklügelten Experiment ließen die beiden Wissenschaftler zunächst einen Computer nach einem Zufallsprogramm tausend Tonserien von jeweils hundert Klängen erzeugen. Jede dieser Serien bestand aus reinen Tönen, die nur von explosionsartigen Geräuschen unterbrochen wurden; ihre Länge bestimmte der Zufallsgenerator. Jede dieser Klangfolgen zeichnete das Forscherduo Schmidt/ Schlitz auf Tonband auf; Kopien gingen an ihre Versuchspersonen. Mit bloßer Willenskraft sollten diese versuchen, die durchschnittliche Dauer der reinen Töne zu verlängern, die Länge der Störgeräusche dagegen zu verkürzen.

Erstaunlicherweise ergab eine Prüfung der Originalaufnahme, daß sich die Verteilung von Tönen und Geräuschen in die angestrebte Richtung verschoben hatte. Das traf dagegen nicht auf »unbehandeltes« Archivmaterial zu.

Das bedeutet: Versuchspersonen waren entweder kraft ihres Geistes in der Lage, bereits aufgenommene Tonbandkassetten zu manipulieren – oder sie konnten die ursprünglich erzeugten Tonfolgen nachträglich, also »rückwirkend« beeinflussen. Demnach hätten sie zeitverkehrt gehandelt, allem Anschein nach das Prinzip von Ursache und Wirkung umgedreht, und wären geistig in die Vergangenheit gereist.

In einem weiteren Experiment wurden durch Computer Tonfolgen aus hundert Tönen produziert, die dieser wieder völlig zufällig, in einer von jeweils vier verschiedenen Tonarten erzeugte. Statistisch gesehen, hätte jede Tonart gleich oft vertreten sein müssen. Nachträglich sollten die Testpersonen nun vorwiegend hohe oder tiefe Töne überwiegen lassen. Fazit: Wieder stellte sich der »unmögliche« Effekt rückwirkender Psychokinese ein. Teilnehmer mit jahrelanger Meditationserfahrung waren in diesem Experiment den ungeübteren Teilnehmern wesentlich überlegen.

Dieses Experiment läßt unglaubliche Schlußfolgerungen zu. Es könnte nämlich bedeuten, daß es unserem Geist möglich ist, in der Zeit zu reisen und somit auf den Schicksalsstrom einzuwirken.

»Es gibt keine Zielzeit mehr, die linear und chronologisch auf eine konkrete Zukunft hinweist«, schreibt Gerd Gerken in »Radar für Trends«. »Die Zeit wird zur subjektiven Gegenwart – zum Sammelbecken für Wahrscheinliches und Unwahrscheinliches ... Der abendländische Zeitpfeil ist endgültig tot. Wenn die Gegenwart nur die Wiederkehr unserer Empfindungen ist, dann müßte es eine Wiederkehr-Zeit geben, und das wäre eine zyklische Zeit.« – Ein Konzept, das mit der Zeitauffassung der Asiaten übereinstimmt, da es für sie nur eine zyklische Zeit gibt, in der alles wiederkehrt: alle Ereignisse und durch die Wiedergeburt auch alle Menschen. Danach wird jedes Schicksal von einem ewigen Kreislauf bestimmt, in dem der Zufall keinen Platz hat.

Könnte hier eine Erklärung liegen für die geradezu unfaßbaren Parallelen zwischen den Schicksalen der amerikanischen Präsidenten Lincoln und Kennedy? »Beide kämpften für die Bürgerrechte der Farbigen; beide wurden an einem Freitag ermordet und waren nur durch nachlässige Schutzmaßnahmen gesichert; beide wurden durch einen Kopfschuß getötet, und bei beiden war die Ehefrau Zeuge des Vorfalls; Kennedy wurde am hundertsten Jahrestag von Lincolns Proklamation der Emanzipation ermordet. Ebenso wie Lincoln davor gewarnt worden war, sich öffentlich im Theater zu zeigen, war Kennedy vor der Reise nach Dallas gewarnt worden.

Doch es gab noch weitere auffallende Parallelen. Beide Präsidenten hatten einen Vizepräsidenten namens Johnson, der vorher im Senat gewesen war; und der zweite Johnson – Lyndon – wurde als erster Südstaatler Präsident, seit der erste Johnson – Andrew – auf die gleiche Weise Präsident geworden war. Lincolns Mörder John Wilkes Booth wurde 1839 geboren, Lee Harvey Oswald 1939. Booth erschoß Lincoln im Theater und lief in ein Kaufhaus; Oswald erschoß Kennedy aus einem Kaufhaus und lief in ein Theater. (Zumindest ist das immer noch die offizielle Version. Die ganze Wahrheit, ob und wer noch alles verwickelt war – Mafia, CIA oder KGB –, werden wir wohl nie erfahren.) Jedenfalls wurden beide vor ihrem Prozeß selbst niedergeschossen. Lincoln und Kennedy hatten beide zwei Kinder verloren, eines vor ihrem Einzug ins Weiße Haus und eines während ihrer Präsidentschaft. Kennedy hatte einen Sekretär mit Namen Lincoln und Lincoln einen Sekretär namens Kennedy.

Um die Parallelen weiterzuführen: Andrew Johnson wurde 1808 geboren, Lyndon Johnson 1908. Die Namen Lyndon Johnson und Andrew Johnson haben jeweils 13 Buchstaben, die Namen John Wilkes Booth und Lee Harvey Oswald je 15. Beide Präsidenten heirateten in ihrem vierten Lebensjahrzehnt eine 24jährige brünette Frau, die fließend englisch sprach. Beide Präsidenten gehörten einer Minorität an. Beide wurden erst im 47. Jahr ihres Jahrhunderts in den Kongreß gewählt; beide fielen bei ihrer ersten Nominierung zum Vizepräsidenten im Jahre 56 ihres Jahrhunderts – jeweils vier Jahre vor ihrer Nominierung zum Präsidenten – durch ...«

Wir sollten akzeptieren, daß unser sogenannter gesunder Menschenverstand immer wieder mit Phänomenen konfrontiert wird, die ihm widersprechen. Die Auffassung darüber, was vernünftig oder unvernünftig ist, was sein darf und was nicht, wird im allgemeinen von Erfahrungswerten aus dem täglichen Leben abgeleitet. Diese reichen

152

aber nicht aus, um ungewöhnliche Vorgänge wie zum Beispiel die Psychokinese, Präkognition oder auch die verblüffenden Lincoln-Kennedy-Parallelen zu erklären. Wenn die Wissenschaft den tiefen Ozean der Wahrheit erforschen will, muß sie notwendigerweise sowohl »verrückte« als auch »vernünftige« Vorstellungen in Erwägung ziehen. Und wenn es um Konzepte geht, die dem »gesunden Menschenverstand« anscheinend widersprechen, muß dieser u. U. über Bord geworfen werden.

# Die Große Mauer

## Nur eine Blase im Multiversum

Die Naturwissenschaftler vertreten zu Recht den Standpunkt, es sei von unserer Welt aus völlig unmöglich, objektive Aussagen über ebendiese Welt zu machen, weil nämlich der ihr unmittelbar zugehörige Beobachtende diese Welt nur von innen heraus, aber nicht von außen her beobachten kann. Als Bestandteil dieser Erscheinungswelt fehlt ihm im Grunde genommen jede Möglichkeit der objektiven Beobachtung durch seine Sinnesorgane. Der Beobachter müßte sich außerhalb des Raum-Zeit-Systems befinden, um dessen Ereignisse zu beobachten und objektiv darüber auszusagen – obwohl auch dann allein der Akt des Beobachtens einen beeinflussenden Eingriff darstellt.

Da aber der Mensch seine Raum-Zeit nicht verlassen kann, um sie von außen her zu beurteilen, ist ihm auch eine objektive Aussage über ihre Wirklichkeit verwehrt. So stellt der Wissenschaftsphilosoph Sir Karl Popper in seiner Erkenntnistheorie lakonisch fest: »Wir ›wissen‹ nicht, sondern wir raten.«

Die Naturwissenschaftler erforschen Zusammenhänge, um Abhängigkeiten, Funktionen und denkbare Kausalreihen als solche zu erkennen, darzustellen und diese Abhängigkeiten dann so treffend wie möglich zu beschreiben. Diese Beschreibungen aber stellen stets nur das Abbild einer möglichen Wirklichkeit dar.

Im Oktober 1989 entdeckten die amerikanischen Astronomen Margaret Geller und John P. Huchra in einem kleinen Ausschnitt unseres Universums eine gigantische Anhäufung von Galaxien, die alle bisherigen Theorien über die Entstehung und Beschaffenheit des Kosmos in Frage stellen. Den Erkenntnissen zufolge sind diese zusammengeballten Milchstraßen mindestens 500 Millionen Lichtjahre lang und 15 Millionen Lichtjahre dick. Dagegen ist unsere Erde in einer Milchstraße beheimatet, die mit ihren »nur« 0,1 Millionen Lichtjahren Durchmesser wie eine Nadel im Heuhaufen anmutet.

In weiten Regionen des Kosmos ballen sich Galaxien zu gigantischen Haufen zusammen, von denen jede einzelne aus bis zu Tausenden von Sternensystemen besteht. Diese Haufen vereinen sich wiederum zu Superclusters beziehungsweise Superhaufen.

Als die Verteilung der Materie im Kosmos mit Hilfe von Großrechnern simuliert wurde, kamen die Experten zu einem verblüffenden Ergebnis: In der Raum-Zeit klumpen sich die Galaxienhaufen zu Strukturen zusammen, die denen im mikrokosmischen Bereich von Körperzellen überraschend ähnlich sind. Darüber hinaus befinden sich diese Supergalaxienhaufen gewissermaßen auf der Oberfläche von riesigen, unsichtbaren Hohlkugeln oder »Blasen«.

Das Universum besteht anscheinend aus einer Unzahl solcher materieloser Hohlkugeln, deren jede einen Durchmesser von bis zu 150 Millionen Lichtjahren hat. Nach John P. Huchra vom Harvard Smithsonian Center für Astrophysik breiten sie sich im Universum wie Seifenblasen in einem Spülbecken aus. An den Berührungspunkten dieser gigantischen »Blasen« – der sogenannten

»Großen Mauer« – vollzieht sich eine Zusammenballung der Galaxien-Cluster.

Bei der Erforschung dieser Rätsel setzen die Astronomen große Hoffnungen auf das im Frühjahr 1998 in Betrieb genommene größte Teleskop der Erde, das die Europäische Gemeinschaft in der chilenischen Atacama-Wüste gebaut hat. Bereits die ersten Aufnahmen ließen die Fachwelt aufhorchen. Denn das mit einem Hauptspiegel von 8,2 Meter Durchmesser ausgestattete Teleskop zeigte zehn Millionen Lichtjahre entfernte Galaxien in einer bisher ungekannten Qualität. Vier bis zehn Lichtjahre entfernte Sterne seien so klar zu sehen wie der Mond mit bloßem Auge, hieß es aus Garching, dem Sitz der Europäischen Südsternwarte (ESO).

Unerklärlich ist das bei Sternensystemen festgestellte dynamische Verhalten untereinander. Denn die Vehemenz, mit der sie sich aufeinander zu bewegen, kann nicht allein durch ihre gegenseitige Massenanziehung erklärt werden, sondern wird auf eine gewaltige unsichtbare Materiemenge zurückgeführt – und zwar hauptsächlich auf Neutrinos.

Als das Universum vor etwa 15 Milliarden Jahren aus dem – inzwischen wegen der ungleichmäßigen Materieverteilung – umstrittenen »Big bang« entstand, müßte die auseinandergesprengte Materie durch die Schwerkraft dazu angeregt worden sein, sich zusammenzuballen, um die Entstehung von Galaxien zu ermöglichen. Doch durch die Schwerkraft allein läßt sich dieses neue »kosmische Blasenmodell« nicht erklären. Denn dazu wäre nicht nur ein Big bang nötig gewesen, sondern vielmehr ein ganzes »Big-bang-Trommelfeuer« – eine revolutionäre Idee, die mit der neuen kosmischen Evolutionstheorie der amerikanischen Astronomen Jeremiah P. Osteriker und Lennox L. Cowie von der Princeton-Universität im Einklang steht. Sie glauben nämlich, daß der Kosmos ursprünglich eine Ansammlung von riesigen Gestirnen aus dem Urknall war, die nach kurzer Zeit einem Schwerkraftkollaps erlagen und als Supernovae explodierten.

Wo immer solche kosmischen Bomben benachbart waren, kam es zu Kettenreaktionen reihenweise explodierender Ur-Sterne. Die dabei ausgelösten Schockwellen erschütterten das ganze Universum und führten letztlich zur Bildung der rätselhaften Blasen. Die Materie um die Supernovae-Explosionsherde herum wurde durch die Schockwellen weggefegt, und leere Regionen waren die Folge.

Die in Aufruhr geratene Materie kam erst zur Ruhe, nachdem sie enorme Entfernungen zurückgelegt hatte. Sie sammelte sich auf den Oberflächen der Blasen zu neuen, langgestreckten Feldern – Filamenten, aus denen sich Sternensysteme formten. Da allem Anschein nach auch heute noch die Blasen sowie das gesamte Universum expandieren, könnte das durch den Urknall ausgelöste kosmische »Feuerwerk« für diese Ausdehnung verantwortlich sein.

Vorausgesetzt, die Big-Bang-Theorie würde tatsächlich stimmen, dann müßten natürlich die kosmische Hintergrundstrahlung und die zusammengeballten Galaxienhaufen – die Große Mauer – und eine mögliche Große Einheitliche Feldtheorie miteinander in Einklang gebracht werden. Denn Physiker und Kosmologen bemühen sich schon seit langem, alle Erscheinungen der unbelebten Natur durch eine einheitliche Theorie zu beschreiben und vorauszusagen. Im Zusammenhang mit einer solchen Weltformel greifen Wissenschaftler immer mehr auf die Geometrie zurück; das heißt, sie versuchen, Materie und Energie – die vier Naturkräfte: Schwerkraft, die elektromagnetische Kraft, die Starke und die Schwache Wechselwirkung – mit den Dimensionen der Raum-Zeit »unter einen Hut« zu bringen.

Die geometrische Beschreibung führt die Wissenschaftler allerdings zu mehr als nur vier Dimensionen – drei Raum- und einer Zeitdimension. So haben der polnische Mathematiker Theodor Kaluza und der schwedische Physiker Oskar Klein in ihre Modellvorstellung des Kosmos überzeugend verborgene Zusatzdimensionen einbezogen.

Da nach der neuen Theorie der Superstrings die Welt nicht aus punktförmigen Teilchen, sondern Elementarteilchen aus superfeinen und superschweren schwingenden Schlingen beziehungsweise Fäden (»strings«) besteht, muß inzwischen mit zehn Dimensionen der Raum-Zeit gerechnet werden. Dieses »neue Universum« bringt faszinierende Konsequenzen mit sich. So könnten etwa exotische Phänomene wie paranormale Ereignisse oder beispielsweise auch die rätselhaften Kornfeldkreise in aller Welt eine wissenschaftliche Erklärung finden.

Eine Große Einheitliche Feldtheorie, auch »GUT« (»Grand Unified Theory«) genannt, würde bei einer theoretischen Rekonstruktion des Urknalls, mit dem unser Universum begonnen haben soll, sicherlich von Nutzen sein. Dieser Rekonstruktion zufolge war das noch raum- und zeitlose Ur-Universum viel kleiner als ein Atomkern und weit über zehn Billiarden (!) Grad heiß. Unsagbar kurz nach dem Big bang – und zwar $10^{-43}$ Sekunden »später« – waren alle Naturkräfte noch in einer einzigen Superkraft vereint, Energie und Materie noch bis zur Unkenntlichkeit verzerrt. Eine unbegreiflich kurze Zeitspanne später entstand in einigen »Regionen« des aberwinzigen Ur-Universums eine Art Ausdehnungsdruck. Das Ur-Universum blähte sich schlagartig auf, und damit entstanden auch Raum und Zeit. Dort, wo sich unser Universum entwickeln sollte, bildete sich plötzlich eine Blase von etwa einem Zentimeter Durchmesser. Während dieser »Inflationsphase«, wie sie ihr Erfinder, Professor Alan Guth vom MIT in Boston, USA, nennt, lösten sich zuerst die Ecksteine aus der Supersymmetrie: Masse und Gravitation. Nach $10^{-35}$ Sekunden, als das Ur-Universum 1000millionenmal älter und um das 10 000fache kälter war, verließ die Starke Wechselwirkung den Verbund. Nun begann der große Vernichtungsschlag zwischen Materie und Antimaterie. Am Schluß blieb nur etwa ein Milliardstel der ursprünglichen Materie übrig.

$10^{-15}$ Sekunden nach dem Urknall war das Ur-Universum während der »Inflationsphase« schon auf die Größe eines Tennisballs angewachsen und die Temperatur auf $10^{15}$ Grad gesunken. Hier machten sich die Schwache Wechselwirkung und anschließend die elektromagnetische Kraft selbständig.

Im Universum entstanden praktisch alle Energie und Materie während der »Inflationsphase«. Der Großen Einheitlichen Feldtheorie zufolge mußten gleichzeitig auch magnetische Monopole, also Teilchen mit nur einem Magnetpol, entstanden sein. Als Begründung für die bislang erfolglose Suche danach wird die »Inflationsphase« angeführt, in deren Verlauf diese Teilchen stark »ausgedünnt« wurden und daher heute kaum mehr auffindbar sind. Als weitere Konsequenz der »GUT« ergibt sich – zusätzlich zu den Gluonen – der Rückschluß auf die Existenz äußerst schwerer Austauschteilchen mit minimalster Reichweite. Sollten sie tatsächlich existieren, würden sie den Protonenzerfall bewirken. Die durchschnittliche Lebensdauer von Protonen beträgt allerdings $10^{31}$ Jahre, eine Zeitspanne, die unvorstellbar größer ist als die bisherige Lebensdauer unseres Universums.

Den Berechnungen einiger Forscher zufolge muß es kurz nach dem Urknall zu sogenannten Schwerkraftverwerfungen gekommen sein, die bis heute überdauert haben. Ähnlich wie beim Einfrieren von Wasser Risse entstehen, wenn es nicht gleichmäßig erstarrt, sollen sich beim Symmetriezusammenbruch der Superkraft »Risse« gebildet haben, schmaler als ein Atom, unendlich lang und so schwer, daß allein ein Zentimeter auf der Erde viele Tonnen wiegen würde.

Mark Morris von der Universität Kalifornien in Los Angeles glaubt solche kosmischen Risse mit dem bei Socorro, New Mexico, stationierten Radioteleskop entdeckt zu haben. Er spürte hundert Lichtjahre lange, schnurgerade kosmische »Risse« auf, die zwar an sich unsichtbar sind, aber die sie umgebenden Gaswolken durch ihre enorme Schwerkraft zur Abgabe von Radiowellen angeregt haben.

Je mehr also der Kosmos während und nach der »Inflationsphase« abkühlte, um so vielschichtiger wurde seine Struktur. Nachdem sich Energie beziehungsweise Materie herauskristallisiert hatten – gewissermaßen »herausgefroren« waren –, bestanden die Voraussetzungen für unser heutiges Universum. Mit der Ausdehnung und zunehmenden Abkühlung setzte sozusagen der Ausbau ein, die Differenzierung und Komplizierung, die schließlich zur Bildung von Galaxien mit Planetensystemen und auch zu Leben geführt hat. Die von uns heute registrierte Hintergrundstrahlung von drei Grad Kelvin soll ein Relikt jener enormen Strahlungsmenge sein, die aus der anfänglichen Vernichtungsschlacht zwischen Materie und Antimaterie übrigblieb.

Für den Russen Andrej Linde vom Lebedew-Institut in Moskau ist unser Universum – unsere kosmische Blase – kein Einzelfall. Nach seiner Theorie von der »chaotischen Inflation« ist sie vielmehr in ein größeres Universum eingebettet, das zwar nicht direkt wahrzunehmen ist, in dem jedoch noch viele andere Blasen – Universen – vorhanden sind. Sie entstehen dort wie in einem vor Energie nur so sprudelnden Schaumbad. Einige blähen sich auf, andere fallen wieder in sich zusammen. In weiteren Blasen – wie in der unseren – kommt die ruckartige Inflation zum Stillstand und wandelt sich zu einem Glutball, um dann als Big bang in blendendem Licht zu explodieren. Im restlichen, größeren Teil des überdimensionalen »Mega-Universums« nimmt dagegen die inflationäre Aufblähung ihren Fortgang.

Linde kommt also zu dem Ergebnis, daß sich dieses übergeordnete All aus ständig in Aufruhr befindlichem Raum-Zeit-Schaum unentwegt in Form neu entstehender und wieder zusammenbrechender Mini-Universen reproduziert. Eines dieser Mini-Universen ist unser 40 Milliarden Lichtjahre großer Kosmos. So bilden sich unaufhörlich neue Universen, die so stark differieren können, daß sie nicht nur anderen physikalischen Gesetzen unterworfen sind, sondern auch mehr beziehungsweise weniger Dimensionen haben können als unser Universum. Wie viele andere Kosmologen meint auch Linde, daß es unsinnig sei, schon kurz nach dem Urknall von Raum und Zeit zu sprechen, da beides noch nicht existiert habe. Seiner Ansicht nach träfe in diesem Stadium viel eher die Vorstellung eines aus Raum und Zeit bestehenden, fluktuierenden – überall vorhandenen, zufälligen Schwankungen unterworfenen – »Schaums« zu, der zu Beginn in chaotischer Unordnung verteilt war. Bestimmte Gegebenheiten könnten sozusagen zum teilweisen »Einfrieren« einer solchen Fluktuation geführt haben. Aus diesem Teil würde dann ein neues Universum entstehen, während der übrige Teil unentwegt weiterwachse, neue Fluktuationen erzeuge, aus denen auch wieder neue Universen entstehen könnten. Solch ein Universum tauche aus dem Raum-Zeit-»Schaum« wie eine hochgepeitschte Blase auf. Zufällig von der sie abstoßenden Kraft aufgebläht, würden damit auch Raum und Zeit beginnen. Das Mega-All wäre also eine Ansammlung unzähliger Mini-Universen, sozusagen ein »Multiversum«.

»Bisher war vor dem Urknall das Nichts, danach alles. Jetzt ist die Annahme hinfällig, daß es ein einmaliges, aus dem Nichts entstandenes Universum gibt, das den Beginn aller Raum-Zeit verkörpert«, erklärt Linde sein Modell.

Was geschähe nach dieser Modellvorstellung mit den Mini-Universen? Käme es da nicht zu Kollisionen? Nach der Allgemeinen Relativitätstheorie dehnen sie sich räumlich auf Kosten ihrer Nachbarn aus. Im Gegenteil, meint Linde. Denn unabhängig von den Vorgängen ringsum expandiert nur ihr eigener Raum. Aus diesem Grund können Mini-Universen nicht zusammenstoßen.

Wo aber liegt nun der Ursprung des Mega-Universums, in dem unser Universum also nur eine kleine »Blase« ist – vielleicht nur eine von vielen? Darauf haben die Inflationsphysiker leider auch keine Antwort. So wurde die eigentliche Frage nach der Schöpfung nur unter den Teppich des Multiversums gekehrt.

Der geniale englische Mathematiker Roger Penrose arbeitet in seiner Raum-Zeit-Geometrie mit »nur« acht Dimensionen, von denen allerdings vier rein imaginäre Größen sind. Das Universum von Penrose besteht also aus vier Raum- und vier Zeitdimensionen, in dem die uns bekannte Kausalität nicht existiert. Damit sind alle Möglichkeiten offen.

Der deutsche Physiker Burkhard Heim endet bei seiner Vereinigung der Quantenphysik und der Allgemeinen Relativitätstheorie mit sechs Dimensionen, drei darunter sind imaginär. Seine fünfte und sechste Dimension sind weder Raum noch Zeit, sondern vielmehr geistige Dimensionen für Informationsprozesse. Dort nehmen Strukturen Form an, werden Wahrscheinlichkeiten gegeneinander abgewogen und die Vorgänge in unserer Welt eingeleitet.

Der englische Biochemiker und Zellbiologe Professor Rupert Sheldrake geht von ähnlichen Zusammenhängen aus. Er spricht allerdings nicht von Dimensionen, sondern von Feldern, genauer gesagt von morphogenetischen Feldern. »Morphische Felder sind nicht, wie die bekannten Felder der Physik, materielle Kraftzonen, die sich im Raum ausbreiten und in der Zeit andauern«, sagte er mir im Verlauf eines Gesprächs. »Sie befinden sich innerhalb und in der Umgebung des von ihnen organisierten Systems. Wenn die Existenz eines derartigen Systems endet – etwa bei der Spaltung eines Atoms, dem Schmelzen einer Schneeflocke, dem Tod eines Tieres –, verschwindet das organisierte Feld von dem Ort, an dem sich das System befand. In anderer Hinsicht jedoch verschwinden morphische Felder nicht: Es handelt sich hier um potentielle Organisationsmuster, die sich zu einer anderen Zeit an einem anderen Ort unter den entsprechenden physikalischen Bedingungen wieder materialisieren können. Wenn sie sich erneut manifestieren, beinhalten sie eine Erinnerung an ihre frühere physische Existenz. Den Prozeß, durch den Vergangenheit innerhalb eines morphischen Feldes zur Gegenwart wird, nenne ich morphische Resonanz.«

Nach Rupert Sheldrake bestimmen also raum- und zeitübergreifende morphogenetische Felder Gestalt und Verhalten allen Lebens und auch aller anorganischen Materie. Sheldrake setzt ein morphogenetisches Feld mit einer Art Kollektivbewußtsein gleich, das neu erworbene Fähigkeiten einzelner auf eine Gruppe, Gesellschaft oder Art übertragen kann. So würde auch in der anorganischen Welt beispielsweise die Form eines bestimmten Kristalls zur gleichen Formgebung bei Kristallen gleicher Art führen.

Diese überall im Universum vorhandenen morphogenetischen Felder sollen Ideen, Gedanken und Formen empfangen, verstärken und übertragen. Sheldrake erklärt damit unter anderem den wissenschaftlichen und gesellschaftlichen Aufstieg der Menschheit, aber auch paranormale Ereignisse.

Sollte sich herausstellen, daß Sheldrakes Theorie den Tatsachen entspricht, ließe sich vielleicht auch ein Phänomen erklären, das Wissenschaftler seit Jahrzehnten zu enträtseln suchen. Den ersten Hinweis erhielt der Biologe Lyall Watson 1952, als er auf der isoliert gelegenen japanischen Insel Koshima eine Affenkolonie beobachtete. Die Tiere lebten vorwiegend von Süßkartoffeln, die ihnen von den an einem Forschungsprojekt beteiligten Wissenschaftlern spendiert wurden. Die mühsame Arbeit, vor dem Verzehr Sand und Steinchen von den Kartoffeln zu entfernen, muß das anderthalb Jahre alte Affenweibchen Imo auf die pfiffige Idee gebracht haben, die Süßkartoffeln vorher in einem nahe gelegenen Fluß zu waschen. »Vom Affenstandpunkt aus muß es sich hier um eine kulturelle Revolution gehandelt haben, die etwa der Erfindung des Rades beim Menschen entspricht«, kommentiert Watson.

Die »Kartoffelwäsche« wurde sehr schnell von anderen Affen übernommen. 1958 wußte Watson zu berichten, daß alle Jungaffen ihr Futter säuberten, bevor sie es verzehrten. Allerdings beteiligten sich von den über fünf Jahre alten Affen nur diejenigen an der Kartoffelwascherei, die ihre Sprößlinge nachahmten. Danach kam es zu einem außergewöhnlichen Vorfall: Durch Imo angestiftet, reinigte eine Affenhorde unbestimmter Zahl im Herbst 1958 ihre Kartoffeln plötzlich im Meer. Wahrscheinlich hatten sie entdeckt, daß sie im Salzwasser nicht nur sauberer wurden, sondern durch das Salz auch besser schmeckten, vermutet Watson.

Zur Beweisführung seiner Spekulation legte Watson die Zahl der Affen, die an einem Dienstagmorgen um 11 Uhr Kartoffeln wuschen, mit 99 fest. Beteiligte sich ein weiterer Affe an der Zeremonie, war das Hundert voll. Aber mit diesem hundertsten Affen vollzog sich sozusagen ein Quantensprung. Denn am Abend des gleichen Tages wusch ausnahmslos die gesamte Affenkolonie ihre süßen Kartoffeln im Salzwasser. Anscheinend fiel durch diesen hundertsten Affen zudem eine natürliche Barriere: Denn die auf dem Festland und anderen Inseln lebenden Affen begannen spontan, die Süßkartoffeln zu waschen.

Watson ist fest davon überzeugt, daß die Menschheit aufgrund eines »hundertsten Affen«, sprich Menschen, zahllose solcher Kultursprünge durchgemacht hat. In Fossilien sei in dieser Hinsicht genügend Beweismaterial entdeckt worden. Er verweist auf eine explosionsartige Verbreitung in bezug auf den Lebensstil und die Komplexität menschlicher Kulturen vor 100 000 Jahren und zweifelt nicht im geringsten daran, daß mit dem ersten Quantensprung – der Herstellung von Werkzeugen und künstlerischen Entwürfen – das Auftauchen eines neuen Faktors in der Evolution bewiesen sei.

»Wenn Art- und Formgebung durch morphogenetische Felder beziehungsweise morphische Resonanz hervorgerufen werden, müßte diese Interaktion dann nicht auch die Entstehung und Fortentwicklung von Leben auf anderen geeigneten Planeten im Universum beeinflussen?«, frage ich Rupert Sheldrake.

»Es könnte sehr wohl Wechselwirkungen zwischen dem morphischen Feld unseres Planetensystems und denen anderer Systeme geben. Die Möglichkeit der Existenz erdähnlicher Planeten gibt natürlich Anlaß zu weiteren Spekulationen. Dann wäre nämlich denkbar, daß die Erde einem bereits vorhandenen und durch morphische Resonanz stabilisierten Entwicklungsschema folgt und die biologische Evolution somit einem ausgetretenen Pfad folgt«, schließt Sheldrake. »Aber ebenso könnte die Erde auch der erste Planet mit einer derartigen Lebensentwicklung sein. Dann gäbe es kein vorgeprägtes Evolutionsschema, sondern ein gerade in der Entstehung begriffenes. Würden sich nun auf anderen Planeten ähnliche Lebensformen bilden, könnte deren Evolution durch morphische Resonanz vom Entwicklungsprozeß auf der Erde mitbestimmt sein. – Angenommen, auf der Erde würde irgendein neues Organisationsmuster entstehen, zum Beispiel eine neue Art von Molekülen oder ein neues Verhaltensmuster bei einer Tierart. Wenn dieses neue Muster anderswo schon unzählige Male aufgetreten wäre, müßten sich seine morphogenetischen Felder bereits stabilisiert haben. Natürlich unter der Voraussetzung, daß diese Annahme tatsächlich zutrifft und die morphische Resonanz auch durch astronomische Entfernungen nicht beeinträchtigt wird. Diese Hintergrundresonanz würde alle örtlichen Resonanzphänomene und die durch sie ausgelösten Veränderungen übertönen.«

Sheldrake meint, es deute alles darauf hin, daß sich in den Weiten des Universums immer wieder die gleichen Organisationsmuster wiederholen, ganz gleich, ob es sich dabei um Moleküle, Kristalle, Sterne, Galaxien oder Lebensformen handelt. Es liege nahe, im Universum ein kosmisches Resonanzgeflecht zu vermuten, und es sei nicht abwegig, sich das Universum als einen allumfassenden Organismus mit eigenem morphischen Feld vorzustellen, das alle untergeordneten Felder umschließt, beeinflußt und verbindet.

Da sich Wissenschaftler über die Beschaffenheit unseres Universums Gedanken machen, über seinen Anfang und seine Fortentwicklung, ist es auch verständlich, daß sie Spekulationen über seine Zukunft und sein mögliches Ende anstellen. So hängt es nach der Allgemeinen Relativitätstheorie von der vorhandenen Masse ab, ob sich das Universum bis in alle Ewigkeit ausdehnt oder nicht. Denn obwohl die Galaxienhaufen durch die Expansion der Raum-Zeit einander entfliehen, ist fraglich, ob ihre Geschwindigkeit letztlich ausreicht, um sich aus der gegenseitigen Schwerkraft zu lösen – oder ob sie, wie ein hochgeworfener Stein, an einen bestimmten Punkt zurückfallen, also umkehren. Unter diesen Umständen würde sich nämlich der durch die Schwerkraft abgebremste Expansionsprozeß verlangsamen, umkehren und das Universum schließlich zu einem Schwarzen Loch kollabieren.

Vier Astronomen – Richard Gott III. und James Gunn vom California Institute of Technology sowie N. Schramm und Beatrice Tinsley von der Universität von Texas – veröffentlichten in einer ausführlichen Arbeit die These, unser Universum sei offen und würde für immer und ewig weiterexpandieren. Ihrem Beweismaterial nach, dem Arbeiten von 64 Astronomen zugrunde liegen, hängt das weitere Schicksal des Universums von seiner Materiedichte ab.

Unter einem offenen Universum ist ein sogenanntes sattelförmiges, sich endlos erstreckendes, immer größer und gleichzeitig immer kälter werdendes Universum zu verstehen. Dagegen ist ein geschlossenes Universum eine Art endliche, aber unbegrenzte Superkugel.

Die Frage ist nun, ob es im Universum genügend Masse zur Erzeugung von Schwerkraft gibt, um eine weitere, zukünftige Expansion zu verhindern. Das amerikanische Team errechnete, daß selbst die Gesamtmasse aller Galaxien nicht für ein geschlossenes Universum ausreicht. Trotz der vielen kosmischen Staub- und Gaswolken zwischen den Galaxien wäre es zu wenig, um die Expansion aufzuhalten. Die Gott-Gruppe überlegte nun, wo sich die fehlende Masse befinden könnte. Etwa in Schwarzen Löchern? Wenn auch die Berechnung von verlorengegangener Masse in Schwarzen Löchern schwierig ist, ergab sich überschlägigen Kalkulationen zufolge, daß auch diese Masse nicht gereicht hätte, um die fehlende aufzuwiegen. Selbst wenn die Masse von Schwarzen Minilöchern, Schwarzen Superlöchern in Kugelhaufen und den Zentren vieler Galaxien zugerechnet würde, reicht es nicht. Abgesehen davon, taucht diese Masse wahrscheinlich ohnehin in Weißen Löchern wieder auf.

Aus all diesen Erwägungen heraus tendieren viele Kosmologen zu einem offenen Universum. Aber welches Schicksal wäre ihm dann in ferner Zukunft beschieden? Ein Alptraum! Denn selbst wenn das Universum durch die sich immer weiter voneinander entfernenden Galaxien größer und leerer würde, blieben die durch Gravitation zusammengehaltenen Sternensysteme selbst für sehr lange Zeit unverändert. Aber sie hätten ein schreckliches Schicksal vor sich. Sterne, die sich heute bilden, würden in $10^{14}$ Jahren verlöschen und schließlich zu Schwarzen Zwergen, Neutronensternen oder gar Schwarzen Löchern werden. Aber Materie, aus der sich neue Sternengenerationen bilden könnten, gäbe es nicht mehr. Unsere Sonne, die Sterne, ja die ganze Milchstraße und andere Sternensysteme würden langsam verlöschen, das Weltall in Schwärze tauchen.

Doch selbst diesem Universum stünde eine Weiterentwicklung bevor. Denn nach $10^{64}$ Jahren würden sich die Galaxien auflösen, und ihre Strahlung würde auf den absoluten Nullpunkt absinken. Supermassive Schwarze Löcher, Neutronensterne und Schwarze Zwerge trieben zwischen intergalaktischem Staub und Gas in vollkommener Finsternis dahin. Im Lauf der Zeit vollzöge sich eine Kernfusion aller Elemente zu schweren Atomen, bis hin zum Eisen als letztem.

Alle Elemente, die schwerer als Eisen sind und als »stabil« gelten, sind letztlich radioaktiv. Sie spalten sich oder geben Alpha-Partikel ab, bis nur noch Eisen übrigbleibt. Der Princeton-Physiker Freeman Dyson errechnete den Halbzeitwert von Eisen mit etwa $10^{500}$ Jahren. Wenn es aber noch etwas länger dauert – sagen wir $10^{600}$ Jahre –, würde diese Zeitspanne genügen, um auch noch die restlichen Sterne zerfallen zu lassen, alle Materie in nuklearen Staub aufzulösen – ausgenommen die der Neutronensterne und der Schwarzen Löcher. Doch nach unvorstellbar langer Zeit würden selbst die großen Schwarzen Löcher zerstrahlen. Leben gäbe es in diesem kalten, trostlosen Universum wohl schon lange nicht mehr. Wenn aber Neutrinos tatsächlich über soviel Masse verfügen, wie nach neuerlichen Erkenntnissen vermutet wird, könnten sie die Expansion in ferner Zukunft abbremsen. Denn den Löwenanteil aller Teilchen im Universum machen Neutrinos aus. Sie würden zwar die Expansion zum »Kältetod« des Universums aufhalten, dafür aber den Kollaps, das Zusammenziehen des Universums einleiten und schließlich eine unvorstellbar heiße Implosion auslösen, die bis zur Singularität – bis zum Schwarzen Loch – führen würde. Und dann könnte sich im Multiversum aus dem Raum-Zeit-Schaum wieder eine kleine Blase zu einem Universum entwickeln, in dem lebende Winzlinge – Forscher – Antworten auf fundamentale Fragen suchen. Sie werden erkennen müssen, daß es nicht nur eine Wirklichkeit gibt, sondern eine Vielfalt von Realitäten neben unzähligen Welten.

Und die Menschheit? Wird sie ihre hausgemachten Probleme meistern, und wird es ihr gelingen, Adams Planeten wieder zu einem Garten Eden für eine lebenswerte Zukunft zu gestalten? Der gelbe Stern Sonne im Orionarm der Milchstraße überschüttet die Erde seit rund fünf

Milliarden Jahren mit seiner Energieausstrahlung. Erst in
weiteren fünf Milliarden Jahren wird sich die Sonne zu einem roten Riesen aufblähen und dabei den Planeten Erde verschlucken. Es ist also noch viel Zeit für die Erdlin-
ge, um sich zu bessern.

# Zeitreisen

## Strings, Twistoren und kein Ende

Für uns überzeugte Physiker sind Vergangenheit, Gegenwart und Zukunft nur Illusion – wenn auch eine zählebige Illusion«, hat Albert Einstein einmal gesagt. An den Grundlagen der Materie stellte sich für Einstein und die Quantenphysiker die Zeit als eine dem menschlichen Verstand dienliche Fiktion dar: Vergangenheit und Zukunft waren austauschbar, Zeit konnte sich rückwärts bewegen. Diese zeitlose Zeit wird durch das Chaos-Paradigma ergänzt, so daß an jedem Gabelungspunkt, wo das ganze System durch winzige Größen zur Entscheidung gezwungen wird, nicht umkehrbare und nicht wiederholbare Tatsachen geschaffen werden. In anderen Worten: Der Zeitpfeil kann nicht umgedreht werden, wenn auch das kleinste Sandkörnchen das Privileg besitzt, das gesamte Gefüge auf den Kopf zu stellen. In diesem Zusammenhang stellt der geniale britische Physiker Roger Penrose die provozierende Frage, wieso alle physikalischen Elementarprozesse genausogut rückwärts wie vorwärts ablaufen könnten, daraus aber trotzdem eine Welt mit Zeitrichtung hervorgehe? Wieso Angehörige der mikroskopischen Welt nicht wüßten, ob sie sich auf dem Weg in die Zukunft oder in die Vergangenheit befinden, während jedermann in der makroskopischen Welt sofort bemerke, ob ein Film vorwärts oder rückwärts abläuft? Irgendwo auf dem Weg vom Mikro- zum Makrokosmos scheine das Problem Zeit zu entstehen. Penrose zufolge ist die Zeit jedoch lediglich eine Konstruktion des Bewußtseins, eine Illusion, die das Gehirn erst in die Lage versetzt, die Welt zu deuten – eine Auffassung, mit der sich Penrose eigentlich kaum von der Einsteins unterscheidet. Dieser sagte einmal: »Ohne die Erleuchtung des Bewußtseins wäre das Universum nichts als ein Abfallhaufen.«

Fest steht, daß sich die moderne Physik in einer Sackgasse befindet. Denn ihre Stützpfeiler, die beiden großen Theorien – die Quantenmechanik und die Allgemeine Relativitätstheorie –, »vertragen« sich nicht miteinander.

Sozusagen auf der Suche nach dem »Heiligen Gral der Physik« – der Weltformel, die Mikro- und Makrokosmos in einer Synthese vereint – schwebt Penrose die Vision der sogenannten Quantengravitation vor. Mit ihr wäre eine gewaltige Revolution des Naturbildes verbunden, eine grundlegende Veränderung des Verständnisses von Raum und Zeit, von Ursache und Wirkung. Durch die Quantengravitation könnte der Weg zum Verständnis von Kreativität und Bewußtsein geebnet werden. Denn bisher galt die frustrierende Feststellung des Penrose-Schülers Hawking: »Gott würfelt nicht nur, sondern wirft die Würfel manchmal so, daß sie nicht zu sehen sind.«

Eine alte Legende, die bis auf die Zeit vor der libyschen Dynastie in Ägypten zurückgeht, berichtet von der im Nildelta gelegenen Stadt Sais und ihrem dereinst dem Gott der Unterwelt geweihten Osiris-Tempel. Noch heute lassen seine Ruinen das einst großartige Bauwerk ahnen.

Nach der Legende wurde in diesem Tempel – unter einem Schleier verborgen – ein mysteriöses Standbild aufbewahrt mit der aufreizenden Inschrift: die Wahrheit. Dem Sterblichen war es verboten, den Schleier zu lüften, und die Osiris-Priester wachten mit unnachgiebiger Strenge darüber, daß dieses Gesetz eingehalten wurde.

Eines Tages betrat ein wissensdurstiger junger Mann, vielleicht ein »Student«, den Tempel und sah das verhüllte Standbild. Als er einen Wächter fragte, ob er wüßte, was unter dem Schleier verborgen sei, wurde er empört auf die alten Gesetze hingewiesen. Nachdenklich verließ der junge Mann an diesem Tag den Tempel. Unwiderstehliche Neugier zwang ihn jedoch, nachts in frevelhafter Absicht in den Tempel einzudringen. Im geisterhaften Schein des Mondes schlich er sich in den Osiris-Tempel und lüftete den Schleier, mit dem das Standbild verhüllt war.

Niemand erfuhr jemals, was er gesehen hatte. Aber nach der Legende wurde der nächtliche Eindringling am nächsten Morgen von den Tempelwächtern halbtot am Fuß des Standbildes gefunden. Als er wieder zu sich gekommen war, weigerte er sich, darüber zu sprechen, was vorgefallen war. Er bedauerte nur seine Handlungsweise. Danach führte er ein lustloses Leben. Es gelang ihm nicht, irgend etwas von Bedeutung auf die Beine zu stellen, und er wurde noch in jungen Jahren zu Grabe getragen.

Diese Legende wurde von Schiller aufgegriffen, der daraus die Schlußfolgerung ableitete: »Weh dem, der zu der Wahrheit geht durch Schuld, sie wird ihm nimmermehr erfreulich sein.«

Was hat der junge Mann gesehen, als er den Schleier widerrechtlich lüftete? Die absolute Wahrheit? Vielleicht einen Spiegel, in dem er sich selbst entdeckte? Gibt es überhaupt die Wahrheit – die wahre Weltformel unseres Universums mit all seinen Facetten? Aber wenn wir die absolute Wahrheit kennen würden – wäre damit nicht gleichzeitig Stagnation, Stillstand für den forschenden Geist verbunden? Vielleicht sollte sich der Mensch mit der Suche nach der Wahrheit begnügen und akzeptieren, daß der Weg bereits das Ziel ist.

Viele große Wissenschaftler, wie zum Beispiel Isaac Newton, Albert Einstein, Werner Heisenberg, Bernhard Riemann, Hermann Minkowski, Theodor Kaluza, Oskar Klein, Roger Penrose, Burkhard Heim und viele andere mehr bemühten und bemühen sich noch, den Schleier um das Geheimnis von Raum und Zeit zu lüften.

»Mir kam es so vor, als hätte ich wie ein Knabe einfach nur am Strand gespielt und zum Zeitvertreib immer wieder nach glatteren Kieselsteinen und schöneren Muscheln gesucht. Dabei lag der große Ozean der Wahrheit noch völlig unentdeckt vor meinen Augen«, äußerte der große englische Mathematiker und Physiker Sir Isaac Newton (1643–1727) einmal im Zusammenhang mit seiner Arbeit. In den Pestjahren 1665/66 sah sich Newton gezwungen, die Zeit in seiner Heimat Lincolnshire zu verbringen, weil die Universität Cambridge geschlossen war. Die grundlegende Forschung für sein späteres Werk »Philosophiae naturalis principia mathematica« (»Mathematische Grundlagen der Naturwissenschaft«) geht bereits auf diese Zeit zurück, und damit setzte eine neue Ära wissenschaftlichen Denkens ein.

So erklärte Newton als erster, das Phänomen der physikalischen Welt könne durch genaue Berechnungen erfaßt werden. Sobald nämlich bekannt sei, wie ein System angefangen habe, sei es auch möglich, sein zukünftiges Verhalten aufgrund der Dynamik festzustellen. Bis auf bestimmte Einschränkungen in der späteren Quantentheorie hat sich diese Aussage auch generell bestätigt.

Schon am Anfang seines 1687 veröffentlichten Werks befaßte sich Newton mit zwei grundlegenden Begriffen: Raum und Zeit. Darauf errichtete er nicht nur seine gesamten Theorien, sondern legte damit auch den Grundstock für die wissenschaftlichen Erkenntnisse von über 300 Jahren.

Newton betrachtete Zeit und Raum als zwei getrennte Gefüge – als absolute, unabhängig von Materie stets gleichmäßig verlaufende Zeit und als absoluten, unabhängig von Materie stets gleichbleibenden Raum.

In der Wissenschaft setzten Newtons »Principia« ein Zeichen beispiellosen Fortschritts, eines Fortschritts, der sich vor allem in Vereinheitlichung offenbarte: Auf die Basis irdischer Erfahrungen gründete sich eine Wissenschaft der Himmelsphysik mit scheinbar unbegrenzter Expansionsfähigkeit.

Erst Anfang des 20. Jahrhunderts kamen Zweifel an der Newtonschen Raum- und Zeit-Auffassung auf. Mit der Einsteinschen Relativitätstheorie verlor die Idee des absoluten Raums und der absoluten Zeit ihre Bedeutung. Es heißt, Einstein habe sich schon als Fünfjähriger Gedanken über das Raumproblem gemacht, und ein Kindheitserlebnis sei die Ursache jener Überlegungen gewesen, die letztlich zur Relativitätstheorie führten.

Als Fünfjähriger war der Junge einige Tage krank und mußte das Bett hüten. Als es ihm besser ging, erhielt Albert von seinem Vater einen Kompaß, mit dem er sich nun unentwegt beschäftigte. Gebannt verfolgte er die Nadel, die stets in die gleiche Richtung wies, wohin auch immer er den Kompaß bewegte. Natürlich wußte der Junge noch nichts vom Magnetfeld der Erde. Er glaubte lediglich, daß die Nadel vom Raum selbst gehalten würde, wenn er den Kompaß bewegte – eine Schlußfolgerung, die natürlich nicht zutraf. Aber Einsteins Überlegung, daß der Raum nicht einfach Leere ist, sollte später Konsequenzen haben, als er mit seiner Theorie Raum, Zeit und Materie in revolutionären Zusammenhang brachte. Vor Einstein hatte man Raum und Zeit als endloses Kontinuum angesehen, in dem sich Ereignisse abspielen. Aber Einstein betrachtete Raum und Zeit als nicht fundamental und absolut, sondern eng aufeinander bezogen und abhängig von der Lichtgeschwindigkeit.

Albert Einstein, dessen Ideen vor über 80 Jahren veröffentlicht wurden, wird nach wie vor als der größte theoretische Physiker unseres Jahrhunderts betrachtet, und dieser Ruf wird ihm auch bis weit in das nächste hinein erhalten bleiben. Seine Relativitätstheorien – die Spezielle (1905) und die Allgemeine (1916) – waren so komplex und revolutionär, daß es Dekaden dauerte, bis ihre Schlußfolgerungen akzeptiert wurden, und sie stehen immer noch in der Debatte.

Die Spezielle Relativitätstheorie postuliert den Grundsatz, daß die Lichtgeschwindigkeit für alle Beobachter gleich ist, unabhängig davon, wie diese sich relativ zueinander bewegen. Somit ist die Geschwindigkeit des Lichts – rund 300 000 Kilometer pro Sekunde im Vakuum – die absolute Grenzgeschwindigkeit im Universum. Bei annähernder Lichtgeschwindigkeit »dehnt« sich die Zeit, das heißt, sie läuft langsamer ab. Objekte verkürzen sich und gewinnen zunehmend an Masse. In Einsteins berühmtem Zwillingsparadoxon altert der in einem Raumschiff schnell reisende Zwillingsastronaut langsa-

mer als sein auf der Erde zurückgebliebener Zwillingsbruder. In seiner berühmten Formel $E = mc^2$ legte Einstein fest, wieviel Energie (E) aus Masse (m) entsteht. Das
bedeutet: Masse muß mit dem Quadrat der Lichtgeschwindigkeit ($c^2$) multipliziert werden. Damit offenbart
sich, daß schon sehr wenig Masse eine gewaltige Energie-
Umwandlungsmenge ergibt.

Einen entscheidenden Beitrag zur Entwicklung der Einsteinschen Relativitätstheorie lieferte der geniale Mathematiker Hermann Minkowski (1864–1909). Ursprünglich war auch Einstein sein Schüler gewesen (»ein richti-
ger Faulpelz, der sich keinen Deut um Mathematik küm-
merte«). Während Minkowski 1902 zum Professor der
Mathematik nach Göttingen berufen worden war, hatte
Einstein in Bern soeben als »Experte III. Klasse« seine
Stellung im »Eidgenössischen Amt für geistiges Eigentum« übernommen.

Minkowski veröffentlichte seinen Beitrag zur Entwicklung der Speziellen Relativitätstheorie 1907 in den »Göt-
tinger Nachrichten« in einer einzigen Abhandlung. Wurde die Öffentlichkeit schon durch diese Arbeit hinreichend auf ihn aufmerksam, machte Minkowski mit seinem Vortrag über Raum und Zeit vor der Gesellschaft
Deutscher Naturforscher und Ärzte im September 1909
in Köln geradezu Furore: »Ich möchte Ihnen Vorstellungen von Raum und Zeit entwickeln, die auf experimentell-
physikalischem Boden erwachsen sind«, begann Minkowski. »Darin liegt ihre Stärke. Ihre Tendenz ist radikal.
Und von Stund an sollen Raum für sich und Zeit für sich
ein völliges Schattendasein führen, und nur eine Vereinigung beider soll Selbständigkeit bewahren.«

Es war Minkowski, der die Spezielle Relativitätstheorie

mathematisch untermauerte und es Einstein ermöglichte, die Allgemeine Relativitätstheorie auf die Probleme der Gravitation anzuwenden. Minkowski charakterisierte die Zeit als vierte Dimension und setzte sie mit den drei Raumkoordinaten gleich. Damit war in der Wissenschaft der Begriff des vierdimensionalen Raum-Zeit-Kontinuums geboren.

In einer genialen Ergänzungsarbeit hatte sich Einstein nach der Speziellen Relativitätstheorie der Gravitation gewidmet. Im Vergleich zu den anderen Kräften ist die Gravitation erstaunlich schwach. Aber das Universum wird ausgerechnet durch diese schwache Gravitation zusammengehalten – nicht durch die $10^{37}$mal so starken elektromagnetischen Kräfte.

Das Universum wird nur durch die Schwerkraft zusammengehalten, und allein durch sie werden die Bewegungen aller Himmelskörper bestimmt. Alle anderen Kräfte sind räumlichen Grenzen unterworfen. Somit wird also das Geschick des Universums durch die schwächste aller Kräfte, die Gravitation, bestimmt – eine Verbindung von außerordentlicher Reichweite. Nun dachte Einstein darüber nach, ob die Schwerkraft nicht als eine Eigenschaft des Raums angesehen werden könnte. Aufgrund dieser Überlegungen entwickelte er ein geometrisches Modell, demzufolge die Schwerkraft eine »Krümmung« des Raum-Zeit-Gefüges ist, die durch die Masse von materiellen Objekten ausgelöst wird. Schwerkraft ist also eine durch Materie ausgelöste Eigenschaft der Raum-Zeit und keine mysteriöse Kraft, wie noch Newton annahm.

Leopold Infeld, ein aus Polen stammender Physiker und Mitarbeiter Einsteins, fand für diese neue Gravitationstheorie eine leicht verständliche Erklärung: Danach läßt sich der Unterschied zwischen der Newtonschen Mechanik und der Einsteinschen Theorie am besten am Beispiel eines Kindes darstellen, das im Freien Murmeln spielt. Der Boden, über den die Murmeln rollen, ist holperig, aber für einen Zuschauer, der das Kind vom zehnten Stock eines benachbarten Hauses aus beobachtet, sind die Unebenheiten des Bodens nicht sichtbar. Ihm fällt nur auf, daß die Murmeln bestimmten Stellen ausweichen, aber sich auf andere zubewegen. Der Beobachter könnte daraus natürlich folgern, daß die Murmeln irgend einer »Kraft« unterliegen, die sie von diesen Stellen ablenkt und zu anderen hinführt. Jemand, der dem spielenden Kind an Ort und Stelle zusieht, bemerkt jedoch, daß der holperige Boden die Murmeln »beeinflußt« und in bestimmte Bahnen lenkt.

Mit seiner Vermutung, daß die Murmeln durch eine »Kraft« gesteuert werden, ist der Beobachter aus dem zehnten Stock ein Vertreter der Newtonschen Mechanik. Der Zuschauer am Boden vertritt dagegen die Einsteinsche Theorie, da er die Rollbahn der Murmeln aufgrund der Oberflächeneigenschaften des Bodens in geometrischer Form beschreibt.

Im Einsteinschen Weltbild setzt sich das Universum aus den drei uns bekannten Raumdimensionen und einer Zeitdimension zusammen. Die letztere konnte in Einsteins Jugend nicht durch die Geometrie beschrieben werden. Für die euklidische Raumgeometrie mit ihren drei Dimensionen – Länge, Breite, Höhe – ist charakteristisch, daß jede Gerade unendlich ist und Parallelen stets im gleichen Abstand nebeneinander verlaufen. Da Einstein zur Beschreibung von Raum-Zeit neue Maßsysteme brauchte, wandte er sich an seinen alten Freund, den re-

nommierten Mathematiker Marcel Großmann. Dieser
stattete Einstein mit dem notwendigen Rüstzeug aus –
und zwar mit einer in jener Zeit »verdächtigen« nichteu-
klidischen Geometrie, die der deutsche Mathematiker
Bernhard Riemann im 19. Jahrhundert entwickelt hatte
und die auf die neue, vierdimensionale einsteinsche Welt
anwendbar war. Charakteristisch für die Riemannsche
Geometrie ist die Tatsache, daß hier keine Verbindungs-
linien existieren und die kürzeste Verbindung zwischen
zwei Punkten keine Gerade ist, sondern eine geodätische
Linie, also die kürzeste Verbindung zweier Punkte auf einer gekrümmten Fläche.

Oft wird Einsteins gekrümmtes vierdimensionales Raum-
Zeit-Kontinuum, wie erwähnt, mit einem straff gespann-
ten Gummilaken verglichen, das an den Stellen Kuhlen
hat, an denen schwere Objekte plaziert sind, zum Beispiel
Sterne, Planeten oder Galaxien. Die Geometrie der
Raum-Zeit biegt beziehungsweise krümmt sich nach Einstein um einen massiven Körper wie beispielsweise die
Sonne. Und statt durch die Fernwirkung der Sonnenkraft
auf ihren elliptischen Umlaufbahnen festgehalten zu werden, folgen die Planeten lediglich den »Wegkrümmun-
gen« der Raum-Zeit.

Nach Albert Einstein existieren also alle Objekte nicht
nur im Raum, sondern auch in der Zeit, das heißt in einem
vierdimensionalen Raum-Zeit-Kontinuum, dessen Dimensionen eng miteinander verknüpft sind. Auch wenn
sich die Relativitätstheorie hauptsächlich auf Beobach-
tungs- und Messungsprobleme von Bewegungen im Makrokosmos bezieht, ist hier die Zeit als Dimension von
entscheidender Bedeutung.

In der althergebrachten griechischen Geometrie war der

Begriff Dimension noch leicht verständlich. So hat hier ein einfacher Punkt Null-Dimensionen. Eine Linie ohne Breite und Höhe wird als eindimensional bezeichnet und eine sich nach zwei Seiten, in Länge und Breite ausdehnende Fläche – wie zum Beispiel diese Buchseite – als zweidimensional. Ein Raum mit Länge, Breite und Höhe ist dreidimensional, und die Zeit, die zum Beispiel beim Lesen dieser Sätze vergeht, ist die vierte Dimension.

In den letzten Jahren hat sich die geometrische Vorstellung der Dimensionen wesentlich kompliziert. Mathematiker entdeckten zum Beispiel, daß eine Küstenlinie eine unendlich komplexe, stellungslose Linie darstellt, die eine Dimension über eins hat – das heißt sie liegt zwischen einer Linie und einer Fläche. Durch die Chaostheorie haben wir es heute also mit sogenannten fraktalen Dimensionen zu tun. Doch selbst unsere altbewährten Raum-Zeit-Dimensionen haben sich inzwischen durch die Bemühungen, den Kosmos mit Hilfe der Geometrie auf einen Nenner zu bringen, vermehrt.

Den polnischen Mathematiker Theodor Kaluza beschäftigte die Frage, ob es nicht möglich sein könnte, auch den Elektromagnetismus anhand der Geometrie zu erklären. Durch die Einführung einer weiteren Raumdimension und deren Kompaktifizierung erzielte der Mathematiker Effekte, die sonst nur durch elektrische und magnetische Kräfte erklärbar sind. Damit wurde die vierdimensionale Raum-Zeit zum fünfdimensionalen Raum-Zeit-Kontinuum.

1919 schickte Kaluza seine Arbeit an Einstein, der davon so beeindruckt war, daß er sich für deren Veröffentlichung einsetzte. Nachdem sich aber herausstellte, daß ein vierdimensionaler Raum (damals noch) nicht in Einklang mit der Schwerkraft gebracht werden konnte, wurde Kaluzas zusätzliche Raumdimension erst einmal sozusagen »auf Eis gelegt«.

Das änderte sich jedoch 1926 durch eine geniale Lösung des schwedischen Physikers Oskar Klein. Denn der »versteckte« Kaluzas vierte Raumdimension zusammengerollt auf so winzigem Raum, daß sie weder stören noch entdeckt werden konnte. Damit waren die Einwände gegen das Kaluza-Klein-Konzept eines höherdimensionalen Raums erst einmal verstummt – nicht zuletzt, weil es ohnehin für die nächsten Dekaden in der Versenkung verschwand und erst in den siebziger Jahren wieder auftauchte.

Durch die Bemühungen um eine vereinheitlichte Feldtheorie wurde das Kaluza-Klein-Konzept wieder aus der Schublade geholt, um mit Hilfe der Geometrie auch die Kernkräfte unter einen Hut zu bringen. Dabei stellte sich heraus, daß zu diesem Zweck weitere Dimensionen eingeführt werden mußten. Mit zehn Raum- und einer Zeitdimension konnten die uns bekannten vier Naturkräfte – Gravitation, Starke und Schwache Wechselwirkung sowie der Elektromagnetismus – durch die Raumkrümmung erfaßt werden.

Dieses Supergravitations-Modell hatte allerdings einen Haken, nämlich die gerade Zahl von zehn Raumdimensionen. Diese gerade Zahl würde nämlich bedeuten, daß im Universum die Symmetrie vorherrscht, daß alles spiegelbildlich gleichwertig ist. Wir wissen aber, daß das nicht zutrifft, denn es gibt in unserer Welt Linkshändigkeit und Rechtshändigkeit. In der subatomaren Welt existieren unterschiedliche Spinrichtungen. Diese Eigenschaft der bevorzugten Händigkeit wird Chiralität genannt – eine

Asymmetrie, die für den großen österreichischen Physiker und Nobelpreisträger Wolfgang Pauli schwer zu verdauen war. Allein die Vorstellung, daß die Natur eine Form der Händigkeit der anderen vorziehen könnte, erschien ihm absurd. Er war sogar bereit, eine Wette darauf einzugehen, daß Gott weder Links- noch Rechtshänder sei. Pauli verlor seine Wette, obwohl sich nie klären ließ, mit welcher Hand Gott bevorzugt würfelt. Tatsache ist, daß das Prinzip der Chiralität in einer Weltformel berücksichtigt werden muß.

Die beiden Wissenschaftler John Schwarz vom California Institute of Technology und Michael Green vom Queen Mary College der Universität London haben in diesem Zusammenhang eine faszinierende Lösung angeboten: Das »Baumaterial« des Universums werde nicht durch punktförmige Teilchen verkörpert, sondern durch superfeine, winzig kleine und superschwere »Strings« (Fäden). Unterschiedliche Schwingungszustände der Strings führten zu den bekannten Elementarteilchen.

Ein »Gedankenkomplott« der Wissenschaftler Schwarz, Green, Klein und Kaluza führte schließlich zur »Superstrings«-Theorie. In diesem Zusammenhang steht der Begriff »Super« für die Gravitation. Ursprünglich hatte die Raum-Zeit von Schwarz und Green 26 Dimensionen, die sie schließlich auf zehn – neun für den Raum und eine für die Zeit – reduzieren konnten. Damit war auch dem Chiralitäts-Prinzip Rechnung getragen. Nichtsdestoweniger ist die Superstring-Theorie problematisch und auf Kritik gestoßen, weil sich durch sie eine Unzahl neuer Elementar-»Fäden« ergibt.

Für Roger Penrose besteht der Urstoff des Universums aus sogenannten Twistoren (»twistors«). In seinem achtdimensionalen Kosmos mit vier Raum- und vier imaginären Zeitdimensionen geben diese ineinander verschlungenen, Möbiusschleifen ähnlichen Gebilde sozusagen den Ton an. Aus den vier Penroseschen Zeitdimensionen ergeben sich – wenigstens theoretisch – fantastische Möglichkeiten, da hier das uns bekannte Kausalitätsprinzip aufgehoben wird. Das bedeutet zum Beispiel, daß Zeitreisen sowohl in die Vergangenheit als auch in die Zukunft grundsätzlich möglich sind. Ausschlaggebend bei den Vorstellungen von Penrose ist die Einbeziehung der Gravitation in die Quantenphysik, mit anderen Worten: die Quantisierung der Gravitation. In der Quantengravitation ist das sogenannte Graviton das Elementarteilchen des Gravitationsfeldes.

Für den namhaften amerikanischen Physiker John Archibald Wheeler setzt sich der Raum aus Quanten zusammen, die er »Geonen« nennt. Nach Wheelers Vermutung weist die Raum-Zeit-Struktur durchweg winzige Löcher auf, die er »Wurmlöcher« getauft hat, und müßte somit nach den Gesetzen der Geometrodynamik schaumartigen Charakter haben. Jenseits dieser Löcher ist der Wheelersche Superraum angesiedelt und mit unserem Universum durch diese »Wurmlöcher« verbunden. Innerhalb dieser phantastischen Welt gibt es weder Raum noch Zeit. Daher würden sich alle Ereignisse augenblicklich, zeitlos abspielen. Jede Fortbewegung wäre bereits mit ihrem Anfang am Ende. Fragen nach uns bekannten Begriffen wie »kalt« oder »heiß«, »klein«, »rund« oder »eckig« aufzuwerfen, hätte keinen Sinn, da sie dort nicht existieren und im Superraum ohne Bedeutung wären. Die Frage nach dem Danach zu stellen, hätte keinen Sinn, und die Worte »vorher«, »nachher« und »beinahe« wären hier überflüssig. Zudem könne von einer Anwendung des Begriffes »Zeit« im üblichen Sinne überhaupt nicht mehr die Rede sein. Mit dieser Beschreibung des Superraums verblüffte Wheeler seine Zuhörer von der American Association for the Advancement of Science.

Schon längst hatte Wheeler nach Hinweisen gesucht, die es ihm ermöglichen würden, die Kluft zwischen der Allgemeinen Relativitätstheorie und der Quantenphysik zu überbrücken. Schwarze Löcher – ein Begriff, den er geprägt hat – müssen nach der Allgemeinen Relativitätstheorie existieren. Wheeler betrachtet sie als eine Art »Treffpunkt« zwischen der Allgemeinen Relativitätstheorie und der Quantenphysik, die hier zur Kulmination geführt werden. Aber gerade daraus ergibt sich für ihn auch, daß das Wesen der Raum-Zeit-Struktur nur vom Standpunkt beider Theorien aus betrachtet werden kann.

Aufgrund der Kluft zwischen der Relativitätstheorie und der Quantenphysik wird das Universum von der modernen Kosmologie als relativistische Szene dargestellt, wo Energie und Materie nicht durch die Relativitätstheorie, sondern durch die Quantenphysik bestimmt werden. Wheeler macht mit seiner Quantisierung des Raums nun den Versuch, den Raum mit Hilfe beider Theorien – mit der Relativitätstheorie und der Quantenphysik – gleichzeitig einzuordnen. Seiner Ansicht nach gibt es in der Physik kein anderes Prinzip mit der gleichen universalen Gültigkeit wie die Quantenphysik. »Je mehr wir ihr nachgehen, um so klarer wird, daß sie das wichtigste Prinzip zu sein scheint, von dem sich alles andere irgendwie ableitet«, erklärt Wheeler.

In seinen kosmologischen Vorstellungen wurde Wheeler durch eine im »Physical Review« veröffentlichte, bedeutende Gemeinschaftsarbeit von Albert Einstein und Nathan Rosen angeregt. In meinem 1982 veröffentlichten Buch »Die Einstein-Rosen-Brücke« bin ich auf dieses faszinierende Konzept mit seinen unglaublichen Konsequenzen bereits in aller Ausführlichkeit eingegangen: Einstein und Rosen verglichen in ihrer Arbeit separate Regionen der Raum-Zeit mit Gummilaken, die durch zeitlose Passagen verbunden sind, und nennen sie Brücken. Diese zeitlosen Querverbindungen wurden in Fachkreisen unter dem Begriff »Einstein-Rosen-Brükken« bekannt.

Das Konzept der Einstein-Rosen-Brücke ist das Ergebnis der Erkenntnis von der grundsätzlichen Einheit von Raum und Zeit, das ja mit den Kern der Einsteinschen Revolution repräsentiert und unsere moderne Auffassung über das Universum geprägt hat. In der Einsteinschen Arbeit werden beide Faktoren als gleichberechtigte Aspekte einer Einheit dargestellt. Wie uns bekannt ist, sind Masse und Energie gegenseitig umwandelbar, etwa wie Eis, das sich in Wasser oder – umgekehrt – wieder in Eis wandeln kann. Auch Raum und Zeit sind zwei Aspekte eines einheitlichen Ganzen, des Raum-Zeit-Kontinuums.

Danach besteht unser Universum aus zwei grundsätzlichen Einheiten, von denen jede einzelne gewissermaßen »janusköpfig« ist: Sie besteht nämlich aus Masse-Energie und aus Raum-Zeit. Die durch die Schwerkraft verursachte Wechselwirkung zwischen beiden erklärt auch die verschiedensten Phänomene – unter anderem die Expansion des Universums – die Krümmung eines Lichtstrahls durch ein massereiches Objekt (einen Stern zum Beispiel) und die bizarren Eigenschaften Schwarzer Löcher, die Zeit zu verzerren und zu verschieben.

187

Ich zitiere aus meinem Buch »Die Einstein-Rosen-Brücke«: »Kommen wir nun noch einmal auf unser Gummilaken-Beispiel zurück, das hier die Raum-Zeit-Struktur repräsentieren soll. Verschieden schwere, darauf plazierte Kugeln, die hier Sterne verkörpern, verursachen je nach Gewicht tiefere oder flachere Kuhlen. Nehmen wir nun einmal den Extremfall an, daß eine sehr schwere Bleikugel auf diesem elastischen Gummilaken immer tiefer einsinkt, bis sich eine Art Röhre, ein vertikaler ›Tunnel‹ bildet. Alles was sich diesem oben wie ein Trichter geformten Loch nähert, würde unweigerlich hineinfallen, käme aber aus diesem senkrechten Schacht nicht mehr heraus. Damit haben wir das vereinfachte Beispiel eines Schwarzen Lochs. Angenommen, dieser bodenlose Schacht, den das Gewicht der Bleikugel verursacht hat, würde in einer Biegung, einer Krümmung irgendwo zu einer anderen Stelle unseres Gummilakens führen, dann würde die Bleikugel sozusagen durch ein ›Weißes Loch‹ wieder zum Vorschein kommen. Der Schacht beziehungsweise der Tunnel wäre die besagte Einstein-Rosen-Brücke.

Damit wird klar, was geschehen ist. Die Bleikugel – genauer gesagt: die verdichtete Materie des Schwarzen Lochs – hat einen Teil des Universums verlassen, um in einem anderen wieder aufzutauchen. Anstatt sich auf ›konventionelle‹ Weise auf dem ›unendlichen‹ Gummilaken – also in unserer Raum-Zeit – fortzubewegen, hat sie eine direkte, zeitlose Abkürzung über die Einstein-Rosen-Brücke zu einer anderen kosmischen Region benützt. Wenn sich die Masse über die Einstein-Rosen-Brücke fortbewegt und in etwa 500 000 Millionen oder gar Milliarden Lichtjahren Entfernung irgendwo wieder auftaucht, muß dieser Raumsprung durch einen Zeitsprung wieder ausgeglichen werden.«

Schwarze Löcher entstehen durch die Verdichtung großer Sterne, wenn ihr Wasserstoffhaushalt aufgebraucht ist und die Schwerkraft die Kernkraft besiegt. Diese »Sternleichen« werden durch die enorme Gravitation unendlich – bis zur sogenannten Singularität – komprimiert und verlassen unsere Raum-Zeit durch Einstein-Rosen-Tunnels. Sehr schnell rotierende Gravitationsstrudel mit enormer Anziehungskraft bleiben zurück. Wie gigantische kosmische Staubsauger verschlucken sie alles in ihrer Nähe.

Allerdings vermutet man neuerdings, daß auch Schwarze Löcher nicht unbedingt stabil sind. Stephen Hawking hat festgestellt, daß ein quantenphysikalischer Effekt zur Abgabe von Strahlung und damit zum allmählichen Zerstrahlen von Schwarzern Löchern führen müßte. Dieser Effekt sei um so stärker, je kleiner das Schwarze Loch ist. Vor allem die beim Urknall entstandenen urzeitlichen Schwarzen Löcher mit ihrer relativ geringen Masse müßten sich durch die nach ihm benannte »Hawking-Strahlung« allmählich auflösen beziehungsweise in einem Gamma-Blitz zerstrahlen. Dieser theoretisch ermittelte Effekt konnte bisher noch nie beobachtet werden. Doch ist damit zu rechnen, daß aufgrund der durch das weltraumgestützte Hubble-Teleskop sowie das 1998 in Betrieb genommene ESO-Teleskop wesentlich verbesserten Beobachtungsmöglichkeiten in nächster Zukunft bahnbrechende Erkenntnisse auf uns zukommen.

Schon 1963 wies der neuseeländische Astronom Roy P. Kerr auf die Tatsache hin, daß alle Schwarzen Löcher rotieren – mit der Konsequenz, daß durch die Zentrifugalkraft gewissermaßen ein Loch im Loch entsteht – wie bei einem Wasserstrudel. Berechnungen zufolge dreht sich ein Schwarzes Loch von zehn Sonnenmassen und einem Durchmesser von rund 60 Kilometern etwa 1000mal pro Sekunde um die eigene Achse. Das durch die Zentrifugalkraft entstehende »Loch im Loch« hätte dabei einen Durchmesser von circa 600 Metern und wäre sozusagen die passierbare Eingangspforte der Einstein-Rosen-Brücke, also zu einer augenblicklichen, zeitlosen Passage, die zu einer anderen Region unseres Universums oder zu einem Paralleluniversum führt. Alles, was in diesen Tunnel eintaucht, bewegt sich vorwärts im Raum und rückwärts in der Zeit, denn die unvorstellbare Gravitation im Schwarzen Loch dehnt die Zeit nicht nur bis zum Stillstand, sondern veranlaßt sie sogar, rückwärts zu laufen.

Penrose und Hawking sind der Ansicht, daß die in einem Schwarzen Loch verschwundene Materie unter bestimmten Umständen aus einem sogenannten Weißen Loch wieder ausströmt. Damit wäre dieses Weiße Loch gewissermaßen das Tunnelende zum Wiedereintritt in unser Raum-Zeit-Kontinuum.

Im Zusammenhang mit Schwarzen Löchern schreibt der Cambridge-Astrophysiker John Gribbin unter anderem im »Encounter«: »Wenn wir ein Schwarzes Loch in der Nähe unseres Sonnensystems zur Hand hätten, könnten wir mit unserer derzeitigen Weltraumtechnologie in die Zukunft reisen. Nehmen wir einen couragierten Astronauten, verfrachten ihn in ein Raumschiff und lassen ihn das Schwarze Loch einmal nah umkreisen – natürlich weit genug entfernt, damit er nicht hineingesaugt wird. Während er die Region verzerrter Raum-Zeit durchquert, hätte er den Eindruck, als würde sich draußen im Uni-

190

versum alles beschleunigen. Im Raumschiff selbst wird er nichts Außergewöhnliches bemerken, vorausgesetzt, er hält sich von den gefährlichen Gezeiteneffekten des Schwarzen Loches fern. Aber wenn er aus der Raum-Zeit-Verzerrung wieder herauskommt, wird er merken, daß die Zeit außerhalb schneller verflogen ist als für ihn. Mit einem ausreichend großen Schwarzen Loch und einer entsprechend starken Verzerrung der Raum-Zeit würde das eine Hinfahrkarte in jede zukünftige Zeitspanne bedeuten – nächste Woche, nächstes Jahr, eine Million Jahre in der Zukunft oder nachdem unsere Sonne längst erloschen ist. Das einzige Problem für unseren unerschrokkenen Reisenden würde entstehen, wenn er feststellt, daß es ihm in der Zukunft nicht gefällt. Denn es gibt für ihn keine Möglichkeit mehr zur Rückkehr.«

Es kann nicht ausgeschlossen werden, daß hochentwickelte und der interstellaren Raumfahrt mächtige Zivilisationen Einstein-Rosen-Brücken durch rotierende Schwarze Löcher als Abkürzungen benutzen, um vorwärts im Raum und rückwärts in der Zeit, also in Nullzeit, riesige Entfernungen im Kosmos zurückzulegen.

Allerdings ist noch völlig ungeklärt, welche Navigationsprobleme mit solchen Reisen durch Schwarze und Weiße Löcher verbunden wären. Natürlich konnten diese Probleme weder durch die Raum-Zeit-Diagramme von Roger Penrose und Brandon Carter noch durch die Kruskal-Diagramme von M. D. Kruskal von der Universität Princeton gelöst werden, in denen die Möglichkeiten solcher Einstein-Rosen-Brücken-Reisen graphisch dargestellt sind, hätte eine Raumschiffbesatzung beim Eintauchen in ein Schwarzes Loch doch nicht die geringste Ahnung, an welcher Stelle des Universums sie aus einem

Weißen Loch wieder auftauchen könnte. Dieser Unsicherheitsfaktor ließe sich mit fortschreitender Erkenntnis aber unter Umständen ausräumen.

Auch die Astrophysiker Kip S. Thorne, Michael S. Morris und Ulvi Yurtsever vom California Institute of Technology ließen sich von »Wurmlöchern« beziehungsweise Einstein-Rosen-Brücken inspirieren. In ihrer 1988 in den »Physical Review Letters« veröffentlichten Arbeit gehen sie von der Möglichkeit aus, daß hochentwickelte Zivilisationen mittels einer weit fortgeschrittenen Technologie als »Tunnelbauer« fungieren, um die Raum-Zeit-Struktur unter Umständen mit »Wurmlöchern« zu versehen. Stabilisiert könnten diese dann als Zeitmaschinen dienen. Da hier Ursache und Wirkung vertauscht werden könnten, käme es zu bizarren Konsequenzen: Hätte zum Beispiel der Zweite Weltkrieg stattgefunden, wenn Hitler durch einen Zeitreisenden aus der Zukunft im Jahr 1933 nachträglich eliminiert worden wäre? Oder werden Ereignisse in verschiedenen Zeitlinien beziehungsweise Parallelwelten aufgespalten, so daß – wie bei Schrödingers berühmten Katzen-Gedankenexperiment – Hitler einerseits eliminiert würde, andererseits aber weiterlebte?

Beim Gedankenspiel des Physikers Erwin Schrödinger geht es um eine in einer verschlossenen Kiste verstaute Katze. Darin wird durch den Zerfall eines Atoms tödliches Gas freigesetzt. Es ist nur ein Atom verfügbar, das mit fünfzigprozentiger Sicherheit bereits nach einer Minute zerfallen sein kann. Die Länge des Experiments ist auf eine Minute festgesetzt, dann schaltet der Geigerzähler automatisch ab.

Nach Beendigung des Experiments gibt es zwei gleichermaßen wahrscheinliche Welten. Eine, in der das zerfalle-

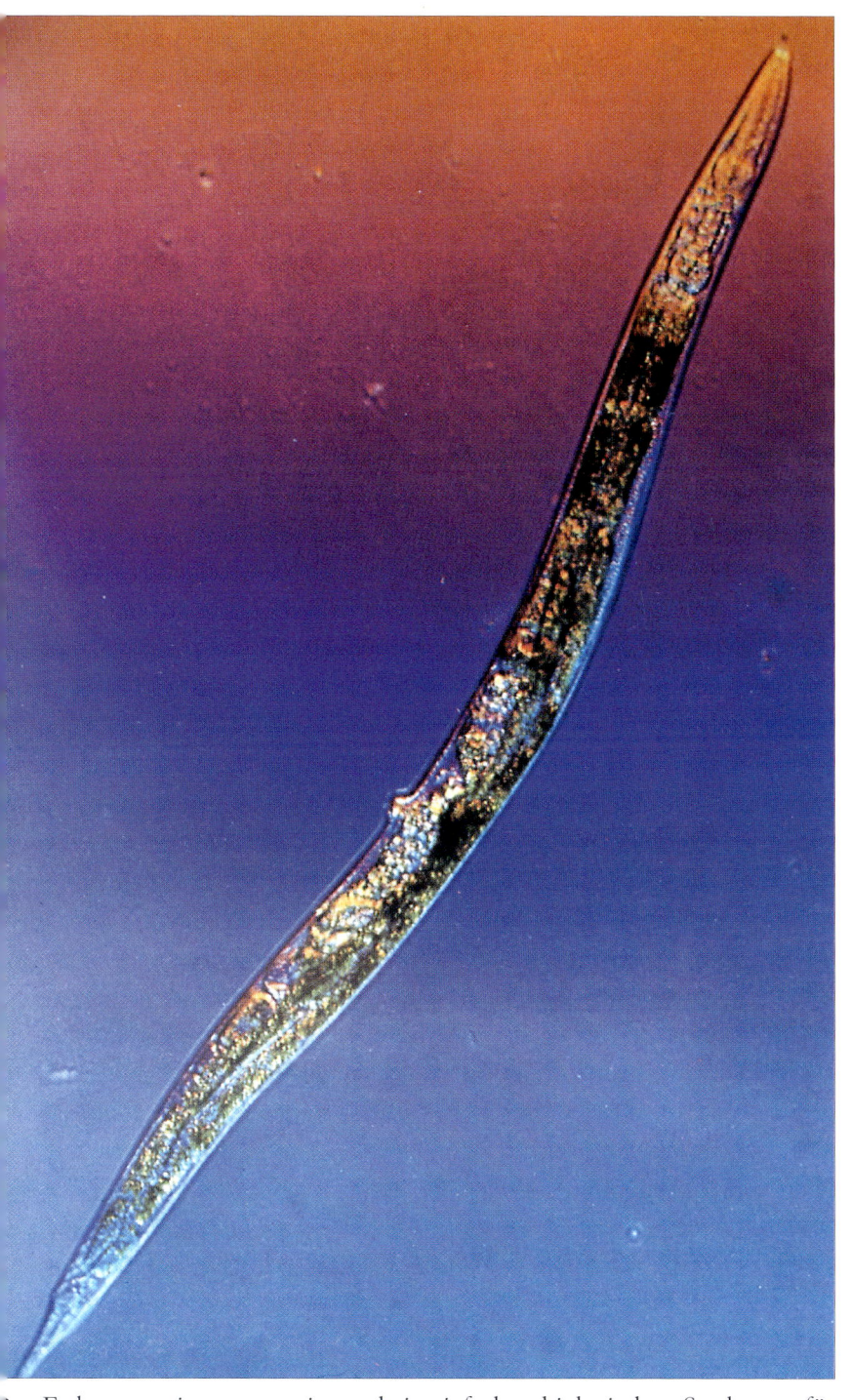

Der Fadenwurm ist wegen seiner relativ einfachen biologischen Strukturen für die Genforschung ein wichtiges Versuchstier. (Foto: Ken Abbott, Univ. of Colorado)

Der Radio-Astronom Frank Drake, Pionier auf dem Gebiet der Suche nach Radiobotschaften außerirdischer Herkunft (Foto: Johannes von Buttlar)

Ausweichwelt Mars? Durch Terraforming soll der heute lebensfeindliche Planet für
zukünftige Generationen lebenswert gestaltet werden. (Foto: NASA)

ne Atom den Geigerzähler in Gang gesetzt hat, die Flasche zerschmettert wurde und das entwichene Gas die Katze umgebracht hat. In der anderen Welt hat sich gar nichts ereignet: kein Atomzerfall, kein entströmtes Giftgas und keine tote Katze! Wenn der Experimentator zu sensibel ist, um in der Kiste nach der Katze zu sehen, braucht er wegen einer Antwort – und zu seiner geistigen Verwirrung – nur die Quantenmechanik zu Rate ziehen. Sie liefert zwei sich überlappende Wirklichkeiten, und zwar: Die Katze lebt und ist gleichzeitig tot!

Doch kommen wir noch einmal auf das Thema Zeitreisen zurück. Wenn sie tatsächlich verwirklicht werden könnten, wie neueste mathematische, physikalische und geometrische Modellvorstellungen erkennen lassen, dürften wir eigentlich die Möglichkeit nicht ausschließen, daß Besucher aus anderen Zeitebenen bei uns auftauchen.

Eine Frage bleibt allerdings immer noch unbeantwortet: Wo bleiben eigentlich die Zeitreisenden, wenn die Konstruktion von Zeitreisemaschinen sowie die theoretische Durchführbarkeit von Zeitreisen gewährleistet ist? Eine pessimistische Antwort auf diese Frage lautet, die Menschheit würde nicht lange genug existieren, um eine Zeitreisetechnologie zu entwickeln.

Weiterhin wäre darauf zu antworten, daß wir seit eh und je und bis heute immer wieder von Zeitreisenden aufgesucht wurden, die wir als solche aber nicht erkannt haben. Dann gäbe es auch die Möglichkeit, daß sie nicht unsere, sondern Parallelwelten besuchen. Doch ganz davon abgesehen, ist die Geschichte der Menschheit eine einzige Zeitreise – auf Zeit!

# Zeitenwende

## Hoffnung am Abgrund

Hat sich nicht jeder von uns schon einmal gewünscht (möglichst vor der Ziehung der Lotto-Zahlen) in die Zukunft zu reisen, oder auch in die Vergangenheit, um historischen Ereignissen »live« beizuwohnen?

Welch unglaubliche Konsequenzen würden sich unter Umständen ergeben, wenn wir als Zeitreisende zum Beispiel vergangene Ereignisse ungeschehen machen oder verändern könnten? Würde die Entwicklungsgeschichte unserer Zivilisation dann eine ganz andere Richtung einschlagen? Könnten auf diese Art etwa die Fehler der Vergangenheit korrigiert und der Fortschritt positiv beeinflußt werden?

Praktisch hängt aller menschlicher Fortschritt mit fundamentalen evolutionären Faktoren wie Überleben und Erhaltung der Art zusammen. Je mehr der Mensch dem Zwang ausgesetzt war, die Befriedigung seiner fundamentalen Bedürfnisse sicherzustellen, um so erfinderischer wurde er. Dabei dachte er sich komplizierte hierarchische Gesellschaftssysteme aus, um den Fortbestand seiner Art durch Gesetze und Rituale mehr oder weniger erfolgreich abzusichern.

Allerdings wuchsen Rivalitätsverhalten und Aggressionen im gleichen Maße wie die Bevölkerung. Dem mußte mit einer strengeren Gesetzgebung begegnet werden. Also wurde unter anderem das Eigentum »festgeschrieben«, Wasserrechte bestimmt und auch die sozialen Beziehungen innerhalb der Gemeinschaft reglementiert. Lange schon ist jeder Mensch auf Erden einer geregelten Rechts- und Herrschaftsordnung unterworfen.

Trotz einer ständig anwachsenden Bevölkerungszahl sind wir aber weit davon entfernt, eine »geeinte Menschheit« zu bilden. Im Gegenteil, Staaten brechen durch Nationalitätenkonflikte auseinander. Haß und blutige Kleinkriege sind an der Tagesordnung. Durch einige wenige verantwortungslose und fanatische Politiker werden Millionen Menschen gegen ihren Willen in Konflikte verwickelt und grausamen Schicksalen ausgeliefert.

Zweifellos halten die Menschen bei vernünftigem Denken eine politisch geeinte Menschheit für erstrebenswert. Auch transzendentale, dem Gemüt entspringende Vorstellungen sollten im Individuum oder auch in Gruppen ein Gefühl der Zusammengehörigkeit wachrufen. Um so erstaunlicher, daß die Wirklichkeit damit so gar nicht übereinstimmt. Wahrscheinlich liegt es daran, daß jede Gemeinschaft festgelegte Wertordnungen braucht, um sich weiterentwickeln zu können. Ob diese nun transzendentalem Denken entstammen und als »Ethik« bezeichnet oder als immanente Gesetze der Wirklichkeit angesehen werden, ist nur dem Anschein nach gleich. Denn alle dem emotionalen Denken entspringenden Wertmaßstäbe sind rein subjektiver Natur.

Diese Problematik kommt besonders deutlich in der Theologie zum Ausdruck. So weist Hans Albert in »Die Theologie und die Idee der doppelten Wahrheit« aus seinem Buch »Traktat über kritische Vernunft« auf folgenden Schwachpunkt hin: »Alles in allem bringen die Vertreter der Theologie es fertig, kritisch und doch dogmatisch zu sein: Kritisch in den Dingen, die ihnen nicht so wichtig sind, dogmatisch in denen, die ihnen wichtiger erscheinen. Man entwickelt also eine mit methodischen Ansprüchen ausgestattete Zwei-Sphären-Metaphysik, die in Verbindung mit der Idee der doppelten Wahrheit geeignet erscheint, gewisse tradierte Anschauungen gegen bestimmte Arten der Kritik abzuschirmen und dadurch einen inselhaften Bereich unantastbarer Wahrheiten zu schaffen. In diesem Bereich ist man dann sogar unter Umständen bereit, die Logik außer Gefecht zu setzen, damit echte Widersprüche akzeptabel werden, allerdings meist ohne die Tragweite eines solchen Unternehmens und seine Absurdität voll zu erkennen ... Denn die Aufgabe des Prinzips der Widerspruchsfreiheit zugunsten eines oft ›dialektisch‹ genannten Denkens mag zwar in gewissen Fällen äußerst bequem sein, aber sie macht, wie wir wissen, beliebige Konsequenzen ableitbar, bedeutet also gewissermaßen eine logische Katastrophe, da sie den Zusammenbruch jeder Argumentation involviert.«

Symptomatisch und geradezu absurd sind in diesem Zusammenhang die Vorschriften des 1994 erschienenen »Weltkatechismus« – Leitfaden des Vatikans für Glaube und Sitte. Der »Stern« kommentiert die nach wie vor gültigen unzeitgemäßen Vorschriften zu Ehe und Sexualität mit unverhohlenem Spott (25/92): »Besonders die Lust der Geschöpfe bringt die höchsten Repräsentanten der Kirche in Wallung. Im Katechismus – unter Federführung des Präfekten der römischen Glaubenskongregation, Kardinal Ratzinger, formuliert – werden nicht nur Menschen verurteilt, die ohne Gewissensbisse die freie

Liebe leben. Auch Eheleuten empfiehlt das neue Regelwerk Maßhalten. Als Vorbild dient Tobias aus dem Alten Testament, der zum Schöpfer gebetet hat, ehe er mit seiner Frau ins Bett ging …

In dieser Tradition geht es im ›Glanz der Wahrheit‹ weiter: Der Mensch, das unkeusche Wesen, hat seine Sündhaftigkeit von den Stammeltern Adam und Eva geerbt, die sich von der teuflischen Schlange verführen ließen, bestraft dafür mit der Vertreibung aus dem Paradies. Jeder Sünder braucht die Erlösung, auf die die Kirche das Monopol besitzt.« Wer wundert sich da noch, daß der katholischen Kirche die Schäfchen in Scharen fortlaufen – allein 1991 waren es über hunderttausend in Deutschland, und sogar im traditionell erzkatholischen Österreich wandten sich 1996 37 000 Katholiken von ihrer Kirche ab.

Verfolgen wir die Geschichte vorurteilslos, zeigt sich nur zu deutlich, daß religiöse Dogmen immer wieder Barrieren gegenüber Andersgläubigen aufgebaut haben oder von der Politik zum Schüren von Feindschaften zwischen den Völkern mißbraucht worden sind. Unter der Führung ebenso fanatischer wie skrupelloser geistlicher und weltlicher Herrscher erwies sich sogar das Feindesliebe lehrende Christentum bisweilen als mörderische geistige Kraft – von weniger friedfertigen Religionen ganz zu schweigen. Zur Ehrenrettung der Religionen muß allerdings festgestellt werden, daß selbst ihre blutrünstigsten Führer wahre Waisenknaben waren gegenüber denen der gottlosen Ersatzreligionen des zwanzigsten Jahrhunderts – des Faschismus und des Marxismus. Neben den über fünfzig Millionen Opfern Hitlers haben die Gefolgsleute von Marx und Engels rund achtzig Millionen

Tote auf dem Gewissen, wie das 1998 erschienene »Schwarzbuch des Kommunismus« nachweist. Generell gilt: je fanatischer sich Ideologen oder Religionsgemeinschaften gebärden, desto größer ist die Gefahr blutiger Feindschaften. Ein gedeihliches Zusammenleben von gesellschaftlichen Gruppen unterschiedlicher ethnischer, ideologischer oder religiöser Prägung ist nur im Zeichen der Toleranz möglich.

Aus der Geschichte geht eindeutig hervor, daß von den vielen ethischen und moralischen Wertesystemen sich bisher kein einziges über einen längeren Zeitraum unverändert bewahren konnte. Grund dafür dürfte die Tatsache sein, daß ein absoluter Wertekonsens in menschlichen Gesellschaften auf Dauer nicht zu erreichen ist, und dies nicht einmal in kleineren Gemeinschaften. Darum ließ sich auch kein tragfähiger Konsens als Basis für größere Gemeinschaften finden. Selbst in einem grundsätzlich relativ toleranten System wie dem multikulturellen Römischen Imperium war es nicht möglich, die Divergenz zwischen den unterschiedlichen ethischen Grundauffassungen auszugleichen oder den erforderlichen Mindestkonsens mit Waffengewalt durchzusetzen. Der Untergang des Römischen Reichs ist im wesentlichen auf den Zerfall seiner inneren Ordnung zurückzuführen, hervorgerufen durch die immer stärker werdende Opposition gegen die überkommenen Moralbegriffe der Römischen Republik. Nicht zuletzt das Christentum hat dazu beigetragen, da es die von der römischen Staatsraison geforderte göttliche Verehrung des Princeps ablehnte und der zumindest parareligiösen absoluten Autorität des Kaisers die christliche Heilsbotschaft entgegenstellte. Durch diese im Kern revolutionäre Haltung fand das

Christentum zahllose Anhänger sowohl unter den Unterprivilegierten der römischen Gesellschaft als auch unter den vor allem orientalischen Gruppierungen und Völkerschaften, denen altrömische Werte immer fremd blieben. Im Lauf der Jahrhunderte sind dem Christentum große Gebiete und Völkerschaften verlorengegangen, vor allem an den kämpferischen Islam, doch der Verlust konnte durch die Kolonisation neu entdeckter Länder ausgeglichen werden, in denen die Kolonialherren ihre Religion den unterworfenen Völkern zur Durchsetzung ihrer Herrschaft aufgezwungen haben.

So wertvoll durch überirdische Instanzen sanktionierte Sittengesetze zur Durchsetzung höchst irdischer Verhaltensregeln auch sein mögen, so hat doch keine Religion das Recht, sich als einzig wahre und die anderen als falsch zu bezeichnen. Denn in ihrem Ursprung beruhen sie alle auf den gleichen transzendentalen Schöpfungsmythen und deren unterschiedlicher Auslegung durch die verschiedenen Religionsstifter. Da aber die meisten Religionen in ihren ethischen und moralischen Grundforderungen weitgehend übereinstimmen, wären religiöse Unterschiede an sich kein Anlaß für Differenzen und Unfrieden zwischen den Völkern. Diese entstehen immer dann, wenn politische Führer religiöse Lehren in den Dienst ihrer machtpolitischen Ziele stellen. Ob nun die Nachfolger Julius Cäsars Anspruch auf göttliche Verehrung erhoben oder ein islamischer Diktator unserer Tage sich in den Rang eines »Freundes Gottes« erheben ließ – stets dienen solche Maßnahmen nur dem Ziel, die beherrschten Völker glauben zu machen, der jeweilige Führer sei berechtigt, Sittengesetze außer Kraft zu setzen, und wer ihm folge, diene der jeweils verehrten Gottheit.

199

»Eines der weitestverbreiteten Märchen unserer Zeit ist
die Vorstellung, daß Regierungsentscheidungen auf den
am besten zugänglichen Informationen beruhen und daß
Regierungen Entscheidungen zum größten Wohl des
Volkes treffen. In Wirklichkeit ist eigentlich eher das Gegenteil der Fall. Wenn Entscheidungen gefällt wurden –
gewöhnlich aus ökonomischen oder politischen Gründen –, werden weitere Informationen gesucht, die die
Richtigkeit der Entscheidungen bestätigen. Somit dient
Informationspolitik zur nachträglichen Rechtfertigung
und nicht zur Entscheidungshilfe«, resümiert der Har-
vard-Professor und Nobelpreisträger George Wald sarkastisch.

Durch politische Kurzsichtigkeit, Machtstreben und die
rücksichtslose Durchsetzung von Wirtschaftsinteressen
ist es der Menschheit unter Führung fragwürdiger politi-
scher Eliten gelungen, eine rein materialistisch orientier-
te Gesellschaftsordnung zu schaffen, die mit ihrer gnadenlosen, umweltfeindlichen Überindustrialisierung auf
dem besten Weg ist, den Lebensraum der Menschheit un-
widerruflich zu zerstören. Es ist durchaus verständlich,
daß viele Politiker diese Tatsache gern unter den Tisch
kehren möchten, und selbst wenn einige unter ihnen inzwischen wissenschaftliche Erkenntnisse und Methoden
bezüglich unserer Umwelt und Lebensqualität in ihre
Überlegungen einbeziehen, ist es für wirksame Gegenmaßnahmen wohl schon einige Jahre zu spät. Hinzu
kommt, daß auch wo politische Eliten die Gefahren erkannt haben, Gegenmaßnahmen so halbherzig erfolgen,
daß diese unschwer als bloße Augenwischerei zu erkennen sind. Wie soll die drohende Klimakatastrophe aufgehalten werden, wenn zum Beispiel 1998 in einem interna-

tionalen Abkommen verschiedenen Ländern sogar noch eine Steigerung ihres Ausstoßes an Treibhausgasen zugestanden wird, während sich die Industrieländer als Umweltsünder Nummer eins nur zu minimalen Einschränkungen über viel zu lange Zeiträume bequemen?

Allerdings wäre es zu einfach, die gesamte Verantwortung für den drohenden Untergang der Menschheit allein den Politikern anzulasten. Längst schon werden Entscheidungen von globaler Tragweite weniger an den Kabinettstischen als in den Vorstandsetagen und Aufsichtsräten der Großkonzerne getroffen. Keine nationale Regierung kann es sich heute mehr leisten, Entscheidungen gegen die Interessen der Multis zu treffen, und die gigantischen Fusionen der letzten Jahre – allen voran die Elefantenhochzeit zwischen Daimler Benz und Chrysler – zeigen, daß sich das Machtverhältnis immer weiter zugunsten der Wirtschaft verschiebt.

Politiker bilden sich dennoch ein, sie pflegten eine Art magische oder transzendente Kunst, die dem »a priori« entstammt, nämlich der »Gabe« der Staatskunst als einer allgemeingültigen, zeitlosen Kategorie. Der wirkliche Zustand kann bei dieser Einstellung auch nicht durch die Einbeziehung der Wissenschaft und ihrer Methoden, beispielsweise der Datenverarbeitung, verändert werden. Denn Schwachsinn bleibt Schwachsinn, selbst wenn er von Computern verarbeitet ist.

Neue Entwicklungen der Computertechnologie bieten allerdings schier unglaubliche Perspektiven. Denn Cyberspace ermöglicht den Zugang zu virtuellen Realitäten beziehungsweise Welten. Virtuell bedeutet hier, daß etwas nur scheinbar vorhanden ist. »Wir sehen die virtuelle Realität als erweiterte Wirklichkeit, als Möglichkeit für alle

Menschen, auf dieser Welt gemeinsame Erfahrungen in alternativen Wirklichkeiten zu machen«, sagt der Cyberspace-Pionier Jaron Lanier.

Ausgerüstet mit einem Helm, einer Eyephone genannten Spezialbrille und einem verkabelten Datenhandschuh taucht der Abenteurer in die von ihm dreidimensional wahrgenommene, simulierte, virtuelle Welt ein. Mit dem Datenhandschuh erteilt er dem Großrechner Befehle.

Die an diesen Computer angeschlossenen Eyephones sind mit Stereokopfhörern und jeweils einem Minibildschirm für jedes Auge ausgestattet. Diese Bildschirme sind natürlich unvergleichlich komplexer als unsere Heim-Fernsehgeräte.

Isoliert von der Außenwelt, taucht somit um den Cyberspace-Abenteurer die Illusion des vom besonders leistungsfähigen Computer erzeugten Szenarios auf. Der Datenhandschuh erteilt dem Computer nicht nur die Befehle, er kann darüber hinaus sogar nach imaginären Gegenständen greifen und sie manipulieren. Wird ein Finger gekrümmt, entläßt eines der zahlreichen Glasfaserkabel in Höhe des Handgelenks einen Lichtimpuls. Aus den Werten, die von lichtempfindlichen Sensoren an den Kabelenden zum Computer geleitet werden, kann dieser die Handhaltung berechnen und den entsprechenden Befehl ausführen.

Die Cyberspace-Technologie macht fast jede Simulation möglich: für den Architekten die Bauten, für Ärzte den Organismus, für den Chemiker das Molekül, das er mit dem Datenhandschuh drehen kann, für den Geologen Erdbeben – und für den Cybernauten die Marslandschaft mit dem steinernen Antlitz, das er virtuell erkunden kann. Es dürfte uns eigentlich nicht überraschen, wenn Politi-

ker vom Potential der Scheinwirklichkeiten nur allzu gern
Gebrauch machen werden.

Zweifellos werden die Cyberspace-Möglichkeiten in weite Bereiche unseres täglichen Lebens vordringen – in Ar-
beits-, Schul- und Freizeitbereiche. »Je simulativer eine
Kultur wird, um so mehr wird ›Realität‹ nur zu einem
Sonderfall der Simulation. Unsere Kultur wird dadurch
allmählich zu einer virtuellen Kultur. Und aus der klassischen eindeutigen Realität wird Hyperrealität: Derjenige
kommt mit der Welt am besten zurecht, der in seinem
Kopf viele Welten zur Auswahl hat«, behauptet Gerd
Gerken in »Radar für Trends«.

»Um das Fortbestehen der Menschheit zu ermöglichen,
bedarf es für das nächste Jahrtausend einer umfassenden
Idee und wohl auch neuer ethischer Wertsetzungen. Um
beidem näherzukommen, sollen in Atlantis Künstler und
Politiker, Spitzenmanager und Wissenschaftler, kurz: die
kreativsten Kräfte aus allen gesellschaftlichen Bereichen
für jeweils einige Wochen zusammenkommen, um inter-
disziplinär und unter ganzheitlichen Prämissen umsetz-
bare Alternativen zu unseren überholten Lebensformen
zu entwerfen. Dieses Forum soll der fortlaufenden Dis-
kussion brennender Zeitfragen dienen, vom Alkohol-
oder Drogenmißbrauch bis zur Drittweltproblematik,
von der Verbreitung psychosomatischer Erkrankungen
bis zu den unsere Zeit ebenso charakterisierenden Bruta-
lisierungen allenthalben, von den technologischen Fehl-
entwicklungen – die Hochrüstung eingeschlossen – bis
zur ästhetischen Krise in den Industrieländern …

Die Vorkämpfer neuer sozialer und humaner Wertesysteme sehen sich gezwungen, den Menschen in den Mittelpunkt ihrer Entscheidungen zu stellen. In anderen Wor-

ten: Wirtschaft und Technik müssen den Bedürfnissen des Menschen untergeordnet werden. Es ist unmenschlich, der mit den fortschreitenden Erkenntnissen unserer Zeit lebenden Menschheit Ordnungen aufoktroyieren zu wollen, die den Menschen nur noch zum gut funktionierenden Automaten degradieren, damit er ins politische Räderwerk paßt.

Es kann letztlich nicht im Interesse auch der Vertreter von Wissenschaft und Technik sein, wenn das Gefühlsleben der Menschen mit seinem enormen Potential herabgewürdigt oder gar unterdrückt wird. Das widerspräche jedem wissenschaftlichen Verhalten. Wurde doch gerade heute durch die Naturwissenschaft der Nachweis erbracht, daß der Mensch ohne ein ausgewogenes Seelenleben verloren ist.

Die Voraussetzung für das Überleben unserer Zivilisation ist das Metadenken – die Synthese aus Vernunft und Gefühl, aus Glauben und Wissen; also das aus Glauben und Wissen gepaarte holistische Denken in Verbindung mit der Verantwortung für die gesamte Schöpfung.

Wir müssen lernen, in Einklang mit der Erde und ihren Gesetzen zu leben, um dann in den Weltraum zu anderen Welten vorzudringen. Wohin auch immer die Menschheit gehen wird, welche Zukunftspläne wir auch immer haben mögen, wir können nirgendwohin gehen und nirgendwo ohne eine Biosphäre überleben. Das Raumschiff Erde ist das Boot, in dem wir alle sitzen. Doch was wird aus der Erde? Werden wir beziehungsweise unsere Nachfahren einen Trümmerhaufen hinterlassen? Besteht nicht die Gefahr, daß wir jenen »Virus« der Selbstzerstörung, der uns dazu trieb, unsere einst so fruchtbare Erde zu verwüsten, ins All hinauszutragen?

Die uns verbleibende Zeit zu einer Neuorientierung zu
einem Leben im Einklang mit den Naturgesetzen und
einer Umkehr des momentanen Kurses der Selbstzerstörung ist kurz.
Es liegt an uns!

# Metadenken – nächste Stufe der Evolution

## Das holographische Universum

Das animalische Wesen Mensch wird durch das Großhirn zu einer Reihe von hochkomplexen gedanklichen Aktionen befähigt – einmal zum Denkvorgang an sich, des weiteren zum Abstraktionsvermögen – in anderen Worten: zum Denken in immateriellen Begriffen. Daraus entwickelte sich als unmittelbare Folge die menschliche Sprache. Doch um Gedanken auszudrücken, ist eine hochentwickelte und reichgegliederte Sprache nur dann notwendig, wenn die Befähigung zu abstraktem Denken vorhanden ist. Dieses erste Abstraktionsdenken muß daher als Reaktion auf Gefühle angesehen werden, die vor allem den Selbsterhaltungs- und Geschlechtstrieb betreffen. Die zweite Stufe des Denkens, also die bewußte Objektivierung des Betrachters gegenüber dem Betrachteten, setzte wahrscheinlich verhältnismäßig spät ein. In dieser Art des berechnenden menschlichen Denkens, die Ratio genannt wird, verzichtet der Denkende auf jede unmittelbare und sensible Beziehung zum Objekt, das er betrachtet, und bemüht sich, reale Vorgänge zu beschreiben und zu analysieren.

Der Mensch lebt im dauernden Konflikt mit den drei Ebenen seines Denkvermögens, und zwar mit der animalischen, der emotionalen und der rationalen. Sie bereiten ihm besondere Schwierigkeiten und werden sein künftiges Schicksal bestimmen. Die rationale Denkungsart des

Menschen wird mit weiterer Technologisierung und wissenschaftlichem Fortschritt zunehmend an Bedeutung gewinnen. Während der Mensch heutzutage vorwiegend durch die Technik mit ihren Errungenschaften leben kann, haben es die Naturwissenschaften als Träger und Förderer der Technik leider unterlassen, eine annehmbare Synthese zwischen der Welt des Gefühls und jener der Vernunft zu finden.

Es kann nicht im Interesse der Naturwissenschaften sein, das Gefühlsleben der Menschen mit seinem Reichtum an Phantasie und Kreativität auszuschalten. Nach neuesten Forschungsergebnissen lassen sich die Facetten der Wirklichkeit nur durch eine wohlausgewogene Synthese von Vernunft und Gefühl erfassen.

Anfang der sechziger Jahre fand das mittlerweile zum Modeutensil avancierte Hologramm weite Verbreitung. Es war ursprünglich ein technisches Hilfsmittel, das auf einer mathematischen Erfindung des Ungarn Dennis Gabor basierte. Um das Auflösungsvermögen von Elektronenmikroskopen zu verbessern, hatte dieser eine neue Technik der photographischen Speicherung entwickelt. Er hielt nicht die Intensität des reflektierten oder übertragenen Lichtes auf Film fest, sondern das Quadrat der Intensität und das Intensitätsverhältnis zwischen einem bestimmten Lichtstrahl und den benachbarten Strahlen. Dieses Verfahren läßt sich am besten folgendermaßen erklären: Wir schneiden beispielsweise von der photographischen Platte mit der holographischen Aufnahme eines Menschen den obersten Teil ab. Dann projizieren wir diesen Teil, um das daraus erhaltene Bild zu betrachten. Aber jetzt sehen wir nicht etwa nur den Kopf, also den obersten Teil des ursprünglichen Bildes, sondern den auf der ursprünglichen Platte abgebildeten ganzen Menschen, da jeder Teil des Hologrammes das gesamte Bild in verdichteter Form enthält.

Ebenfalls Anfang der sechziger Jahre entdeckte der amerikanische Neurochirurg Karl Pribram II. eine Parallele zwischen diesem Hologramm-Effekt und dem Verhalten des Gehirns. In Wien geboren, war er als Achtjähriger in die USA gekommen und hatte in Chicago studiert und promoviert. Bevor er unter dem bekannten Gehirnforscher Karl Lashley mit seinen ersten Forschungsarbeiten begann, praktizierte er in Florida. Lashley hatte 30 Jahre lang nach dem Engramm gesucht – dem Sitz und der Substanz des Gedächtnisses. Er hatte Versuchstiere dressiert und dann selektiv in Abschnitte ihres Gehirns eingegriffen – aber erfolglos. Durch die Entfernung von Gehirnteilen hatte sich zwar ihre Leistungs- und Bewegungsfähigkeit verschlechtert, offensichtlich aber nicht ihr Gedächtnis. Mit der lakonischen Feststellung, seinen Forschungen zufolge könne Lernen einfach nicht möglich sein, gab er sein Projekt an Pribram ab.

Nach seiner Berufung an die renommierte Yale-Universität nahm dieser Lashleys Studien wieder auf. Nun stellte Pribram fest, daß Menschen, die einen Schlaganfall oder eine Gehirnverletzung erlitten haben, im allgemeinen keine bestimmte Gedächtnisspur einbüßen. Das Gedächtnis schien also etwas Ganzheitliches zu sein, etwas, das so über das Gehirn verteilt ist, daß selbst große Beschädigungen kein bestimmtes Erinnerungsdetail entfernen.

Die ersten Publikationen über Holographie ließen Pribram Parallelen erkennen: Immer deutlicher zeichnete sich für ihn ab, daß das Gehirn in vieler Hinsicht wie ein

Hologramm funktioniert. 1966 veröffentlichte er sein erstes Arbeitspapier, in dem er diesen erstaunlichen Zusammenhang postulierte. In den folgenden Jahren entdeckten Pribram und andere Forscher dann etwas, das die neurale Strategie des Gehirns bei der Wahrnehmung und Verarbeitung von Wissen ausmacht. Es hat nämlich den Anschein, als nehme das Gehirn beim Sehen, Hören, Riechen und Fühlen komplexe Berechnungen auf den Frequenzen der Daten vor, die es aufnimmt. Diese mathematischen Vorgänge haben zu der realen Welt, wie wir sie wahrnehmen, keine von unserer gewöhnlichen Vorstellungskraft nachvollziehbare Beziehung.

Pribram glaubt, diese komplizierten Berechnungen entstünden, wenn ein Nervenimpuls die Hirnzellen mit ihrem feinen Fasernetz passiert. Sobald der Impuls die Zelle kreuzt, bewegen sich die Fasern in langsamen Wellen. Und diese Schwingungen üben möglicherweise die Rechenfunktion aus.

Bei der Herstellung eines Hologramms werden die Lichtwellen zunächst kodiert; durch das daraufhin projizierte Hologramm wird das Bild wieder dekodiert oder geordnet. Auf ähnliche Weise kann das Gehirn vielleicht die von ihm gespeicherten Gedächtnisspuren entschlüsseln. Und ebenso wie das Hologramm auf winzigem Raum Milliarden von Informationseinheiten (Bits) speichern kann, ist auch das Gehirn dazu in der Lage. Mehr noch: Das ganze Bild ist überall auf der Platte gespeichert – wie offenbar das Gedächtnis überall im Gehirn.

In den Jahren 1970/71 begann Pribram, sich mit einer weiteren Frage zu beschäftigen. Angenommen, das Gehirn erkennt Informationen durch die Bildung von Hologrammen und durch die Berechnung »ankommender«

Frequenzen, dann stellt sich die Frage, wer oder was diese Hologramme im Gehirn interpretiert? Was ist dieses »Ich«, dieses »Etwas«, das sich des Gehirns bedient? Es ist dies eine Frage, die vor Pribram schon viele der großen Philosophen beschäftigte. Die treffendste Antwort aber stammt vom heiligen Franz von Assisi: »Das, wonach wir suchen, ist das, was sucht.«

Auf einer Konferenz in Minnesota kam Pribram dann die Erleuchtung. Ein Vertreter der Gestalt-Psychologie behauptete, daß das, was wir »da draußen« wahrnehmen, mit den Vorgängen in unserem Gehirn identisch, »isomorph«, sei. Darauf konnte es für Pribram nur eine Antwort geben: »Vielleicht ist die Welt selbst ein Hologramm!« Es war dies eine Feststellung, die ihn im gleichen Augenblick schockierte. Waren die Zuhörer neben ihm, die Menschen um ihn, etwa Hologramme, Darstellungen und Frequenzen, von seinem eigenen Gehirn und denen der anderen interpretiert? War die Wirklichkeit selbst von Natur aus holographisch, und funktionierte das Gehirn holographisch? Dann wäre wahr, was der Buddha und die Philosophen des Ostens lehrten: Dann wäre die Welt tatsächlich nur Maya, ein magisches Trugbild; dann wäre ihre konkrete Erscheinung nichts weiter als eine Illusion.

Bei der nächsten Gelegenheit diskutierte Pribram dieses Problem mit seinem Sohn, einem Physiker. Dieser meinte, daß gerade einer der großen Physiker unserer Zeit, der 1992 verstorbene Einstein-Schüler David Bohm, ein ähnliches Modell aus den Beobachtungen der Quantenmechanik hergeleitet habe. Kurz darauf konnte er seinem Vater einige Publikationen Bohms besorgen. Dem Neurologen fiel es wie Schuppen von den Augen: Bohm be-

210

schrieb ein holographisches Universum, in das sich seine Entdeckungen harmonisch einfügten. Am meisten faszinierte ihn der Aspekt der Bohmschen »Holobewegung«. Seit Galilei, sagte Bohm, haben wir diese Welt durch Linsen betrachtet: durch Teleskope und Mikroskope. Unsere eigene Tendenz zum »Objektivieren« verändert das, was wir zu sehen hoffen. Wir wollen die Umrisse eines Objektes sehen, wollen, daß die scheinbare Realität für einen Augenblick stillhält, während doch seine wahre Natur zu einer anderen Ordnung der Wirklichkeit gehört, zu einer anderen Dimension, in der es keine »Dinge« gibt. Das ist, als würden wir das »Beobachtete« scharf einstellen wie ein Dia, obgleich doch das Verschwommene die genauere Darstellung ist.

Daraus schloß Pribram, daß auch der Berechnungsapparat des Gehirns wie eine Linse wirken könnte. Seine mathematischen Umwandlungen machen aus verschwommenen Signalen und Frequenzen Objekte, verwandeln sie in Klänge und Farben, Gerüche und Geschmack. Und er fragte sich, ob die Wirklichkeit vielleicht gar nicht das ist, was wir durch unsere Augen sehen und mit unseren Ohren hören – daß unsere Sinnesorgane und die von unserem Gehirn vorgenommenen Berechnungen auch nur »Linsen« sind, die uns allein eine im Frequenzbereich organisierte Welt erkennen lassen. »Kein Raum, keine Zeit – nichts als Geschehnisse«, vermutet Pribram. »Könnte es sein, daß wir unsere Realität aus diesem Bereich herauslesen?«

Ist Geist also eine Eigenschaft, die durch die Wechselwirkung des Organismus mit seiner Umwelt entsteht, oder reflektiert Geist die grundlegende Ordnung des Universums, zu dem das Gehirn gehört? Damit wären Bildwahrnehmungen mentale Konstruktionen. Sie ergeben sich aus Prozessen, zu denen das Gehirn als ein Objekt und die Sinne als Objekte in ihren Wechselbeziehungen mit der Umwelt beteiligt sind. Vorstellungsbilder entstehen bei jeder objektiven oder objektivierenden philosophischen Formulierung.

Pribram beschloß, diese These mit einem Experiment zu überprüfen. Er ließ mit einem Computer verbundene feine Drahtsonden in das Gehirn von Versuchspersonen einführen. Dann setzte er diese vor ein Fernsehgerät, auf dessen Bildschirm nichts anderes zu sehen war als »Schnee«, »weißes Rauschen«. Auf diese Weise sollte die Reaktion eines Neurons, einer Nervenzelle im Gehirn, getestet werden. Aus dem »weißen Rauschen« des Fernsehers sollte sich die Zelle ein beliebiges Muster zum Reagieren heraussuchen. Ergebnis: Die Gehirnzelle griff offenbar aus beliebigen Gründen Geräusche und Bilder heraus, um daraus ein Bild zu formen.

Pribram: »Wenn unsere Zellen so angelegt sind, daß sie diese Muster aus dem Rauschen erschaffen, woher wissen wir, was wirklich vorhanden ist? Wir wissen es nicht, weil wir immer unsere eigene Wirklichkeit aus dem konstruieren, was uns gewöhnlich als diffuses Rauschen erscheint. Es ist jedoch ein strukturiertes Rauschen: Wir haben Ohren wie Radio-Tuner und Augen wie Fernseh-Empfänger, die bestimmte Programme auswählen. Mit anderen Tunern können wir andere Programme hören.«

Pribram meint, daß uns Zustände jenseits des strukturierenden Denkens Zugang zu anderen Bereichen unseres Holoversums verschaffen. Denn sollte das Gehirn wirklich wie ein Hologramm funktionieren, dann könnte es Zugang zu einem größeren Ganzen haben, einem Feld oder »holistischen Frequenzbereich«, der die Grenzen von Raum und Zeit transzendiert. Und dieser Bereich, so mutmaßt der Neurologe, scheint jene transzendentale Wirklichkeit zu sein, die die großen Mystiker von Buddha bis Meister Eckhart, von Shankara bis Krishnamurti erfahren und beschrieben haben.

Aus der Synthese von Pribram und Bohm entstand das »holographische Weltbild«: Das Gehirn ist ein Hologramm, das ein holographisches Universum wahrnimmt und an ihm teilhat. Im entfalteten oder manifesten Bereich von Raum und Zeit scheinen die Dinge getrennt und verschieden. Unter der Oberfläche jedoch, im »eingefalteten« Frequenzbereich, sind alle Dinge und Geschehnisse raumlos, zeitlos, immanent, eins und ungeteilt. Daher könnte die mystische Erfahrung auch aus naturwissenschaftlicher Sicht eine echte und legitime Erfahrung dieses verflochtenen universalen Urgrundes sein – und nicht etwa eine religiöse Schwärmerei.

Vielleicht sind die neuralen Interferenzmuster des Gehirns, seine mathematischen Berechnungen, mit dem Urgrund des Universums identisch. Mit anderen Worten: Unsere mentalen Prozesse bestehen aus demselben »Stoff« wie das organisierende Prinzip. Damit wäre die wirkliche Natur des Universums immateriell, aber geordnet, wie es der Astronom Arthur Eddington annahm, als er sagte: »Der Stoff, aus dem das Universum besteht, ist Geiststoff.«

Auch der Kybernetiker David Forster beschrieb ein »Intelligentes Universum«, dessen konkretes Erscheinungsbild durch kosmische Daten aus einer nicht erkennbaren organisierten Quelle erzeugt wird. Wie es die Zukunftsforscherin Marylin Fergusson formulierte, hieße das aber:

»Aufgrund von Berechnungen konstruiert unser Gehirn die ›harte‹ Wirklichkeit durch Interpretation von Frequenzen aus einer Dimension, die Raum und Zeit transzendiert. Das Gehirn ist ein Hologramm, das ein holographisches Universum interpretiert.«

Ken Dychtwalt faßt das neue, holographische Paradigma in fünf Punkten zusammen:

1. Etwas wie reine Energie oder reine Materie gibt es in Wirklichkeit nicht. Jeder Aspekt des Universums scheint weder ein Ding noch ein Nichtding zu sein, sondern existiert vielmehr als Manifestation von Schwingungen oder Energie.

2. Jeder Aspekt des Universums ist für sich ein Ganzes, ein vollständiges Sein, ein für sich bestehendes umfassendes System, das einen vollständigen Speicher von Informationen über sich selbst enthält.

3. Jeder Aspekt des Universums scheint Teil eines größeren Ganzen, eines großartigeren Seins und umfassenderen Systems zu sein.

4. Da jeder Aspekt des Universums durch Schwingungen zum Ausdruck kommt und sich alle wellenförmigen Ausdrucksformen innerhalb des Haupthologramms vermischen, enthält jeder Aspekt des Universums Wissen um das Ganze. Da außerdem jeder schwingungsmäßige Ausdruck einer jeden holographischen Einheit auch eine Aussage reiner Information darstellt, können wir erwarten, daß jeder einzelne Aspekt die Fähigkeit besitzt, intime Kenntnis von allen anderen einzelnen Aspekten innerhalb des Haupthologramms zu besitzen.

5. Innerhalb des holographischen Paradigmas existiert Zeit nicht als ein lineares Dahinticken von Augen-

blicken vom ›Jetzt‹ zum ›Soeben vorbei‹. Statt dessen kann sich Zeit sehr wohl multidimensional in viele Richtungen gleichzeitig bewegen.«

Da unser konventionelles »Denken« offenbar nicht ausreicht, um das Holoversum in seiner Ganzheit zu erfassen, wird von diesem neuen Weltbild ein völlig »Neues Denken« gefordert: ein Erfassen der Ganzheit, ein Meta-Denken.

Der Dialog mit Krishnamurti hat auch David Bohm überzeugt, daß das konventionelle Denken nicht etwa die Wirklichkeit ergründet, sondern sie verfälscht. Denken ist, so Bohm, eine »versteinerte« Art des Bewußtseins, die immer nur im Bereich des bereits Bekannten operiert, statt kreativ und dynamisch zu sein. Die Wirklichkeit dagegen entsteht jeden Augenblick neu. Oder, wie es Krishnamurti einmal formulierte: Je mehr wir von der »Wahrheit« reden oder sie auch nur denken, desto mehr entfernen wir uns von ihr – ein Statement, das an Heisenbergs Unschärfeprinzip erinnert. Es ist, so Krishnamurti, der Denkende, das Ich, der Schöpfer des Denkens über das Heilige, der durch diesen Akt die Unreinheiten – Zeit, Ego, Sprache, Dualismus – hineinbringt und dadurch verdunkelt, was anderenfalls »unbefleckt« wäre. Durch das interpretierende Denken bauen wir einen Dualismus auf, der uns vom Sein entfernt, von dem wir ein Teil sind. Die Voraussetzung für diesen nichtdualistischen Zustand ist, so Bohm, Leere. Leere, die uns in ein rezeptives Instrument verwandelt, zum Teil des Ganzen. Die »Linsen«, durch die wir die Welt betrachten, müssen ausgeschaltet werden; das heißt, man muß sich vom trennenden Ego lösen und zu einem leeren Kanal für die Ganzheit werden, die unser Urquell ist. Es ist der Zustand, der im

Osten durch das Mittel der Meditation angestrebt wird und dort »Samadhi« heißt – wörtlich übersetzt »die große Stille«. Immer haben die großen Mystiker versucht, diese Erfahrung mit Worten zu beschreiben.

> »Kein Denken, keine Form, nur reine Existenz.
> Verebbt sind Wille und Gedanken.
> Das letzte Ende des Tanzes der Natur:
> Ich bin Es, das ich gesucht habe.«

So formuliert der Yogi und spirituelle Lehrer Sri Chinmoy den Zustand der Versenkung in die All-Einheit. Die Parallele zum holographischen Weltbild ist offensichtlich. Damit bewahrheitet sich, was 1978 der amerikanische Psychologe Lawrence Beynam wie folgt diagnostizierte: »Wir erleben gegenwärtig einen Paradigmenwechsel in den Naturwissenschaften – vielleicht den größten Wandel dieser Art aller Zeiten. Es ist das erste Mal, daß wir auf ein umfassendes Modell für mystische Erfahrungen gestoßen sind, das noch den zusätzlichen Vorteil besitzt, aus den fortgeschrittensten Ideen zeitgenössischer Physik abgeleitet zu sein.«

Vielleicht hatte David Bohm recht, als er zum Thema Mystiker sagte: »Die Leute hatten in der Vergangenheit Einblick in eine Form der Intelligenz, die das Universum strukturiert hat, und sie haben sie personifiziert und ›Gott‹ genannt.«

Die Psychologen Anderson und Bentov stellten in diversen Arbeiten die These auf, daß das gesamte Informationspotential des Universums holographisch im Spektrum der Frequenzmuster verschlüsselt ist, von denen wir ständig bombardiert werden. Meditation, so behaupten sie, könne das Gehirn so ruhigstellen, daß es sich auf dieses universale Frequenzmuster einstimmen oder damit in Resonanz treten kann. Geschieht dies, wird die verschlüsselte Information über das Universum holographisch entschlüsselt, und das Individuum erfährt einen Zustand des Einsseins mit dem Bewußtsein des ganzen Holoversums. Bestätigt wird diese These durch die Ergebnisse der EEG-Untersuchungen der Neurologen Banquet, Gellhorn und Kiely, die diese an Testgruppen von erfahrenen Meditierern durchführten. Das EEG ergab, daß tatsächlich in tiefer Meditation eine Synchronisierung des gesamten zerebralen Kortex' stattfindet. Das aber führt zu der offensichtlichen Schlußfolgerung, daß ein holographischer Mechanismus das gesamte Gehirn mit einbezieht. Beim »normalen«, analytischen Denken dagegen ist nur die linke Gehirnhälfte aktiv.

In der Entwicklung des Menschen vollzog sich die Spaltung der Hirnhemisphären vor wenigstens 3 Millionen Jahren, als der Mensch unsicher begann, einen Sinn für den Faktor »Zeit« zu entwickeln. Solche Unterschiede in der Funktion der Gehirnhälften lassen sich bei Tieren nicht nachweisen. Dabei ist es geradezu sprichwörtlich, daß Tiere kein »Gestern und Morgen«, keine Zeit zu kennen scheinen und hauptsächlich in der Welt des Raumes leben.

Ein weiterer Faktor, der damals die Evolution des Menschen beeinflußte, war die Entwicklung der Sprache und damit der Ratio, verbunden mit der linken Gehirnhälfte, während die rechte für die Bilder zuständig ist. Zu diesem Zeitpunkt begann offenbar eine Entwicklung, deren vorläufiger Endpunkt der Rationalismus der Gegenwart ist, die Dominanz (und Diktatur) der Ratio, der linken Gehirnhälfte. Und je mehr die beiden Gehirnhälften »auseinanderrückten«, desto mehr verstärkte sich im Denken ein Dualismus, ein Gefühl des Getrennt-Seins.

Folgende Eigenschaften werden den beiden Hirnhemisphären zugeordnet:

| *Linke Gehirnhemisphäre* | *Rechte Gehirnhemisphäre* |
|---|---|
| Intellekt | Intuition |
| konkretistisch | metaphorisch |
| Zeit | Raum |
| unterscheidend | existentiell |
| analytisch | holistisch |
| Differenzierung | Integration |
| rational | intuitiv |
| männlich | weiblich |
| Sprache | Bilder |
| Materie | Geist |

Die Überbetonung der Eigenschaften der linken Gehirnhemisphäre hat unser mechanistisches Weltbild hervorgebracht, dessen Folge eine Entfremdung des Menschen von der Schöpfung ist.

Wie sehr unsere Kultur auf die Ratio setzte, wird nirgends deutlicher als in Descartes berühmtem Ausspruch »Cogito, ergo sum« – »Ich denke, also bin ich«. Der abendländische Mensch identifiziert sich eher mit dem Verstand als mit seinem gesamten Organismus. Die Folge war nicht nur eine Trennung von Geist und Körper – es war die Trennung von Geist und Natur. Diese »cartesianische Spaltung«, wie Capra sie nennt, führte dazu, das Universum als ein mechanisches System zu sehen, das aus getrennten Objekten besteht, die ihrerseits wiederum auf fundamentale Bausteine der Materie reduziert werden können.

Für Descartes gab es »keinen Unterschied zwischen Maschinen, die von Handwerkern hergestellt wurden, und den Körpern, die allein die Natur zusammengesetzt hat«. Auch Newton sprach von der »Weltmaschine«, die sich durch Mathematik und durch allgemeingültige »Naturgesetze« erklären lasse. Der Raum war für ihn etwas Statisches, »immer gleich und unbeweglich Bleibendes«, während die Zeit »gleichförmig und ohne Rücksicht auf irgendwelche äußeren Dinge« dahinfließt. Materie waren für Newton »feste, harte, massive, undurchdringliche, bewegliche Partikel«, die Gott »am Anfang« schuf. Erst die Ergebnisse der Quantenphysik zerstörten dieses Bild einer kausalen und völlig determinierten kosmischen Maschine.

Doch während die Paradigmen längst für ungültig erklärt wurden, beruht unser Weltbild zum großen Teil immer noch auf den im 16. und 17. Jahrhundert, also zu Beginn der Neuzeit und vor allem im Zuge der Aufklärung, festgelegten Prinzipien. In seinem Bestseller »Wendezeit« legt der kalifornische Physiker Fritjof Capra dar, wie tief unsere Gesellschaft durch das »newtonisch-cartesianische Paradigma« geprägt ist – und wie es nicht nur den Menschen unterdrückt und limitiert, sondern auch die derzeitige Umweltkrise verursacht.

Während der Mensch der Vorzeit die Erde als gute und nährende Mutter verehrte, war sie in den Augen »aufgeklärter« Naturwissenschaftler nichts anderes mehr als ein toter Körper, ein riesiges Bergwerk, das nach Belieben ausgeplündert werden konnte. »Forscht man nach den Wurzeln unseres gegenwärtigen Umweltdilemmas und seinen Verknüpfungen mit Naturwissenschaft, Technologie und Wirtschaft«, stellt Carolyn Merchant, Wissenschaftshistorikerin an der University of California in Berkeley fest, »muß man die Ausformung einer Weltanschauung und einer Wissenschaft neu überdenken, welche die Beherrschung und Ausbeutung der Natur dadurch sanktionierte, daß man die Wirklichkeit eher als eine Maschine denn als lebenden Organismus betrachtet. In diesem Sinne müssen die Beiträge solcher Gründerväter der modernen Naturwissenschaften wie Francis Bacon, William Harvey, René Descartes, Thomas Hobbes und Isaac Newton neu bewertet werden.«

So sieht auch Capra in der allgemeinen Akzeptanz eines neuen, holistischen Weltbilds den einzigen Ausweg aus der derzeitigen Menschheitskrise – ein neues Paradigma, das Ursache und Wirkung integriert und den Menschen aus Verantwortung für das Ganze handeln läßt.

Hier öffnet das holographische Weltbild das Fenster zu einer tieferen, alles einschließenden Wirklichkeit. Mehr noch, es eröffnet uns die Chance, in völlig neue Welten vorzudringen. Bisher verdrängte Aspekte unseres Seins, Phänomene wie Eingebung und Intuition, haben wieder einen festen Platz. Und das bedeutet den Aufbruch zu neuen geistigen Dimensionen.

Nennen wir dieses neue Denken »Metadenken«, da es die linke und rechte Hirnhemisphäre, Ratio und Intuition, Vernunft und Gefühl vereinigt. Es bedeutet: Mit dem Kopf fühlen und mit dem Herzen denken. So, und nur so, hat die Menschheit noch eine Chance, ihre Heimat, dieses wundervolle blaue Juwel im schwarzsamtenen All – die Erde –, zu retten.

Folgen wir dem Schweizer Kulturphilosophen Jean Gebser, so durchlief der Mensch durch die Jahrhunderte vier Bewußtseinsstrukturen: die archaische, die magische, die mythische und die mentale. Die »archaische Struktur« war die Zeit vor der Herausbildung der zwei Gehirnhemisphären, »die Zeit eines traumhaften Zustandes buchstäblicher Identität mit dem Körper und seiner Umwelt«. In der magischen Periode formte sich das Ich der Menschen, wurde der Mensch aus dem »Einklang« herausgelöst, begann der Kampf um die Macht und die Beherrschung der Naturkräfte. Das mythische Bewußtsein wurde von der Entstehung eines Gruppenbewußtsein geprägt, aber auch von der Polarität. Zum ersten Mal entwickelte der Mensch ein reflexives Zeitbewußtsein.

Wir leben im »mentalen Bereich«, der mit der »Achsenzeit« um 500 v. Chr. einsetzte – als in der ganzen Welt die »großen Lehrenden« hervortraten, ob Buddha oder Zarathustra, Laotse oder Konfuzius, Pythagoras oder Thales von Milet und schließlich innerhalb weiterer 200 Jahre noch Sokrates, Platon und Aristoteles. Der Mensch lernte, seine Welt mit dem Verstand zu ergründen, statt sie – wie im mythischen Zeitalter – staunend zu betrachten. Er entwickelte die Wissenschaften, die Mathematik, die Philosophie. Doch, so Gebser, ein neues Zeitalter steht bevor. Der Mensch, der von der Ichlosigkeit zur Ichhaftigkeit wanderte, muß den Zustand der Ichfreiheit erreichen – das integrale Bewußtsein, das »seine Prägung durch das Geistige und keineswegs durch das Intellektmäßige erhält«, wenn der Mensch, befreit von der trennenden Illusion des Egos, die Welt als ein Ganzes quasi in der »Unio Mystica« erfährt.

Die Entwicklung der letzten Jahre deutet darauf hin, daß wir uns tatsächlich wieder in einer »Achsenzeit« auf dem Weg zu einem neuen Bewußtsein befinden. So diagnostiziert der Zukunftsforscher und Managementtrainer Gerd Gerken in seinem »Radar für Trends« bereits eine »Krise des Fordismus«, des Systems der Massenproduktion, und postuliert ein »anderes Denken in Paradoxa«. Denn, so Gerken, »es stirbt nicht nur der Fordismus, sondern es entsteht zugleich ein neuartiger Typus von Kultur, den Sorokin die ›integrale Kultur‹ genannt hat. Und das Kennzeichen dieser integralen Kultur ist, daß sie mit einer anderen Logik aufwartet …, der Logik des Paradoxen« – wie wir sie aus der Quantenmechanik kennen oder den Lehrreden des 1986 verstorbenen Jiddu Krishnamurti.

So spricht Gerken davon, daß die »wachsende Differenzierung« eine »wachsende Widersprüchlichkeit« mit sich bringt: »In einer integralen Kultur hört das Ich auf, im Mittelpunkt der Welt zu stehen. Da eine integrale Kultur immer eine ›Sowohl-als-auch-Kultur‹ ist, löst sich das klare Ich mehr und mehr auf. Es entsteht das, was unter Psychologen bereits als ›Multiphrenie‹ beschrieben wird – und ein Wachstum an Toleranz. Man kann andere Werte von anderen Gruppen, Szenen und Nationen dann besser tolerieren und lieben, wenn man die unterschiedlichen Wertesysteme ›wie Kunstwerke betrachtet‹.«

Es bleibt die Hoffnung, daß Metadenken wirklich zu mehr Toleranz unter den Menschen führt. Wird der religiöse Terminus »Mystiker« durch »Meta-Denker« ersetzt, muß man dem verstorbenen Jesuitenpater und Zen-Meister Hugo Enomiya Lassalle zustimmen: »Der Mensch der Zukunft wird Mystiker sein – oder er wird nicht sein.«

# Terraforming

## Der große Plan

Kurz nach dem Zweiten Weltkrieg arbeiteten die beiden amerikanischen Wissenschaftler Dr. Vincent Schaefer und Irving Langmuir von General Electrics an einer Versuchsreihe, mit deren Hilfe die Tragflächenvereisung bei Flugzeugen erforscht werden sollte. Zu diesem Zweck produzierten sie im Labor eine künstlich unterkühlte Wolkenkammer. Doch aufgrund zu stark ansteigender Außentemperaturen wären die im Juli 1946 durchgeführten Experimente um ein Haar mißlungen. Daher versuchte Schaefer den Kühlungsprozeß mittels verschiedener Chemikalien zu beschleunigen – leider vergebens. Schließlich kam er auf die Idee, den Abkühlungsvorgang in der Wolkenkammer ganz einfach durch Zusatz von Trockeneis zu forcieren. Tatsächlich war er damit erfolgreich: Durch diese einfache Manipulation konnte er seine »Laborwolke« wirksam abkühlen. Damit war bewiesen, daß sich das Wetter zumindest theoretisch verändern läßt. Regen kann sozusagen »gemacht« werden.

Seit dieser Zeit sind immer wieder Wetterexperimente – mit mehr oder weniger großem Erfolg – durchgeführt worden. Die Weltorganisation für Meteorologie veröffentlichte bereits 1969 ein Zwischenergebnis über den Verlauf der unterschiedlichen Experimente von Methoden zur künstlichen Steigerung von Niederschlägen. Am

Ende entsprachen aber nur 23 Versuche den Erwartungen der sorgfältigen Analysen. So nahmen die Niederschläge nach »Beschuß« beziehungsweise »Impfung« der Wolken mit Trockeneis bei sechs Versuchen zu. Bei zehn weiteren Experimenten jedoch blieben die Niederschlagsmengen sogar unter dem Normalmaß, und bei den letzten sieben zeigten sich indifferente Ergebnisse, weil sich, je nach Zielgebiet, bei den gleichen Wolken unterschiedliche Resultate ergaben.

Nichtsdestoweniger ist das Regenmachen kein Privileg von »Zauberern« und Schamanen der Naturvölker. Sind bestimmte Voraussetzungen gegeben, kann die Wissenschaft das Wetter durchaus hin und wieder manipulieren. So wurde beispielsweise der Nachweis erbracht, daß die Niederschlagsmengen in Gebirgsgegenden des amerikanischen Westens durch Trockeneisbeschuß oder Silberjodid-Impfungen der Wolken im Winter um zehn Prozent gesteigert werden konnten. In ihrer kristallinen Struktur ähneln beide Substanzen dem Eis.

In einem weiteren Versuch wurden Quellwolken dem Beschuß massiver Eiskerne ausgesetzt. Das führte zum explosionsartigen Anwachsen der Wolke und damit zur doppelten bis dreifachen Niederschlagsmenge.

Was spielt sich bei diesem Versuch eigentlich ab? Die durch künstliche Eiskerne freigesetzte Gefrierwärme verstärkt die Auftriebskräfte in den Wolken. Dieser dynamische Vorgang forciert die Kondensierung – die Verflüssigung – der aus Wasserdampf bestehenden Wolken. Es fällt Regen. Dieser »dynamische Impfprozeß« soll nun auf ganze Formationen von Quellwolken ausgedehnt werden, die sich über etliche Hunderte von Quadratkilometern hinziehen.

Methoden dieser Art könnten nicht zuletzt dazu beitragen, die wasserwirtschaftlichen Probleme der Erde zu lösen, sobald eine verläßliche Handhabung gewährleistet ist.

Die menschliche Einflußnahme auf das Wetter soll sich jedoch nicht nur auf das »Regenmachen« beschränken. Längerfristig ist daran gedacht, darüber hinaus auch die verheerenden Naturgewalten wie Stürme, Hagel und extreme Fröste, möglichst auch Wirbelstürme und Orkane durch eine gezielte Klimabeeinflussung unter Kontrolle zu bringen. »Wetteringenieure« haben daher auch den Ehrgeiz, eines Tages jede Art der Wetterveränderung »in den Griff« zu bekommen. Durch kontrollierte Wettermanipulation – vom Mikroklima der Pflanzen angefangen bis hin zu den um den Erdball zirkulierenden Luftströmungen – soll ein für die verschiedenen Klimazonen optimales Wetter geschaffen werden.

Schon für die nähere Zukunft ist beabsichtigt, das »gelenkte« Wetter nicht nur gegen Hagelschlag oder Gewitter einzusetzen, sondern beispielsweise auch Nebelfelder über wichtigen Gebieten wie Flugplätzen aufzulösen.

Zwar wurden die Versuche zur Hagelbekämpfung in der Bundesrepublik und in der Schweiz eingeschränkt, führten aber in der einstigen Sowjetunion zu recht beachtlichen Erfolgen. Dort wurden die warmen Partien der Wolken nämlich mit Salzgranaten beschossen. Mit Kochsalzlösungen »geladene« Artilleriegeschosse hatten auf die in den Wolken befindlichen Tropfen eine derartige Wirkung, daß sie vor der Bildung zu Hagelkörnern als Regentropfen zur Erde fielen. In einem weiteren Experiment jagten die Sowjetrussen eine Raketenladung Silberjodid oder Blei in den unterkühlten Bereich der Hagelwolken. Damit wurde im Nu die Bildung von Unmengen kleiner Eiskristalle ausgelöst, die einer Formierung von Hagelkörnern im Wege standen.

Bevor die Sowjets eine der beiden Methoden zur Anwendung brachten, schickten sie erst einmal Radiosonden nach oben, um damit das geeignetste, das heißt, das kritische Zielgebiet für die Bodenstationen zu erkunden. Berichten zufolge soll auf diese Weise bereits bis zu neunzigprozentiger Schutz vor Hagelschlag erzielt worden sein. Der Kostenaufwand liegt, auf den Morgen umgerechnet, bei etwa drei Mark.

Die ehrgeizigen Großprojekte betreffen die klimatischen Veränderungen ganzer Landstriche und haben nichts Geringeres zum Ziel, als das Weltklima zu verbessern und dessen Ausgewogenheit zu garantieren. In diesem Fall geht es nicht etwa darum, die Experimentierfreude einiger Wissenschaftler zu befriedigen. Denn die Menschheit steht vor der Situation, ein ihre Existenz bedrohendes Problem meistern zu müssen.

Schon vor einer Reihe von Jahren wies der Klimaexperte Professor Hermann Flohn darauf hin, daß »die anhaltende Bevölkerungsexplosion dazu zwingt, vom Stadium der unbeabsichtigten Klimaumwandlung durch immer stärkere Eingriffe in den Naturhaushalt überzugehen in das Stadium einer bis in alle Folgen durchdachten Planung«. Dem namhaften, ehemaligen sowjetischen Gelehrten Professor Budikow zufolge hängen die leichten Veränderungen des Erdklimas mit den enormen Schwankungen der Stärke und Ausdehnung der arktischen Meereseisdecke in den vergangenen tausend Jahren zusammen. Budikow kam nach sorgfältiger Untersuchung des Wärmehaushalts der Arktis zum Ergebnis, daß die niedrigen Po-

lartemperaturen vor allem auf das hohe Reflexionsver-
mögen des Eises – die Albedo – zurückzuführen sind. Das
Eis reflektiert während des Sommers vierzig Prozent der
Sonneneinstrahlung in den Weltraum. Im Winter sind es
sogar achtzig Prozent. Nach Budikows Auffassung könnte sich keine neue Eisdecke mehr bilden, wenn die alte
erst einmal abgeschmolzen ist. Denn die damit verbundene erhöhte Wirkung der Sonneneinstrahlung sowie die
gleichzeitige Erwärmung von Luft und Wasser würden
die Neubildung einer Eisdecke nicht mehr zulassen. Die
landwirtschaftliche Nutzfläche Rußlands könnte damit
weit nach Norden ausgedehnt werden. Damit wäre allerdings in jedem Fall ein einschneidender Eingriff in den
bestehenden Wärmehaushalt der Erde verbunden.

Um einen Schmelzprozeß des arktischen Eises in Gang zu
setzen, wurden verschiedene Methoden in Erwägung gezogen, zum Beispiel eine Änderung des arktischen Be-
wölkungssystems durch methodischen, großflächigen
»Beschuß« der Wolken. Eine weitere Methode wäre die
Erwärmung des Eismeeres durch Wasser, das aus dem At-
lantik zugeleitet werden könnte.

Auch wurde mit dem Gedanken gespielt, die flache Be-
ringstraße in einem gigantischen Unternehmen abzudei-
chen und das Meerwasser der Arktis in den Pazifik »ab-
zupumpen«. Der entstehende Sog würde automatisch
den Warmwasserzustrom aus dem atlantischen Golf-
strombereich in das Polarbecken verstärken und damit
dessen Eisdecke zum Schmelzen bringen. Nach Ansicht
Budikows würde bei Gelingen dieses Vorhabens das in
der Arktis und den angrenzenden Kontinentalgebieten
herrschende Klima so verbessert, daß eine Besiedelung
und landwirtschaftliche Nutzung möglich wären.

Aber das war nicht das einzige Klimaprojekt, das in der ehemaligen Sowjetunion diskutiert wurde. Der russische Ingenieur Davidow hatte einen nicht weniger utopisch anmutenden Plan ausgeheckt: Er wollte die beiden Ströme Jenissej und Ob zu einem gewaltigen, 25 000 Quadratkilometer großen sibirischen See aufstauen, dessen Wassermassen ausgleichend auf das Klima wirken würden. Nach Bewässerung der Turgajsenke sollte der Wasserüberschuß in den Aralsee und ins Kaspische Meer abgeleitet werden.

Nach Ansicht des deutschen Meteorologen Professor Flohn handelt es sich hier durchaus um ein realisierbares Projekt. In diesem Zusammenhang wäre mit einer Zunahme der Verdunstung im mittelasiatischen Trockengebiet zu rechnen, und zudem könnten seiner Meinung nach die Niederschläge im Frühjahr und Sommer in den Randgebieten zunehmen. In Zentralasien sieht er für eine positive Klimaveränderung dieser Art keinerlei Schwierigkeiten.

Die meisten der Klimaprojekte jedoch haben einstweilen noch nicht das Stadium der Realisierbarkeit erreicht und könnten teilweise erst durch fortgeschrittene Zukunftstechnologien in die Tat umgesetzt werden. Vielleicht ist es auch ganz gut so; denn solange der Mensch die Klimamanipulation noch nicht sicher beherrschen kann, sollte von allen Experimenten dieser Art Abstand genommen werden, damit nicht aus Unwissenheit oder »versehentlich« eine ökologische Katastrophe ausgelöst wird.

Schon vor Jahren haben Zukunftsforscher euphorisch die Manipulation der irdischen Ökosphäre zu aller Nutz und Frommen verkündet. Die durch Wissenschaft und Technologie realisierten Projekte haben allerdings zur Steigerung der Lebensqualität und Verbesserung der Umwelt kaum beigetragen. Im Gegenteil, sie haben die ökologische Krise durch Verantwortungslosigkeit, rücksichtsloses und gedankenloses Verhalten vielfach erst verursacht. In den sechziger Jahren hat das Hudson-Institut, eines der führenden und renommiertesten Zukunftsforschungsunternehmen der USA, vielbeachtete Voraussagen für die wahrscheinliche wissenschaftliche und technische Entwicklung der nächsten dreißig Jahre gemacht. Heute, nach Ablauf dieser Zeitspanne, läßt sich absehen, was davon Wirklichkeit geworden ist. Da war von neuartigen Luftfahrzeugen die Rede, darunter Kurz- und Senkrechtstartern, sowie von Riesenhelikoptern; man erwartete verläßlichere und längerfristige Wettervorhersagen, eine intensive oder auch extensive Ausweitung der tropischen Land- und Forstwirtschaft sowie die Entdeckung und Erschließung neuer Energiequellen. Neuartige Wassertransportmethoden, darunter Einzweckschiffe und Mammut-Unterseeboote, wurden ebenso erwartet wie ein weitgehender Rückgang von Erbkrankheiten oder gentechnisch gezüchtete Tier- und Pflanzenarten. Was den Menschen selbst angeht, erwartete man gesteuerte, hochwirksame Entspannungs- und Schlafstadien, Geschlechtsveränderungen von Erwachsenen und Kindern, Lebensverlängerung und Verjüngung; Genengineering, verbesserte Methoden der Geburtenkontrolle, praktische Anwendung direkter elektronischer Kommunikation mit dem Gehirn, Versetzen des Menschen in einen künstlichen Winterschlaf; dreidimensionales Fernsehen sowie Videotelefon, und die Gesellschaft sollte sich durch den verbreiteten Einsatz von Robotern, programmierte Träume, Fernsehschulen, ein progressives Strafrecht ohne

Freiheitsstrafen und ein kostenfreies Transportwesen verbessern. Schließlich hoffte man den Wassermangel in einigen Teilen der Erde durch gigantische Meerwasserentsalzungsanlagen zu beheben und träumte von Unterseekolonien als neuem Lebensraum für den Menschen.

Wie bei allen Voraussagen der Futurologen ist manches davon eingetroffen, andere Prognosen wurden durch die Wirklichkeit widerlegt, während eine Reihe nicht vorausgesehener Entwicklungen wiederum ungeahnte Möglichkeiten mit sich gebracht hat.

Schon vor Jahren hat der Leiter des amerikanischen Marine Physical Laboratory of the Scripps Institution of Oceanography, Dr. E. N. Spiess, prophezeit, daß sich der Mensch in den kommenden fünfzig Jahren in und auf dem Meer nach neuem Lebensraum umsehen werde. »Er wird die Weltmeere besiedeln, auswerten und sie zur Gewinnung von Mineralien, als Mülldeponien, für Militär- und Ziviltransporte ebenso wie zur Erholung mit in die Gesamtnutzfläche der Erde einbeziehen«, erklärte Spiess.

Recht behalten hat er leider ausschließlich mit seiner Vorhersage zur Müllentsorgung. Denn bisher wurden die Weltmeere von den Industriestaaten besonders intensiv als Sondermülldeponien mißbraucht.

Zwei Drittel der Erdoberfläche sind von Ozeanen bedeckt, und es ist bekannt, daß der Meeresboden reiche Schätze birgt: Erdgas und -öl, Kohle, Kobalt, Uran, Schwefel, Zinn, Phosphate und andere Mineralien. Bemerkenswert ist darüber hinaus der Pflanzen- und Fischreichtum.

Allein in den Vereinigten Staaten stehen mehr als 600 Industrieunternehmen sozusagen Schlange, um sich dieses immensen Reichtums zu bemächtigen, darunter Ölgiganten wie Standard Oil und Union Carbide. Sie sind bestens auf den Konkurrenzkampf vorbereitet – ein Ringen, das natürlich von Jahr zu Jahr schärfere Formen annehmen wird, da es letztlich um den Besitz des Meeresbodens und seiner Schätze geht. Die entsprechenden Auswirkungen auf die Umwelt werden nicht ausbleiben.

Noch weiß niemand, wie eine seit Anbeginn von landwirtschaftlicher Nutzung geprägte Gesellschaft den Wandel in eine Aqua-Kultur psychologisch überstehen würde. Sollte der Mensch sich eines Tages wirklich dazu entschließen, die Meere zu kolonisieren und gar in tiefere Regionen vorzustoßen – gäbe es dann auch genügend Siedler, die gewillt wären, den Pionieren zu folgen, um auf dem Meeresboden ganze Städte anzulegen?

Eine Biosphäre für Menschen auf dem Meeresboden? Kann der Gedanke mehr sein als eine Utopie?

Immerhin wurde bereits im Experiment bewiesen, daß Landlebewesen auch ohne direkte Luftzufuhr unter Wasser überleben können. So hat Dr. Walter L. Robb von General Electric einen Hamster über einen längeren Zeitraum unter Wasser am Leben erhalten. Das Tier war in einem mit synthetischen Membranen – »künstlichen Kiemen« – ausgestatteten Behälter untergebracht, mit deren Hilfe dem umgebenden Wasser »Luft« – Sauerstoff – entzogen wurde, ohne daß Wasser in den Behälter eindringen konnte. Diese Membranen waren oben, unten und seitlich an dem »Unterwasserkäfig« angebracht und erhielten das Tier, das ohne diese Hilfsmittel binnen kürzester Zeit erstickt wäre, am Leben.

Nach Ansicht von General Electric müßte es mit Hilfe solcher Membranen in Zukunft möglich sein, die Besatzungen von Unterwasser-Versuchsstationen ausreichend mit Atemluft zu versorgen. Aber auch Häuser, Hotels und sonstige Gebäude auf dem Meeresboden könnten auf diese Weise ohne unmittelbaren Kontakt zur Meeresoberfläche für Menschen bewohnbar werden.

37 Kilometer nördlich von Tucson, in der Wüste von Arizona, erhebt sich vor einer blaugrauen Bergkette in einer großen Mulde eine futuristische, gläserne Forschungswelt von 180000 Quadratmetern, erbaut mit Kuppeln und Stufenpyramiden, inmitten einer Anlage von üppig blühenden Sträuchern und Blumen: »Biosphäre II«.

Dieser riesige, aus Stahlstreben und Glas errichtete Großlabor-Komplex beherbergt eine ganze Reihe unterschiedlicher Ökosphären mit entsprechenden künstlichen Klimazonen: einen tropischen Regenwald, eine Savanne, eine Wüste, eine Moorlandschaft, einen Miniaturozean mit Gezeiten und einem Strand sowie ein Flüßchen; dazu ein landwirtschaftliches Ökosystem sowie einen Wohnbereich für Menschen und Tiere, Labore und Werkstätten. Es gibt künstliche Lungenkammern mit »beweglichem Zwerchfell« – »Membran-Decken« –, die je nach dem atmosphärischen Druck ausgedehnt oder zusammengezogen werden. In den hermetisch von der Außenwelt abgeschlossenen Komplex dringt die Sonnenenergie durch die Glaskonstruktion ein und wird in Form von Elektrizität und Wärme durch Kabel und Rohre weitergeleitet.

Das Besondere an Biosphäre II ist jedoch, daß alle Materialien – Gase, Flüssigkeiten und Feststoffe – weitestgehend auch von der irdischen Atmosphäre isoliert wurden. Biosphäre II ist als entwicklungsfähiges, komplexes, selbstregulierendes System entworfen worden, in dem nicht nur mehrere Ökosysteme, sondern auch verschiedene Bereiche des Lebens untergebracht sind, um den Menschen und seine Technologie auch in einer katastrophal veränderten Umwelt zu erhalten.

Von Beginn an wurde Biosphäre II mit dem Ziel gegründet, festzustellen, ob der Mensch fähig sein würde, das Umweltsystem der Erde – also die Biosphäre I – künstlich herzustellen und aufrechtzuerhalten. Insgesamt wurden in Biosphäre II bei Oracle 4000 Tier- und Pflanzenarten untergebracht.

Am 26. September 1991 verabschiedeten sich acht Wissenschaftler – vier weibliche und vier männliche »Bionauten« – von der Außenwelt, um zwei Jahre, hermetisch abgeschlossen gegenüber ihrer Umgebung, in der künstlichen Biosphäre zu verbringen. In einem geschlossenen Kreislauf von Luft-, Wasser- und Abfall-Recyclingverfahren sollten sie versuchen, ein Leben in völliger Autarkie zu führen.

»Wohin auch immer die Menschheit gehen wird, welche Zukunftspläne wir auch immer haben mögen, wir können nirgendwohin gehen, wo es keine Biosphäre gibt, und nirgendwo ohne eine Biosphäre überleben. Das Raumschiff Erde ist das Boot, in dem wir alle sitzen«, begründet der Texaner Edward P. Bass das von ihm in Arizona initiierte Projekt Biosphäre II. »Ich bin überzeugt, daß die Zukunft unseres Planeten die gründlichste Erforschung verdient, um unser Verständnis für die Biosphäre in ihrer Kompliziertheit und Vielfalt zu erweitern … Biosphäre II sucht die derzeitige Umweltkrise mit echten Lösungen und einer Vision der Hoffnung zu beantworten, damit wir uns als Spezies weiterentwickeln und unsere destruktiven Wege hinter uns lassen.«

Das Konzept, hermetisch abgeschlossene künstliche Biosphären zu errichten, in denen Menschen leben können, um ökologische Abläufe zu untersuchen, hat seinen Ursprung in verschiedenen Forschungsdisziplinen. Unter anderem hat hier die Entwicklung lebenserhaltender Systeme für die Raumfahrt und für bemannte Weltraumstationen einen wichtigen Anstoß gegeben. Schon in den sechziger Jahren hat sich der amerikanische Biologe H. T. Odum für Versuche mit hermetisch abgeschlossenen Treibhäusern eingesetzt, die auf dem ökologischen Prinzip beruhen sollten, die Eigenschaften der darin befindlichen Erde, Pflanzen und Tiere zur Selbstorganisation zu nutzen.

Von Anfang an stand das Projekt Biosphäre II in Arizona bei allen Medien im Mittelpunkt heftiger Diskussionen. Während die Befürworter geradezu in Euphorie verfielen, kam von den Gegnern heftige und nicht selten unsachliche Kritik. Als sich dann auch noch herausstellte, daß die Anlage ein Leck hatte, waren sich so ziemlich alle darüber einig, daß das Projekt fehlgeschlagen sei – eine Behauptung, die keineswegs zutreffend war, da es letztlich sehr erfolgreich durchgeführt wurde. Das Leck konnte mühelos repariert werden, und die Bionauten haben den zweijährigen Aufenthalt in ihrer künstlichen Welt erstaunlich gut überstanden. Sie züchteten Schweine, Ziegen und Hühner, gingen auf Fischfang, betrieben Landwirtschaft im kleinen Stil und führten Kontrollexperimente durch.

Das Leben in der Biosphäre wirkte sich äußerst günstig auf ihren Gesundheitszustand aus: Cholesterinspiegel und Blutdruck sanken, Übergewicht wurde abgebaut. Einer der Bionauten verringerte sein Gewicht sogar von 208 auf 156 Pfund. Die Probanden führten ein möglichst normales Leben, veranstalteten Picknicks und nahmen die Gelegenheiten zu kleinen Festen wahr. Ihre wöchentlichen Ernten auf den dafür vorgesehenen verhältnismäßig kleinen Flächen betrugen 60 Pfund Obst und 80 Pfund Gemüse.

»Ich hatte das Gefühl, weit draußen im Weltraum zu sein, und nachts war es so, als sei man auf einem anderen Planeten«, äußerte einer der Bionauten später.

Zu Beginn des Experiments wurden alle Teilnehmer in ihrer versiegelten Welt nacheinander von einer Erkältung geplagt, hatten aber danach in dem zweijährigen Aufenthalt keine nennenswerten gesundheitlichen Störungen mehr zu vermelden. Und abgesehen von einer in der Dreschmaschine abgeschnittenen Fingerkuppe, deren Besitzer Biosphäre II zum Wiederannähen kurzfristig verlassen mußte, ist in all der Zeit nichts Aufregendes vorgefallen.

In seinem Schlußbericht über das erste Biosphäre-II-Experiment stellt das wissenschaftliche Komitee fest: »Mit der Mikrobiosphäre der Biosphäre II ist ein neuer Forschungszweig entstanden. Seit seiner ›Versiegelung‹ im September 1991 konnte das Projekt im wesentlichen erfolgreich durchgeführt werden; die verschiedenen internen Ökosysteme und die meisten Tier- und Pflanzenarten ließen sich gesund erhalten. Es gab tägliche und jahreszeitliche Schwankungen des $CO_2$-Gehalts. Die Sauerstoffkonzentration fiel allerdings gegenüber der atmosphärischen etwas ab.

Eine solche von Menschen geschaffene Biosphäre bietet in det Tat einzigartige Chancen, um das Verständnis für fundamentale Prozesse in der irdischen Biosphäre zu erweitern. Vor allem aber können im Rahmen eines solchen begrenzten Rahmens die Möglichkeiten und Grenzen des menschlichen Einflusses auf komplexe ökologische Systeme ausgelotet sowie die Entwicklung von Technologien zur Aufrechterhaltung einer Biosphäre ohne globales Risiko erprobt werden. Diese Studien sollen das Verständnis des Wesens der globalen Biosphäre vertiefen, so wie sich durch die vergleichbare Planetologie auch das Verständnis für die Erde als Planet vertieft hat.«

Eine zweite Gruppe von sieben Probanden – fünf Männer und zwei Frauen – verbrachte anschließend noch ein weiteres halbes Jahr in der künstlichen Biosphäre. Einer von ihnen war Bernd Zabel, der technische Leiter des Projekts. Er vergleicht das Leben in dieser künstlichen Welt mit einem Kloster, will aber Horrormeldungen, die 1996 durch die Presse gingen, nicht bestätigen. Es habe zwar Probleme mit einem höheren Kohlendioxid- und geringeren Sauerstoffgehalt sowie mit Lachgas in der Luft gegeben, doch seien diese nicht gravierend gewesen. Auch seien die Visionen und Methoden, die zum Bau von Biosphäre II führten, nicht immer ideal für das Management eines fortlaufenden wissenschaftlichen Versuchs gewesen. Aber »Biosphäre II war das erste große und komplexe Ökosystem, das jemals in Angriff genommen wurde, und man benötigt einen besonderen Mut, der erste sein zu wollen: den Mut, zu riskieren, daß man es falsch angegangen hat. Überraschend ist nicht, daß einige Teile nicht richtig funktionierten, sondern im Gegenteil, daß soviel klappte und die Schwachpunkte deutlich identifiziert werden konnten.«

Heute sieht Zabel Biosphäre II nicht mehr in erster Linie als Prototyp künftiger Überlebenskapseln in einer fremden Umgebung. Seit Januar 1996 ist das Projekt ein Teil der University of Columbia und dient zu ökologischen Experimenten: »Wir können beispielsweise die Ökosphäre unter Bedingungen untersuchen, wie wir sie für das Jahr 2008 erwarten. Falls die Wissenschaftler recht haben, wird der Kohlenstoffgehalt in den nächsten Jahren anwachsen. Das kann man hier herstellen und dann untersuchen, wie sich etwa Pflanzen unter diesen Bedingungen verhalten, die in der Landwirtschaft eine Bedeutung besitzen. Beispielsweise geht es darum, herauszubekommen, welche Pflanzen die Gewinner der Zukunft sein werden.«

Trotz dieser Einschränkungen wird die Erprobung künstlicher Biosphären auf der Erde für künftige Weltraumprojekte richtungweisend sein, machen es doch nur erfolgreich durchgeführte Projekte wie Biosphäre II möglich, eines Tages Basen auf dem Mond oder letztendlich sogar auf dem Mars einzurichten.

Planungen, auf dem Mond die ersten außerirdischen Bergwerke zu erschließen, befinden sich in einem durchaus konkreten Stadium. Denn von der Rückseite, also der uns abgewandten Seite des Erdsatelliten, könnten ohne größere technische Schwierigkeiten und ohne übermäßigen Energieaufwand enorme Materialmengen abtransportiert werden. Durch das oft bemängelte Apollo-Projekt konnte immerhin nachgewiesen werden, daß der Mond immense Bodenschätze bietet. So ergab die Analyse einer Apollo-Bodenprobe zum Beispiel mehr als zwanzig Prozent Silizium, über zwölf Prozent Aluminium, vier Prozent Eisen und drei Prozent Magnesium. In anderen Proben waren wieder mehr als sechs Prozent Titan enthalten.

»Passend zum 25. Geburtstag der Apollo-Mission haben die Raumfahrtforscher den Erdtrabanten als veritables Forschungsziel wiederentdeckt, um ihre Pläne medienwirksam in Szene zu setzen. Bis zum Jahr 2020 wird die Europäische Raumfahrtagentur ESA eine bemannte Luna-Außenstelle errichten. Wissenschaftsdirektor Roger Bonwet malt bereits ein konkretes Bild der ›Mondinitiative‹«, berichtete das deutsche Nachrichtenmagazin FOCUS.

So soll die Erkundung der Mondoberfläche mit Hilfe kleiner Satelliten und Bodensonden eingeleitet werden. In der Folge sollen dann Roboter für Bodenanalysen eingesetzt und deren Ergebnisse schließlich durch zu errichtende bemannte Mondbasen ausgeweitet werden. Zwar ist auch bei der ESA die Vorstellung einer bemannten Basis zur Rohstoffgewinnung noch umstritten, aber dennoch gehen die Weltraumexperten davon aus, daß »der Start eines europäischen Mondorbiters schon bald in Aussicht gestellt werden könnte«.

Laut FOCUS haben auch die Japaner ehrgeizige Pläne, was den Mond betrifft. Sie gehen nämlich davon aus, daß bereits 1999 erste Erkundungsflüge durchgeführt werden könnten, um damit Roboter auf dem Erdtrabanten abzusetzen, die eine Pilotanlage zur Produktion von Sauerstoff, Nahrung und Energie aufstellen sollen. In den sieben Jahren zwischen 2017 und 2024 wollen die Japaner dann mit einer relativ kostengünstigen bemannten Mondstation aufwarten, für die bereits 50 Milliarden Mark eingeplant sind.

Mit konkreten Resultaten konnten bislang erst die Amerikaner aufwarten. 25 Jahre nach der letzten Mondlandung schickte die US-Raumfahrtbehörde am 7.1.1998 mit

»Lunar Prospector« eine Sonde zum Mond. Und diese überraschte die Welt mit der Entdeckung, daß es auf unserem Erdtrabanten Wasser gibt. Damit aber rückt die Möglichkeit einer dauerhaft bemannten Mondstation in greifbare Nähe. Schon wurden Versuchsreihen, aus Mondmaterial einen betonartigen Baustoff herzustellen, erfolgreich abgeschlossen und Mathematiker der University of Colorado haben einen neuen, Treibstoff sparenden Weg zum Mond entwickelt, den sie mit Hilfe der Chaos-Theorie fanden: Danach würden künftige Raumtransporter zum Mond wie einst die Apollo-Raumschiffe erst in einer Umlaufbahn um die Erde »geparkt«, um dann auf eine Geschwindigkeit zu beschleunigen, die sie exakt zu dem Bereich zwischen Erde und Mond führt, an dem sich die Gravitation der beiden Himmelskörper aufhebt. Zum geeigneten Zeitpunkt reicht ein minimaler Schub aus, um das Raumschiff in eine Mondbahn gleiten zu lassen. Bei dieser Flugbahn würde ein Raumtransporter für seine Reise zum Mond zwar etwa zwei Jahre brauchen, aber fünfzig Prozent Treibstoff sparen – zugunsten einer wesentlich höheren Nutzlast.

Der kühnste, anspruchsvollste Plan – das eigentliche Endziel – aber besteht darin, Verfahren und Techniken zu entwickeln, um andere, bisher lebensfeindliche Planeten so umzugestalten, daß sie für den Menschen bewohnbar werden, mit anderen Worten, Terraforming anzuwenden. Dieser Begriff wurde 1942 von dem bekannten Science-fiction-Schriftsteller Jack Williamson geprägt, aber das Konzept des Terraforming wurde schon 1930 von Olaf Stapledon in seinem zum Klassiker gewordenen Buch »Die ersten und die letzten Menschen« propagiert. Darin legen irdische Kolonisten Ozeane auf der Venus (die in

Wirklichkeit nicht existieren) trocken, um auf diese Weise durch Elektrolyse Sauerstoff zu gewinnen.

Dagegen hat der amerikanische Astronom und Exobiologe Carl Sagan 1961 einen Terraforming-Plan für den Planeten Venus entwickelt, den er für durchführbar hält.

Venus ist unser nächster Nachbar und hat fast die gleiche Größe wie die Erde. Sie bewegt sich schneller um die Sonne und überholt uns alle 19 Monate in einer Entfernung von rund 40 Millionen Kilometern. Ein Venusjahr dauert etwas über 225 Erdentage, doch wegen der langsamen Rotation des Planeten ist ein Venustag länger als das Venusjahr und dauert etwas über 243 Erdentage. Die ersten Versuche, Venus durch Raumsonden zu erforschen, erfolgten im Februar 1961 durch die Sowjets und im Juli 1962 durch die amerikanische Mariner-1-Sonde. Beide Unternehmungen endeten jedoch mit Fehlschlägen.

Im gleichen Jahr, also 1962, starteten die Amerikaner eine weitere Venus-Sonde, Mariner 2, die den Planeten in einer Entfernung von rund 35 000 Kilometern passierte. Sie sandte eine wahre Datenflut zur Erde, die den Menschen einiger seiner romantischen Vorstellungen über den Planeten beraubte. Die Sonde registrierte unter anderem eine enorm hohe Oberflächentemperatur von weit über 400 Grad Celsius, eine aus Schwefelsäure und Kohlendioxid bestehende Atmosphäre sowie eine dichte Wolkendecke. Diese Atmosphäre ist etwa um das Hundertfache dichter als die irdische Atmosphäre, und sie »überdacht« den Planeten wie das Glasdach eines Treibhauses. Eine solche Atmosphäre läßt die Sonnenwärme zwar eindringen, aber nicht mehr entweichen. So entstehen auf der Venus Temperaturen bis zu rund 475 Grad Celsius – nicht zum Leben, nur zum Rösten geeignet.

Die Russen starteten eine ganze Reihe von sogenannten »Venera-Sonden«, von denen einige auch weich auf dem Venusboden landeten und Aufnahmen von der im Sichtbereich ihrer Objektive liegenden Oberfläche machten. Trotz der dichten Venusatmosphäre mit ihren Schwefelsäurewolken war das Tageslicht erstaunlich hell, aber weder die Sonne noch die Erde sind von der Planetenoberfläche aus zu sehen. Die zur Erde gefunkten Aufnahmen zeigen graues Geröll, eckige Gesteinsbrocken und Felsplatten.

Was Venus anging, blieben auch die Amerikaner nicht untätig. Im Sommer 1975 »durchleuchteten« sie mit Hilfe von Radarstrahlen aus der 305 Meter großen Schüssel des Arecibo-Radioteleskops in Puerto Rico den Wolkenmantel der Venus und erhielten so ein Radarbild von der nördlichen Hemisphäre des Planeten. Auch die Mariner-10- und die Pioneer-Sonde der Amerikaner haben aufschlußreiche Informationen geliefert. Seit 1990 befand sich die Magellan-Sonde im Venusorbit und hat hervorragende Radarbilder dieses rätselhaften Planeten zur Erde gefunkt. Magellan hat uns mehr Daten über die Venus geliefert als jedes andere Experiment. Am 12. Oktober 1994 tauchte die Sonde in die Venusatmosphäre ein und wurde von dem dort herrschenden Druck zerstört.

Dank Magellan konnten 98 Prozent der Venusoberfläche kartographisch erfaßt werden. Damit kennen wir die Oberfläche der Venus besser als die unserer Erde, auf der große Unterwassergebiete noch weitgehend unerforscht sind. Nach diesen Erkenntnissen erweist sich Venus als eine durch Vulkanismus geprägte Welt, in der wahrscheinlich noch einige Vulkane aktiv sind. Es existieren keine Meere, aber das dürfte bei der dort herrschenden Gluthitze nicht überraschen. In der nördlichen Hemisphäre gibt es eine riesige birnenförmige Hochebene. Weiter südlich ist die Oberfläche dagegen von Ebenen überzogen. Auffallend sind zwei Hochlandgebiete von kontinentaler Größe – Ishtar Terra im Norden und Aphrodite Terra knapp südlich des Äquators. Diese Hochlandgebiete überragen die Ebenen bis zu 10 000 Meter. Darüber hinaus gibt es große Canyons und gewaltige Lavazungen. Für Leben, wie wir es kennen, ist Venus ungeeignet. Der Planet Mars, unser anderer Nachbar im All, ist für höhere Lebensformen derzeit ebenfalls nicht »bekömmlich«. Von den neun Planeten unseres Sonnensystems hat lediglich die Erde Leben hervorgebracht. Ist das nun dem reinen Zufall zu verdanken, oder ist die irdische Biosphäre das Resultat einer zwangsläufigen Konsequenz natürlicher Prozesse? Ohne Beantwortung dieser Fragen ist es nicht möglich, Wege zu finden, um einen Planeten zu einer lebensfreundlichen Welt umzugestalten.

Planetensysteme entstehen vermutlich als Nebenprodukt bei der Geburt von Sternen – eine Theorie, die erstmals im 18. Jahrhundert durch Pierre Simon Laplace vorgetragen wurde. Wenn sich eine Gas- und Staubwolke durch die eigene Schwerkraft verdichtet und ihre Temperatur im Zentrum auf 20 Millionen Grad Celsius angestiegen ist, um die thermonukleare Fusion zu zünden, wird ein Stern geboren.

Der Stern ist von einer riesigen, rotierenden Scheibe übriggebliebener Masse aus Gas und Staub umgeben. Aus dieser Planetensaat des jungen Sterns entstehen dann durch Kondensation und Verklumpung Planeten. Durch das starke Temperaturgefälle im protoplanetarischen Nebeldiskus bilden sich nach und nach innen die festen, gesteinsreichen Planeten und weiter außen die großen Gasplaneten.

Proben dieses planetaren Urstaubs – jedenfalls mikroskopische Mengen davon – wurden in Meteoriten gefangen, die sich vor 4,7 Milliarden Jahren ebenfalls aus der Planetensaat gebildet haben. Einige dieser »staubgeschichtlichen Hinterlassenschaften« in Meteoriten haben Erstaunen ausgelöst. Denn es wurden exotische Isotope in diesem Staub entdeckt, die in gewaltigen Supernovae-Explosionen entstanden sein müßten. Der Untergang eines Sterns in einer Supernova-Explosion führt in vielen Fällen zur Geburt eines neuen Planetensystems, das sich aus der abgesprengten Materie – Gas und Staub – neu bildet.

Die Staubkörner kollidieren, verbinden sich untereinander, formen einen riesigen »Teppich« von soliden Partikeln um den jungen Stern. Nach jedem Zusammenprall werden sie größer, bis sie selbst über genügend Schwerkraft verfügen, um immer mehr Materie anzuziehen. Wie ein kosmischer Staubsauger »säubert« der kleine Proto-Planet seine Umgebung von Staub und Sandkörnern, bis er schließlich zu einem Himmelskörper relativ dichter, harter Materie herangewachsen ist – wenn auch wesentlich kleiner als sein Muttergestirn, seine Sonne.

Die Gase des dem Stern nächstgelegenen jungen Planeten verflüchtigen sich durch dessen Hitze. Solide, felsige Welten aus schwerer Materie bleiben übrig. Die weiter vom Stern entfernten Planeten entnehmen den sie umgebenden, übriggebliebenen dünnen Wolken gewaltige Gasmengen, die sie durch ihre Gravitation dann als Atmosphäre »festhalten«. Die noch weiter entfernten Planeten sind so kalt, daß sie kurz nach ihrer Geburt »einfrieren«.

Und am äußersten Rand des neuen Planetensystems frieren die Gas- und Staubpartikel zu Eis und verdichten sich zu zahllosen Kometen und Kometenbruchstücken.

Dieser natürliche Prozeß der Geburt von Sternen und Planeten scheint innerhalb unserer Galaxie ein ziemlich alltäglicher Vorgang zu sein. Aus Computersimulationen geht hervor, daß die meisten langsam rotierenden, der Sonne ähnlichen Sterne möglicherweise Planeten mit sich führen.

Was sich mit den Planeten nach ihrer Formierung abspielt, scheint ebenfalls natürlichen Gesetzmäßigkeiten unterworfen zu sein. Sonnenwinde haben alle verbliebenen Gase aus dem System vertrieben. Und von den restlichen Staubkörnern, Gesteins- und Kometenbrocken werden dann die felsigen Planeten und Monde bombardiert. Die Narben dieser Einschläge sind überall auf den inneren Planeten, den Monden und Asteroiden in Form unzähliger Krater sichtbar.

Die Eignung eines Planeten für die Entstehung von Leben hängt vor allem von der Position ab, die er in seinem Sonnensystern einnimmt. Viele Faktoren spielen dabei eine Rolle, unter anderem die Größe des Planeten und seine entsprechende Gravitation, die Atmosphäre, das Wasser, der Tag- und Nachtzyklus … Alle diese Eigenschaften können sich nur in einer bestimmten Entfernung von einem Stern – also innerhalb der Ökosphäre – optimal entwickeln – einem sehr engen Bereich.

Allem Anschein nach nimmt die Erde durch ihre Biosphäre eine Sonderstellung in unserem Sonnensystem ein. Denn offensichtlich sind nur hier die Temperaturen zur Entfaltung und Entwicklung von Leben geeignet. Venus ist dagegen zu heiß und der Mars zu kalt. Venus und auch

Erde haben ihre durch Vulkanaktivität und Kometeneinschläge entstandene, dichte Atmosphäre beibehalten, während der kleinere Mars mit seiner geringeren Anziehungskraft einen Teil seiner Atmosphäre, vor allem den Anteil an leichteren Gasen wie Wasserstoff, Sauerstoff und Stickstoff, wieder verloren hat.

Terraforming heißt, lebensfeindliche Bedingungen auf einem Planeten durch fortgeschrittene technologische, physikalische, chemische und biologische Prozesse in einen erdähnlichen Zustand umzuwandeln.

Eben diese Idee hat Carl Sagan im Zusammenhang mit dem Planeten Venus 1961 aufgegriffen. Er ging nämlich davon aus, daß eine wesentliche Verringerung des Kohlendioxidanteils der Venusatmosphäre einen entsprechend starken Temperatur- und Druckabfall nach sich ziehen sollte. Wenn sich der im unerwünschten Kohlendioxid enthaltene Sauerstoff freisetzen ließe, könnte Venus zu einer ebenso bewohnbaren Welt umgestaltet werden, wie es die Erde ist.

Bestimmte Pflanzen wären geeignet, die dazu erforderlichen Prozesse auszulösen. Vor allem die sogenannten Blaugrün-Algen beziehungsweise Cyanidium caldarium, die sich auf der Erde mit Vorliebe in Heißwasserquellen aufhalten, könnten dabei eine Schlüsselrolle spielen. Diese Einzeller »verzehren« vorzugsweise Kohlendioxid und pflanzen sich durch einfache Zellteilung fort – aus eins mach zwei, vier, acht, sechzehn und so fort. Unter geeigneten Bedingungen kann sich diese Algenart in rasanter Geschwindigkeit vermehren. 1970 wurden Blaugrün-Algen einem Labortest in einer simulierten Venusatmosphäre unterzogen: Kohlendioxid, etwas säurehaltiges Wasser, hohe Temperaturen und Druck. Die Algen gediehen großartig. Im Verlauf ständig neuer Zellteilungen ging der Kohlendioxidgehalt in den Laborgefäßen zurück, und Sauerstoff bildete sich.

Auf der Venus könnte das Terraforming also folgendermaßen ablaufen: Die Algenkulturen werden durch Venus-Sonden in den oberen Atmosphärenschichten des Nachbarplaneten abgesetzt. Sie vermehren sich rapide und reduzieren ständig den Kohlendioxidgehalt der Venusatmosphäre. Damit verringern sie aber auch das Wärmespeicherungsvermögen des Planeten. Damit läßt der sogenannte Treibhauseffekt nach, die oberen Atmosphärenschichten kühlen ab, und Wassertropfen entstehen.

Berechnungen zufolge ist in der Venusatmosphäre genügend Wasser enthalten, um den ganzen Planeten mit einer 2,50 m hohen Wasserschicht zu bedecken. Allerdings gelangen die ersten Tropfen nicht bis zum Boden der Venus, da sie in der noch vorherrschenden Hitze verdampfen. Aber sie kühlen wenigstens die unteren Atmosphärenschichten so weit ab, daß sich die Sauerstoff »fabrizierenden« Algen dort ansiedeln und ihr Werk verrichten können.

Erreicht der Regen schließlich die Venusoberfläche, entstehen Flüsse, Seen und Meere an jenen Stellen, an denen der steinige Boden nicht wasserdurchlässig ist. Nun liegt der Planet nicht mehr unter einer dichten Wolkendecke, sondern die Sonne strahlt von einem klaren Venushimmel auf eine neuerschaffene Welt.

Die Venus-Terraforming-Pläne wurden allerdings nicht weiter verfolgt, da der Planet Mars als geeigneterer Kandidat für eine Ausweichwelt der Menschheit angesehen wird. So geht aus einer NASA-Studie aus dem Jahr 1976 »Über die Bewohnbarkeit des Mars« hervor, daß keine

grundsätzlich unüberwindlichen Schranken die Besiedelung des Mars durch Menschen verbieten, vorausgesetzt,
der Planet wird durch Terraforming erfolgreich umge-
wandelt. Welche Maßnahmen wären hierzu notwendig,
und wie könnten sie durchgeführt werden?

Damit sich ein Plan von derart gigantischen Ausmaßen
auch durchführen läßt, müssen bestimmte erforderliche
Grundbedingungen eingehalten werden. Der Terrafor-
mingprozeß muß:

- im Rahmen des finanziell Machbaren liegen,
- innerhalb eines festgelegten Zeitraumes erfolgen,
- technologisch zu bewältigen sein.

Der Schlüssel zum Terraforming eines Planeten liegt in
der Beschaffenheit des Planetenbodens und der seiner
Pole, vor allem aber in der Zusammensetzung seiner Atmosphäre. Bei den Planeten Mars und Venus besteht die
vorgegebene Anfangsatmosphäre vorwiegend aus dem
für den Menschen zum Atmen ungeeigneten Kohlendioxid. Grundvoraussetzung für jedweden Terraforming-
prozeß auf einem Planeten ist jedoch das Vorhandensein
von Wasser, ganz gleich in welcher Form: Ob als Per-
mafrost, gebunden im Felsgestein oder als Eisschicht auf
den Polkappen – stets kann es zum Lieferanten von Wasserdampf und Sauerstoff werden. Insgesamt gesehen ist
der Mars hier ein idealer Kandidat. Auch wenn der rote
Planet nur wenig mehr als halb so groß wie die Erde ist,
bietet er doch eine fast gleich große Landfläche, und wie
wir ja bereits wissen, besitzt er ausreichend Wasser in ge-
frorenem Zustand. Bei entsprechender Erwärmung würden also ausreichende Mengen Sauerstoff freigegeben.
Ironischerweise müßte der bei dem Planeten Venus so
hinderliche Treibhauseffekt beim Mars zur Erwärmung

des Planeten künstlich erzeugt werden. Zur Herstellung eines Treibhauseffekts auf dem Mars könnte eine mit kleinen Kernreaktoren bestückte »Chemiefabrik« errichtet werden, um Treibhausgase wie Kohlenstofftetrafluorid oder Schwefelhexafluorid herzustellen und in die Marsatmosphäre zu pumpen. Der Planet könnte so mit einem »Treibhaus-Gasdach« versehen werden, um die gespeicherte Wärme nicht aus der Marsatmosphäre »entwischen« zu lassen.

Die in der Hauptsache aus Wassereis bestehenden, strahlend weißen Marspolkappen reflektieren 77 Prozent des Sonnenlichts. Wären sie etwas dunkler, würden sie mehr Sonnenwärme absorbieren, in der Folge schmelzen und Wasserdampf abgeben. Eine um nur wenige Prozent geringere Reflexion wäre mit dramatischen Auswirkungen verbunden, da sich dadurch die Atmosphäre verdichten würde: Der für das Terraforming erwünschte Effekt ließe sich so erzielen.

Mit riesigen Sonnenreflektoren im Orbit über den Marspolen wäre eine weitere Möglichkeit gegeben, das Poleis zum Schmelzen zu bringen. Speziell für den Mars gentechnisch erzeugte Blaugrün-Algen könnten unter anderem auf die Pole gesprüht werden, um sich dort unter kräftigem Verzehr von Kohlendioxid umgehend zu vermehren und durch den Prozeß der Photosynthese wiederum Sauerstoff freizugeben.

Ein weiterer Vorschlag, die Marspole zum Schmelzen zu bringen, besteht darin, diese mit einer hauchdünnen Staub- oder Rußschicht abzudecken, um die Wärmespeicherung zu erhöhen. Dieses Material müßte nicht mühsam von der Erde zum Mars transportiert werden, sondern findet sich möglicherweise in unmittelbarer Umgebung des Nachbarplaneten selbst: Die von Mariner-9 stammenden Aufnahmen der beiden kartoffelförmigen Marstrabanten, Phobos und Deimos, zeigen, daß diese nicht nur von alten und neuen Kratern gezeichnet, sondern anscheinend auch von einer dicken Schicht feinen schwarzen Pulvers bedeckt sind. Damit wäre unter Umständen das Material gefunden, mit dem die Marspole abgedeckt und in der Folge aufgeheizt und abgeschmolzen werden könnten. Die uralten, ausgedörrten Flußbetten würden wieder Wasser führen und den dürstenden Marsboden tränken.

Mit der Zeit würde sich die Atmosphäre verdichten, und die Temperaturen würden ansteigen. Damit würde ein Kreislauf in Gang gesetzt, der im sandigen Marsboden und dem porösen Gestein zunehmend Sauerstoff, Kohlendioxid, Stickstoff und Wasserdampf freisetzt. Durch den Verdichtungsprozeß der Marsatmosphäre stiege auch der Luftdruck an und könnte nach geraumer Zeit dem irdischen in rund 6000 Meter Höhe entsprechen. Mittlerweile würde die durchschnittliche Marstemperatur bereits etwas über dem Gefrierpunkt liegen, und am Marshimmel zögen weiße Wolken dahin.

In der nächsten Phase des Terraforming sind chemische Anlagen zur Produktion und Freigabe von Ozonersatzstoffen vorgesehen, damit der Planet einen entsprechenden Schutz vor harter kurzwelliger Strahlung, wie zum Beispiel der UV-Strahlung, bekäme. In der Äquatorregion ließe sich dann bereits eine für den Mars geeignete »Tundra«-Vegetation ansiedeln. Der Luftdruck wäre mittlerweile weiterhin gestiegen, kleine flache Meere wären entstanden, und es würde in regelmäßigen Abständen regnen.

Derweil schritte die Sauerstoffgewinnung durch Algen, Vegetation und chemische Anlagen ständig fort. Waldregionen würden sich langsam ausweiten und damit auch organischer Boden – Zeit, um die ersten Tiere auf dem roten Planeten anzusiedeln.

Bis zur völligen Umwandlung des Mars in einen lebensfreundlichen Planeten hätten sich schon längst Menschen in den dafür erbauten, kuppelförmigen Biosphären niedergelassen. Die Durchschnittstemperatur wäre inzwischen auf acht Grad Celsius angestiegen, und der eiskalte rote Wüstenplanet hätte sich in eine erträgliche, grüne Welt für die irdischen Pioniere verwandelt.

Die Visionen der siebziger Jahre haben sich nicht erfüllt. Angesichts der wachsenden irdischen Probleme ist die Raumfahrteuphorie im Gefolge der Apollo-Mondmissionen auch in den USA einer nüchterneren Einschätzung gewichen. Dennoch ist das Marsprojekt nicht tot – im Gegenteil. Mit dem erfolgreichen Start der beiden Marssonden »Pathfinder« und »Global Surveyor« 1996 gelangen zwei weitere entscheidende Schritte auf dem langen Weg zur Erschließung des Mars für die Menschheit. Während Pathfinder die ganze Welt mit den Kapriolen seines kleinen Marsrovers unterhielt, erfüllt Global Surveyor mit der systematischen Kartografierung der Marsoberfläche eine weniger spektakuläre, aber beinahe noch wichtigere Mission – bislang mit ausgezeichnetem Erfolg.

Weitere Marsmissionen sind bereits mit mehr oder weniger Erfolg durchgeführt worden. Zur Zeit verfolgen wir die neuesten Marserkundungen. Auch die Polarregion des Nachbarplaneten wird erkundet – zu welchem anderen Zweck als zur Erforschung der Polkappen auf deren Verwendbarkeit im Rahmen eines Terraforming?

So geben sich führende US-Weltraumexperten optimistisch. Robert Zubrin, Vorsitzender der amerikanischen National Space Society, sieht für die Zukunft auch Europa auf den vorderen Startplätzen beim Wettlauf zum Mars: Mit dem beginnenden dritten Jahrtausend hofft er, nach Überwindung des katastrophenreichen 20. Jahrhunderts, auf einen neuen Aufbruch, vergleichbar der kulturellen Blüte des hohen Mittelalters. Nach zwei Weltkriegen, Faschismus, Kommunismus und Kaltem Krieg sei nun eine Periode der Ruhe zu erwarten, die Gelegenheit zu neuen Höchstleistungen biete. Dank der durch die Europäische Union geschaffenen Stabilität »könnte es den Menschen klar werden, daß es Zeit wird, neue Kathedralen zu bauen«.

Zubrin ist überzeugt, daß die gigantischen Mittel, die für die Erschließung des Mars aufgewendet werden müssen, gut angelegt sind, und verweist wiederum auf historische Parallelen: »Der wahre Profit, den Kolumbus' Reisen Ende des 15. Jahrhunderts abgeworfen haben, mißt sich nicht in Gold oder Gewürzen. Es ist die Kreation des gewaltigen wirtschaftlichen Dynamos, zu dem Nordamerika nach dem 19. Jahrhundert geworden ist.«

Allzu optimistische Vorstellungen, nach denen bereits unsere Enkel auf dem Mars siedeln könnten, verweist er allerdings in den Bereich der Legende. Selbst im Optimalfall und bei Einsatz aller denkbaren Methoden würde es mindestens neunhundert Jahre dauern, ehe Menschen die Luft der Marsatmosphäre atmen könnten – nach kosmischen Maßstäben eine lächerlich kurze, für die Menschheit aber eine sehr lange Zeit. Auf vorwiegend biologischem Wege bewerkstelligt, würde die Ausbildung einer für menschliches Leben geeigneten Marsatmosphäre sogar rund hunderttausend Jahre in Anspruch nehmen – viel zu lange, um den Mars als Ausweichquartier für nennenswerte Teile der Menschheit ins Auge zu fassen.

Ob es dann noch eine menschliche Zivilisation geben wird, steht in den Sternen. Als Vorwand, unsere hausgemachten irdischen Probleme schönzureden und unseren Heimatplaneten dem ungezügelten Kommerz zu opfern, kann uns der Mars jedenfalls nicht dienen. Dennoch sind sie erlaubt, die Träume vom neuen Paradies auf einem fremden Stern. Denn alles, was denkbar ist, wird eines Tages gedacht, was machbar ist, eines Tages getan werden. Und wer weiß, vielleicht findet – jenseits von Einstein und Hawking – in absehbarer Zukunft der entscheidende Evolutionsschub statt, der es zumindest wesentlichen Teilen der Menschheit erlaubt, durch ganzheitliches Denken in Einklang mit dem Kosmos zu leben – auf der Erde, auf dem Mars und wo sonst noch im Universum.

# Erinnerung von morgen

## Nitinol und Nanotechnik

Die Menschheit hat einen langen Weg hinter sich gebracht – von der Bakterie bis zum reflektierenden Bewußtsein; vom ersten Steinwerkzeug bis zur Mondlandung und Erkundung des Sonnensystems; vom Entfachen des ersten Feuers bis zur Zündung der Atombombe, von der Buschtrommel bis zum »Handy« und Internet …

Wir staunen heute über die Weltraumbilder des Hubble-Teleskops, über Nahaufnahmen des roten Planeten, und bewundern technische Fortschritte, die wir mit unseren Sinnen erfassen können. Und doch zeichnet sich daneben eine unglaubliche technologische Revolution ab, die normalerweise in einem für uns unsichtbaren Bereich liegt. Diese jede Vorstellungskraft sprengenden Entwicklungen werden die menschliche Gesellschaft mehr verändern als alle bisherigen Fortschritte.

Denken wir in diesem Zusammenhang zum Beispiel an die Gen-, insbesondere aber an die Nanotechnologie. Hier ist es den Wissenschaftlern inzwischen gelungen, einzelne Atome zu manipulieren. In ihren Vorstellungen gehen sie bereits der Möglichkeit nach, Antriebe und Räder, also winzige Maschinen – Roboter – zu entwickeln, deren Durchmesser die Größe von nur einigen Atomen hat. Die Forscher sind davon überzeugt, daß in absehbarer Zeit Mikromaschinen von Atomgröße hergestellt werden können. Es gibt bereits Spekulationen darüber, ob diese Nanomaschinen nicht in der Lage sein könnten, Moleküle ihrer Umgebung zur Selbstreplikation zu verwenden und somit eine unbegrenzte Anzahl von Nano-Roboterreplikationen zu erzeugen – zur Durchführung unvorstellbarer technischer Glanzleistungen. Diese Mikromaschinen von etwa einem Zehntel der Größe eines Mikrons könnten geeignet sein, einzelne Atome zu manipulieren. Damit wären sie fähig, eine atomare »Lego-Fabrikation« herzustellen. Mit Abermillionen dieser an einer Stelle konvergierenden Molekular-Robotern, meint Michio Kaku, könnten unter Umständen bisher unlösbare biologische und technologische Probleme bewältigt werden. Diese atomaren Mikromaschinen könnten sich wie Viren und Bakterien vermehren, Replikationen ihrer selbst herstellen, sich also wie Lebewesen vermehren, und ihre Umwelt neu gestalten.

Solche Maschinen ließen sich auf vielerlei Art und Weise anwenden, zum Beispiel

- zur Vernichtung von Mikrobeninfektionen,
- zur gezielten Zerstörung von Krebszellen,
- zur Überwachung unseres Kreislaufs und zur Bekämpfung von Ablagerungen in den Arterien, der sogenannten Arterienverkalkung,
- zur Umweltentgiftung durch die Vernichtung gefährlicher Abfallstoffe,
- zur Bekämpfung des Hungers in der Welt durch den Anbau preisgünstiger und ausreichender Nahrung,
- zur Herstellung anderer Maschinentypen – von Startraketen bis zu Mikrochips,
- zur Reparatur beschädigter Zellen und zur Umkehrung des Alterungsprozesses.

Zukunftsforscher träumen bereits von Supercomputern in Atomgröße.

Prinzipiell lassen sich Molekularmaschinen mit Antrieben und beweglichen Teilen durch die Manipulation individueller Atome erzeugen. Falls sie sich in Zukunft zur Selbstreplikation programmieren lassen, wären sie möglicherweise in der Lage, phänomenale biologische und technologische Wunder zu vollbringen.

Kühne Befürworter der Nanotechnologie vertreten die These, daß diese für den Menschen auch eine Form von Unsterblichkeit mit sich bringen könnte. Sie glauben, daß der menschliche Körper nach dem Tod durch molekulare Roboter eingefroren werden könnte, um so die beim Einfrieren unvermeidliche Schädigung der Zellen durch Eiskristalle zu vermeiden.

Nanomaschinen verfügen über das Potential, anorganische wie organische Bausteine maßgeschneidert, Atom für Atom, zusammenzusetzen. Sie können in den Blutkreislauf injiziert werden, um Gifte oder infektiöse Organismen aufzuspüren, und selbst genetische Defekte lassen sich auf diese Weise vielleicht eines Tages in der DNS direkt beheben. Sie sind auch in der Lage, aus asteroidalem Eisen die Platinmetalle zu extrahieren und rostfreien Stahl auszuscheiden, der für andere Vorhaben im All verwendet werden kann …

Aber die Sache hat auch eine Schattenseite: Sich selbst replizierende Maschinen, die Rohstoffe verarbeiten, können sich zu einem gefährlichen, schädlichen Ungeziefer entwickeln. Daher muß über die Replikation und Funktion von Nanomaschinen eine strikte Form der Kontrolle ausgeübt werden, damit sie sich nicht wie Krebsgeschwüre vermehren. Sie dürften zum Beispiel nicht mit der

Fähigkeit ausgestattet werden, ihre Steuerungschips zu replizieren, die von Menschen separat hergestellt werden. Darüber hinaus sollten sie so konzipiert sein, daß sie von äußeren – nicht in der Natur vorkommenden Energiequellen wie Mikrowellen-Energiestrahlen angetrieben werden. Sie könnten dann einfach durch Herausziehen des Steckers »abgeschaltet« werden, schlägt der Direktor des NASA-Raumfahrtzentrums an der Universität Arizona, John S. Lewis, vor.

Eigentlich ist es nicht überraschend, daß das Militär die Entwicklung dieser faszinierenden Technologie aufmerksam verfolgt. So schwärmte vor kurzem ein US-Admiral: »Militärische Anwendungen von Molekularfabriken verfügen über ein noch weit größeres Potential als Nuklearwaffen, um das Gleichgewicht der Mächte radikal zu verändern. Feindliche Streitkräfte könnten in wenigen Stunden durch nahezu unsichtbare Horden von Milliarden sich selbst replizierender Roboter vernichtet werden.«

Kritiker argumentieren allerdings, daß noch längst nicht geklärt ist, auf welchen Wegen solche Nanoroboter ihre atemberaubenden »Kunststücke« vollbringen können. Noch wird nur darüber spekuliert, wie diese Maschinen überhaupt programmiert werden können und wie die Navigation vor sich gehen soll – ganz abgesehen davon, daß auch die Frage der Antriebsenergie keineswegs geklärt ist. Die Befürworter rechnen allerdings damit, daß bis etwa 2020 die ersten Generationen von mikroelektromechanischen Systemen (MEMS) weltweite kommerzielle Anwendung finden. Auch wenn die MEMS noch keine echten Molekularmaschinen darstellen, wären sie doch nicht größer als ein Staubkorn.

Auch auf dem Gebiet der Gentechnik rechnen Experten

Im Orionnebel werden außerirdische Zivilisationen vermutet, weil dort die »Brut-stätte« für neue Planetensysteme liegt. (Foto: Archiv Johannes von Buttlar)

Unsere Milchstraße muß man sich ungefähr so vorstellen wie diese Spiralgalaxis (Foto: Archiv Johannes von Buttlar)

Die H II-Region 1116 (Foto: Archiv Johannes von Buttlar)

Der Tarantelnebel (Foto: Archiv Johannes von Buttlar)

Durch Supernova-Explosionen – hier die Vela-Supernova – entstehen die Elemente, aus denen sich Planeten und schließlich Leben entwickeln. (Foto: Archiv Johannes von Buttlar)

mit enormen Fortschritten. So stellt John S. Lewis in »Unbegrenzte Zukunft« fest, daß es in einem Aspekt der Erbgutveränderungen um den Einbau neuer oder modifizierter Gene geht, genauer gesagt um Genmanipulation: »Der wahre Wert der Genmanipulation liegt in der zielgerichteten menschlichen Evolution, der Veränderung das menschlichen Designs, um den Menschen an eine fremde Planetenwelt anzupassen«, schreibt Lewis. Genabschnitte des Menschen könnten so umkonstruiert werden, daß der neue, veränderte Mensch in einer sonst lebensfeindlichen Umwelt wird überleben können.

»Im Grunde genommen zeigt die Evolutionsgeschichte des Lebens freilich, daß dieser Anpassungsprozeß mit entsprechenden genetischen Veränderungen von der Natur seit Anbeginn praktiziert wurde. Zukünftige genetische Entwicklungen könnten aber gezielt ablaufen und zu einer weit größeren Bandbreite an menschlichen Arten führen«, meint Lewis und fährt fort: »In der bevorstehenden großen Diaspora werden sich die genetischen Abweichungen, durch die sich die verschiedenen Emigrantengruppen untereinander auszeichnen, durch anfängliche Selektion aus den unterschiedlichen Genpools ergeben, durch bewußte Genmanipulation, um den unterschiedlichen Umgebungen gerecht zu werden, und durch natürliche Auslese, die unter den sehr unterschiedlichen Sonnen- und Planetenbedingungen gegeben ist (wobei sich die jeweiligen Faktoren natürlich nur in einem ›Zweig‹ des genetischen Stammbaums des Menschen auswirken). Die verschiedenen Triebe vom Stamm der Erde werden zehntausende von Jahren voneinander getrennt sein – eine sehr viel längere und unvergleichlich bessere genetische Isolierung, als sie auf der Erde jemals möglich war. Besonders wertvolle Mutationen können als ›geheime Verschlußsache‹ vom jeweiligen Menschheitsrat gehütet werden, oder der DNS-Code wird über sichere Laser-Kommunikationsversendungen an andere Erkundungs- oder Kolonialgesellschaften verschachert, oder aber er wird im ›galaxienweiten Netz‹ des menschlichen Kommunikationssystems frei zur Verfügung gestellt und kann von jedem abgerufen werden.

Unvermeidliches Ergebnis langer genetischer Isolierung und Anpassung an sehr unterschiedliche Umgebungen wäre, daß sich die verschiedenen ›Ableger‹ des Menschengeschlechts irgendwann nicht mehr untereinander fortpflanzen könnten. Die Menschheit wird der Spezifikation unterzogen und Milliarden neue Arten hervorbringen. Die Biotechnologie einschließlich der Möglichkeit, subzellulare Maschinen zu bauen, trägt am vielfältigsten zu unserer Ausbreitung im Weltraum bei.«

Natürlich melden sich angesichts solcher Aussichten auch die Politiker und Juristen zu Wort. Der Spezialist in Weltraumrecht, Dr. George S. Robinson von der US-Universität Virginia School of Law, hat bereits »Astrolaw«-Richtlinien entwickelt, die sich mit dem genetisch veränderten neuen Menschen »Homo sapiens alterios« beschäftigen. Diese Richtlinien sind sowohl von der US-Regierung in Washington als auch von der NASA akzeptiert worden. Robinson schlägt in diesem Zusammenhang vor, in absehbarer Zukunft nur noch von der »menschlichen Art« (humankind) und nicht mehr vom Menschen zu sprechen. Je nach Weltraumhabitat – Weltraumstadt oder durch Terraforming veränderte Planeten – werden diese »Homo alterios spatialis« über einzigartige physische, psychische und kulturelle Charakteristika verfügen. »Die

Beziehungen dieser menschlichen Arten untereinander müßten durch Gesetze festgelegt werden.«

In einer Welt, in der die Lebensfähigkeit aller entscheidend von der positiven Anwendung der wissenschaftlichen und technischen Möglichkeiten abhängt, ist es unumgänglich notwendig, naturwissenschaftliche Erkenntnisse und soziologische Auswirkungen stärker in die Politik einzubeziehen. Bisher bedienten sich weltweit die meisten Politiker naturwissenschaftlicher Erkenntnisse überwiegend im negativen Sinn, vor allem für die Weiterentwicklung der Waffentechnik. Zu einer friedlichen Einigung der Menschheit haben naturwissenschaftliche Erkenntnisse verhältnismäßig wenig beigetragen. Denken wir beispielsweise an die Entdeckung des Schießpulvers. Es hat Jahrhunderte gedauert, bevor überhaupt jemand daran dachte, es nicht nur für kriegerische Zwecke einzusetzen, sondern auch zum Nutzen der Menschheit – nämlich für eine Schießpulvermaschine als Vorläufer des Verbrennungsmotors. Mit der Kernenergie ist es kaum anders. Zuerst eingesetzt als grauenhaftes Massenvernichtungsmittel, wurde ihre Nutzungsmöglichkeit für friedliche Zwecke erst später in Erwägung gezogen. Sogar im biomedizinischen Bereich, wo die positiven Aspekte doch offen auf der Hand liegen, mußten – wie konnte es anders sein – biologische und chemische Kampfstoffe entwickelt werden, um Menschen auf entsetzliche Art umzubringen, statt zu heilen!

Politische Kurzsichtigkeit, Machtstreben und krasser Nationalismus haben bewirkt, daß eine extrem materialistische Gesellschaftsordnung mit ihrer gnadenlosen, umweltfeindlichen Überindustrialisierung den Lebensraum der Menschheit immer mehr zerstört. Es ist durchaus verständlich, daß viele Politiker diese Erkenntnis (bewußt oder unbewußt) gern verdrängen. Und wenn auch einige seit kurzem wissenschaftliche Überlegungen in ihr politisches Kalkül einbeziehen, ist es eigentlich schon zu spät. Denn bei der rasanten wissenschaftlichen und technischen Entwicklung wächst natürlich auch die Gefahr, daß die noch vor kurzem ungeahnten Möglichkeiten der Technik weltweit durch das organisierte Verbrechen oder den Terrorismus genutzt werden. Hier vorbeugend und regulierend einzugreifen, wäre eine der vordringlichsten Aufgaben der internationalen Politik.

Um staunend vor den Wundern der Technik zu stehen, muß man nicht mit dem Elektronenmikroskop in die Nanotechnologie eintauchen. Auch die Weiterentwicklung der bekannten Alltagstechnologien macht gewaltige Fortschritte. War vor 200 Jahren das schnellste Fortbewegungsmittel zu Lande das Pferd, auf hoher See das Segelschiff und in der Luft der Ballon, so hält heute der Rennwagen Thrust 11 den Geschwindigkeitsrekord zu Lande von 1018 km/h, und die supergeheime TR-3B des US Aurora-Programms bewegt sich mit Mach 9 durch den irdischen Luftraum. Diese riesige silberblaue, dreieckige Flugmaschine wird durch eine revolutionäre pulsierende Plasmaturbine angetrieben. Offiziell existiert sie noch gar nicht.

Auch in der Materialforschung sind erstaunliche Fortschritte gemacht worden. Die NASA beschäftigt sich derzeit mit Antigravitationsexperimenten, die auf die Erkenntnisse des finnischen Physikers Dr. Eugene Podkletnov von der technischen Universität Tampere aufbauen. Hängt man eine auf minus 400 Grad Fahrenheit tiefgefrorene Superkonduktorenscheibe über einem starken

Magnetfeld auf und läßt sie rotieren, erreicht man einen scheinbaren Gewichtsverlust. Sollten sich diese Beobachtungen in weiteren Versuchen bestätigen, wäre es in der Tat ein Hinweis darauf, daß die Gravitation überlistet werden könnte.

Auch mit Metallegierungen, die ein Gedächtnis für Formveränderungen haben, wird derzeit insgeheim heftig experimentiert. Bei der McDonnell Douglas Astronautics Company in Huntington Beach in Kalifornien testet man einen Motor, der nicht mit Öl, Benzin oder Elektrizität angetrieben wird, sondern mit – warmem Wasser. Seine Energiequelle, eine Metallfeder aus einer Nickel-Titan-Legierung, könnte das Geschick einer Menschheit, die gerade fieberhaft nach neuen Energiequellen sucht, grundlegend verändern. Die Wissenschaftler, die diesen Motor entwickeln, haben errechnet, daß Nitinol-Kraftwerke gegenüber Verbrennungs- und Kernkraftmaschinen gigantische Mengen an Kosten sparen würden.

Seit Jahrzehnten haben Fachleute in vielen Ländern in aller Stille und unter strenger Geheimhaltung die rätselhaften Eigenschaften von Nitinol zu ergründen versucht. Die erste Begegnung mit diesem Material löst gewöhnlich Erstaunen aus. Denn Nitinol ist bei Raumtemperatur so hart wie Stahl. Wird es in kaltes Wasser getaucht, ist es plötzlich geschmeidig und weich. Kommt es aber mit heißem Wasser in Berührung, erwacht es in der Hand zu eigenständigem Leben: Es springt mit gewaltiger Kraft in seine ursprüngliche Form und Härte zurück. Das heißt, Nitinol verfügt über ein Form-Erinnerungsvermögen. Es ist ein Festkörperenergie-Umwandlungssystem, das lediglich einer Temperaturveränderung von kalt zu warm ausgesetzt werden muß, um Kräfte freizugeben, die sage

261

und schreibe bei einigen Tonnen pro Quadratinch liegen sollen.

Die erstaunlichen Eigenschaften von Nitinol wurden schon vor längerer Zeit im US Naval Ordinance Laboratory (NOL) entdeckt. Daher stammt auch der Name Ni (Nickel), Ti (Titan) plus NOL – Nitinol. Wie so oft in der Technik ist auch die Entdeckung von Nitinol dem Zufall zu verdanken. Als nämlich die ersten Nitinol-Stangen aus dem Schmelzofen gekommen waren, hatte der Chefmetallurge des Instituts, William Buehler, fingerlange Stangen leicht aneinandergeschlagen und dabei einen matten, metallischen Klang erzeugt. An sich nichts Besonderes. Doch nur wenige Minuten später, als er die nächsten Stangen aneinandertippte, erzeugte er einen hellen Glockenklang. Der einzige Unterschied bei beiden Stangenpaaren war die Temperatur: Das zweite Paar war noch warm vom Schmelzofen. Nur wenig später demonstrierte Buehler bei einer Zusammenkunft von Navy-Wissenschaftlern eine weitere verwunderliche Eigenschaft von Nitinol: Das Metall kann immer wieder gebogen werden, ohne Materialermüdungserscheinungen aufzuweisen, also Bruchstellen zu zeigen. Zudem erwärmt es sich an der Biegestelle, kühlt aber ab wie jede andere Metallegierung, wenn es in seine ursprüngliche Form gebogen wird.

Der Erfinder Ridgway Banks baute inzwischen das Arbeitsmodell eines Nitinol-Wärmemotors: Dabei wird eine Art Rad mit U-förmigen Speichen aus Nitinol durch ein kalt-warmes Wechselbad zur Rotation gebracht. Da schon geringe Temperaturunterschiede zum Antrieb genügen, würde jede Wärmequelle ausreichen, um einen Nitinol-Motor zu betreiben. Voraussetzung ist allerdings der ständige Temperaturwechsel.

In den Vereinigten Staaten werden Forschung und Weiterentwicklung von Nitinol-Motoren in einigen privaten und staatlichen Forschungszentren durchgeführt und dabei vom US-Verteidigungsministerium, der NASA und der National Science Foundation unterstützt.

So steht zu hoffen, daß die Energiekrise, die mit dem Verbrauch der irdischen Vorräte an fossilen Brennstoffen unvermeidlich auf uns zukommt, durch neuartige Kraftmaschinen gemeistert werden kann. Denn die Energie- und Rohstoffvorräte des Sonnensystems versprechen der Menschheit eine unendliche Zukunft. Mehr noch: Der Mensch kann nicht nur den Fesseln der Erde entfliehen, sondern in ferner Zukunft auch der Sonne und deren sicherem Ende, prognostiziert John S. Lewis von der NASA.

So weit aber sind wir noch lange nicht. Der Schlüssel zum Überleben der Menschheit liegt nicht in mehr oder weniger utopischen Zukunftstechnologien, sondern in ihrer Intelligenz sowie in der Erhaltung und Regeneration ihres Wertesystems und ihres Verantwortungsbewußtseins – nicht in ferner Zukunft, sondern heute, morgen und in den nächsten Jahrzehnten.

# Glossar

*Absolute Helligkeit:* Die von einem astronomischen Körper pro Zeiteinheit ausgestrahlte Gesamtenergie.

*Allgemeine Relativitätstheorie:* Die von Albert Einstein entwickelte Gravitationstheorie. Nach dem Grundgedanken dieser Theorie ist die Gravitation eine Folge der Krümmung des Raum-Zeit-Kontinuums.

*Antimaterie:* Der Begriff Antimaterie beschreibt das physikalische, auf der Erde nicht vorhandene Gegenstück der normalen Materie. So bestehen z. B. Antilithiumkerne aus 3 negativ geladenen Antiprotonen und 3 bis 5 Antineutronen. Für jedes Teilchen gibt es ein entsprechendes Antiteilchen. Gewisse vollkommen neutrale Teilchen, wie das Photon und das Meson, die ihre eigenen Antiteilchen verkörpern, bilden hier eine Ausnahme. Antimaterie setzt sich aus Antiprotonen, Antineutronen und Antielektronen – also Positronen – zusammen. Bei Wechselwirkung mit gewöhnlicher Materie zerstrahlt Antimaterie.

*Asteroiden:* Kleinplaneten mit einem Durchmesser, der meistens unter 500 Kilometern liegt. In unserem Sonnensystem wird ihre Anzahl auf 50 000–100 000 geschätzt.

*Baryonen:* Schwere Elementarteilchen, zu denen die Protonen, die Neutronen, deren Antiteilchen und die Hyperonen mit ihren Antiteilchen gehören.

*Beschleuniger:* Ein Teilchenbeschleuniger ist eine kernphysikalische Apparatur, die elektrisch geladene Elementarteilchen, Ionen, mit Hilfe hochfrequenter elektrischer und magnetischer Felder auf hohe Geschwindigkeiten beschleunigt, bis sie auf den zu bestrahlenden Stoff aufprallen und damit Reaktionen auslösen.

*Biosphäre:* Allgemein der Gesamtlebensraum der Erde. Im speziellen Fall das Projekt »Biosphäre II« in der Wüste von Arizona, das die irdische Biosphäre in einem hermetisch abgeschlossenen System nachvollzieht. Zu »Biosphäre II« gehören Abschnitte von Gewässern, Boden und der bodennahen Lufthülle. Das System soll anhand von realitätsnahen Tests Aufschlüsse über die Realisierbarkeit von künstlichen Biosphären auf fremden Gestirnen, aber auch auf die Auswirkungen von Klimaveränderungen geben.

*Bosonen:* Atomare Teilchen, die der Bose-Einstein-Statistik gehorchen; d. h. atomare Teilchen, die einen ganzzahligen Spin besitzen.

*Braunsche Bewegung:* Eine ständig ungeordnete Zitterbewegung von suspendierten Teilchen oder auch leichten Instrumententeilchen, die durch Stöße einzelner Moleküle verursacht wird. Die Braunsche Bewegung ist die Ursache der Begrenzung der mechanischen Meßgenauigkeit und der Diffusion.

*Cerenkow-Strahlung:* Elektromagnetische Strahlung, die zum Teil im optischen Spektralbereich liegt und auftritt, wenn sich geladene Teilchen in einem Medium mit Überlichtgeschwindigkeit fortbewegen.

*Chandrasekhar-Grenze:* Nach dem gleichnamigen indischen Astronomen benannte kritische Masse, die bestimmt, ob ein Stern am Ende seiner Lebenszeit zum Weißen Zwerg wird oder als Supernova explodiert. Dieser Grenzwert liegt bei 1,4 Sonnenmassen.

*Chaotische Inflation:* Nach neuesten Theorien hat sich unser Universum, neben vielen anderen, aus einer Art sprudelndem »Raumzeit-Schaum« in chaotischer Unordnung, durch inflationäre Aufblähung gebildet.

*Dimension:* Art und Zusammensetzung einer physikalischen Größe aus Faktoren von Grundgrößen und deren Potenzen zu einem Produkt.

*Diracsche Theorie:* Eine atomphysikalische Theorie, in der die theoretische Methode der Quantenmechanik mit den Lehren der Speziellen Relativitätstheorie verbunden wird.

*Doppler-Effekt:* Die Frequenzveränderung einer Welle, zum Beispiel des Lichts oder des Schalls, die durch eine relative Bewegung der Quelle und des Empfängers verursacht wird.

*Dualismus Welle – Korpuskel:* Die Tatsache, daß Wellen auch Korpuskeleigenschaften zeigen und umgekehrt.

*Eichfeld-Theorien:* Hier geht es um eine Klasse von Feldtheorien, durch die möglicherweise die elektromagnetische und die Starke Wechselwirkung erklärt werden können. Unter einer Symmetrietransformation, die im Raum-Zeit-Kontinuum von Punkt zu Punkt abweichende Resultate ergibt, sind solche Theorien invariant. Die Bezeichnung »Eichtheorie« (gauge theory) geht auf das Wort »gauge« für Maß zurück und wird hauptsächlich aus historischen Gründen benutzt (Steven Weinberg).

*Einstein-Rosen-Brücke:* Die unmittelbare Passage von einem Teil des Universums zu einem anderen: also die Verbindung zwischen einem Schwarzen Loch zu seinem zugehörigen Weißen Loch. Einstein und sein Kollege Rosen erwähnten diese Art Brücken erstmals 1935. Inzwischen wurde ihre Existenz durch andere Theoretiker bestätigt.

*Elektron:* Das Elementarteilchen mit der geringsten Masse. Sämtliche chemischen Eigenschaften von Atomen und Molekülen beruhen auf den elektrischen Wechselwirkungen von Elektronen miteinander und mit den Atomkernen. Elektronen sind Elementarteilchen mit negativer elektrischer Ladung. Ort und Geschwindigkeit eines Elektrons sind niemals genau meßbar. Nach der Heisenbergschen Unschärferelation sind unsere Erkenntnisfähigkeiten hier Grenzen unterworfen. Der französische Physiker Jean Charon betrachtet das Elektron sogar als denkende Einheit, als Elementarteilchen mit Geist. Für Charon bildet das Elektron eine Art von Mikrokosmos, in dessen Innerem eine Unzahl masseloser Photonen gewissermaßen einen Gedächtnisspeicher verkörpern. Durch den Photonenspin wird das Elektron zum Lernen und Nachrichtenaustausch befähigt. Und nach Charon können je zwei Photonen im Elektron ihren Drehsinn ändern und so zum Datenspeicher werden. Elektronen können sich gegenseitig durch den Austausch von Photonen Informationen zuleiten. Durch die Wanderung der Photonen von einem Elektron zum anderen erfolgt eine Vermittlung ihres Spinzustands – also ihrer »Nachricht« – zum Empfängerelektron. So ziemlich alles um uns herum ist von Elektronen abhängig, auch das Leben wäre ohne sie nicht entstanden.

*Elementarteilchen:* Sammelbezeichnung für die kleinsten als Materiebausteine erkannten Teilchen.

*ESO:* Europäische Südsternwarte mit Sitz in Garching bei München, entstanden aus einem Zusammenschluß von acht europäischen Ländern.

*ESO-Teleskop:* La Silla Astronomisches Observatorium bei Santiago de Chile. Dieses größte Spiegelteleskop der Erde weist einen Hauptspiegel von 8,2 m Durchmesser auf. Es wurde 1998 in Betrieb genommen.

*Farbe:* Hier die drei Farben – blau, rot und grün – im Zusammenhang mit den Eigenschaften der Quarks.

*Feld:* Grundlegenden Begriff zur Beschreibung von Zuständen und Wirkungen im Raum ohne mechanische Koppelung. Beispiele sind elektromagnetische und Gravitationsfelder.

*Feldtheorie, einheitliche:* In Erweiterung der Allgemeinen Relativitätstheorie versuchte Albert Einstein, die elektrischen, magnetischen und Gravitationsfelder von einem einheitlichen Standpunkt aus zu deuten.

*Fission:* Kernspaltung.

*Flavor:* Die »Geschmacksrichtungen« der Quarks. Es gibt deren mindestens fünf – auf, ab, seltsam, Charme, Grund oder Schönheit. Wahrscheinlich aber existiert noch eine sechste.

*Friedmann-Modell:* Hier handelt es sich um ein mathematisches Modell der Raum-Zeit-Struktur des Universums, das auf der Allgemeinen Relativitätstheorie und dem kosmologischen Prinzip beruht.

*Fusion:* Kernverschmelzung.

*Fusionsantrieb:* Ein theoretisch denkbarer, mit den heutigen Möglichkeiten der Technik aber noch nicht realisierbarer Antrieb, der mit Hilfe eines Kernreaktors durch Kernverschmelzung eine sehr große Antriebsenergie liefert.

*Galaxie:* Ein Sternensystem, meist aus Millarden von Sternen bestehend, das durch Gravitation zusammengehalten wird. Die Milchstraße, in der unsere Sonne liegt, ist eine solche Galaxie.

*Gammastrahlung:* ist die Photonenstrahlung, die von angeregten Atomkernen ausgesandt wird, wenn sie in einen Zustand geringerer Energie übergehen, oder die bei Prozessen von Elementarteilchen entsteht. Die Gesamtstrahlung unterscheidet sich von der Röntgenstrahlung danach nicht durch die Photonenenergie, sondern durch die Art ihrer Entstehung.

*Geistfeld:* Hypothetische universale geistige Wirkkraft, die dem Vorgang der Schöpfung Richtung und Ziel gibt.

*Geometrodynamik:* Durch die Verbindung der Quantentheorie und der Allgemeinen Relativitätstheorie entwickelte Wheeler die Geometrie der gekrümmten Raum-Zeit – seine sogenannte Geometrodynamik.

*Geonen:* Aus der Geometrodynamik von J. A. Wheeler ergeben sich Raumquanten, die er Geonen nennt.

*Gezeiteneffekt:* Hier handelt es sich um Auswirkungen, die sich durch die Schwerkraft eines Himmelskörpers auf einen anderen Körper ergeben.

*Gluonen:* Ähnlich wie Photonen das elektromagnetische Feld vermitteln, wird das Verhalten der Quarks durch die starke Wechselwirkung bestimmt, welche durch die sogenannten Gluonen übertragen wird.

*Gravitation:* Eine Eigenschaft der Raum-Zeit-Struktur, die durch die Masse eines Objekts verursacht wird.

*Gravitationskonstante:* Die fundamentale Konstante in der Newtonschen und Einsteinschen Gravitationstheorie.

*Gravitationswellen:* Durch Störung des Gravitationsfeldes – z. B. durch Änderung des Orts oder Dichte der Masse – hervorgerufene Wellen, die sich ausbreiten. Gravitationswellen, die sich aus den Einsteinschen Feldgleichungen ergeben, wurden in den siebziger Jahren in den USA mit einiger Sicherheit durch Prof. J. Weber experimentell nachgewiesen.

*Graviton:* Das noch nicht nachgewiesene Quant des Gravitationsfeldes in der Allgemeinen Relativitätstheorie und in der Quantentheorie der Wellenfelder.

*Große einheitliche Feldtheorie:* Eine Art künftige »Weltformel«, die die prinzipiellen Widersprüche zwischen der Relativitätstheorie und der Quantenphysik überwinden soll.

*Hadronen:* Alle Teilchen, die an starken Wechselwirkungen beteiligt sind, werden zu den Hadronen gezählt. Ihre Unterteilung erfolgt in Baryonen – z. B. Neutronen und Protonen, die dem Paulischen Ausschließungsprinzip unterliegen, und Mesonen, die das nicht tun.

*Hawking-Strahlung:* Von Stephen Hawking entwickelte These, wonach auch Schwarze Löcher Strahlung abgeben müssen. Kleine Schwarze Löcher müßten danach irgendwann in einem Gamma-Blitz zerstrahlen.

*Heisenbergsche Unschärferelation:* Die für die moderne Physik grundlegende Erkenntnis, daß Ort und Geschwindigkeit – genauer gesagt: der Impuls eines atomaren Teilchens – prinzipiell nicht gleichzeitig mit beliebiger Genauigkeit angegeben werden können, da ein Teilchen neben seiner korpuskularischen Natur auch Wellencharakter besitzt.

*Holobewegung:* Von dem Einstein-Schüler David Bohm aufgestellte These, daß scharfe Bilder von unserer Umgebung erst im menschlichen

Gehirn entstehen, während die Dinge in Wahrheit in ständiger Bewegung, also unscharf, sind.

*Holographie:* 1948–1951 von D. Gabor entwickelte wellenoptische Form der Bildspeicherung, mit der es möglich ist, auf zweidimensionalen Bildträgern dreidimensionale Bildeindrücke zu erzeugen. Im übertragenen Sinn die Eigenschaft von Systemen, im Detail sämtliche Informationen des Gesamtsystems zu speichern.

*Holographisches Weltbild:* Theorie, daß es dem Menschen dank der holistischen Eigenschaften seines Gehirns möglich ist, geistigen Zugang zu einem größeren Ganzen jenseits seines strukturierenden Denkens zu erhalten. Damit stehen transzendentale Wirklichkeiten gleichwertig neben immanenten.

*Hubble-Effekt:* Die Radialgeschwindigkeit eines Sternensystems, die durch die Rotverschiebung im Spektrum festgestellt wird, hängt mit der Entfernung der Galaxie zusammen. Das entsprechende Verhältnis zwischen Geschwindigkeit und Entfernung wird Hubble-Konstante genannt.

*Hubble-Teleskop:* Weltraumteleskop der NASA, mit dessen Hilfe nach anfänglichen Funktionsschwierigkeiten bahnbrechende Entdeckungen gelangen, da die Beobachtungen nicht durch Einflüsse der Atmosphäre verfälscht werden. Inzwischen (1998) plant die NASA im Zusammenwirken mit der ESO den Bau eines weiteren, verbesserten Weltraumteleskops.

*Impuls:* Die Bewegungsgröße – das Produkt aus Masse und Geschwindigkeit eines Körpers.

*Kausalitätsprinzip* oder Kausalgesetz: Auf der Verknüpfung von Ursache und Wirkung beruhendes Gesetz. Über Raum- und Zeitgrößen sind in der Quantenmechanik nur statistische Aussagen möglich. Da in der Mikrophysik alles von der Beobachtungsart abhängt, werden Aussagen über die Kausalität prinzipiell unmöglich.

*Leptonen:* Eine nicht an den Starken Wechselwirkungen beteiligte Klasse von Teilchen, wie das Elektron, das Myon und das Neutrino.

*Lorentz-Transformation:* Ein System von Gleichungen zur Umrechung von Orts- und Zeitkoordinaten eines Bezugssystems in diejenigen eines anderen, relativ zu ihm gleichförmig bewegten Bezugssystems. Die spezielle Relativitätstheorie beruht auf der Lorentz-Transformation.

*Massenzunahme:* Die von der Relativitätstheorie geforderte und experimentell an Elementarteilchen nachgewiesene Zunahme der Masse eines sich sehr schnell fortbewegenden Objekts.

*Mesonen:* Instabile Elementarteilchen mittlerer Masse. Mesonen können heute künstlich in Teilchenbeschleunigern erzeugt werden.

*Morphische Resonanz:* Theorie, nach der die Selbstorganisation von Lebenssystemen Informationen von bereits existierenden Systemen erhält (s. Morphogenetische Organisationsfelder). Danach müßte z. B. humanoides Leben im Kosmos verhältnismäßig häufig sein.

*Morphogenetische Organisationsfelder:* Eine Art hypothetisches kollektives Gedächtnis des Universums. Von dem englischen Biochemiker Rupert Sheldrake entwickelte Theorie, wonach durch die Einwirkung der M. bestimmte Vorgänge der Schöpfung an mehreren Stellen des Universums in gleicher oder ähnlicher Weise zeitgleich oder mit zeitlicher Verschiebung ablaufen.

*Multiversum:* Nach theoretischen Überlegungen ist unser Universum eine gigantische Raum-Zeit-Blase, die vor etwa 20 Milliarden Jahren neben einer Unzahl anderer Universen entstanden ist.

*Neutrino:* Zunächst hypothetisch eingeführtes, später experimentell nachgewiesenes Elementarteilchen zur Erklärung des Betazerfalls. Bisher wurde angenommen, daß ein Neutrino masselos ist. Aber neuesten Experimenten zufolge spricht vieles dafür, daß Neutrinos doch etwas Masse haben, wenn auch sehr wenig.

*Neutron:* Elektrisch neutrales, schweres Elementarteilchen. Das Neutron und das Proton sind die Bausteine des Atomkerns.

*Neutronenstern:* Ein Stern in einem solchen Verdichtungsstadium, daß er vorwiegend aus Neutronen besteht.

*Paulisches Prinzip:* Ausschließungsprinzip, wonach in einem Atom niemals zwei Elektronen in allen vier Quantenzahlen übereinstimmen. Das bedeutet, in einem System von gleichen Teilchen mit halbzahligem Spin können niemals zwei Teilchen im gleichen Zustand existieren.

*Perpetuum mobile:* Utopische Maschine, die, ohne Energie zu verbrauchen, dauernd Bewegung erzeugt.

*Photon:* Lichtquant. Kleinste vorkommende Menge der elektromagnetischen Strahlung.

*Plancksches Wirkungsquantum:* Diese Plancksche Konstante mit dem Zeichen h ist eine fundamentale Naturkonstante von der Dimension einer Wirkung – Energie mal Zeit.

*Plasma:* Neben den drei üblichen Zuständen – fest, flüssig und gasförmig – existiert eine vierte Erscheinungsform eines Stoffs, das Plasma; also eine Materie, deren Atome keine Elektronen mehr besitzen. Jede Substanz, die auf über 22 000 °C erhitzt wird, verändert sich in Plasma.

*Positron:* Anti-Elektron. Ein Elementarteilchen, das dem Elektron entspricht, jedoch elektrisch positiv geladen ist.

*Proton:* Ein positiv geladenes Teilchen, das neben dem Neutron in gewöhnlichen Atomkernen enthalten ist.

*Psychokinese:* Interaktion zwischen Geist und Materie, so z. B. das parapsychologische Phänomen der Beeinflussung physikalischer Abläufe durch geistige Willenskraft.

*Pulsar:* Ein Neutronenstern, der in regelmäßigen Intervallen Energie-Impulse ausstrahlt.

*Quanten:* Bezeichnung für die kleinsten Energie-Einheiten, die bei mikrophysikalischen Vorgängen als Ganzes, z. B. von Atomen, aufgenommen oder abgegeben werden.

*Quantenchromodynamik:* Die Farbenlehre der Quarks.

*Quantenmechanik:* Die Mechanik atomarer Teilchen, die sowohl die Teilchen- als auch die Wellennatur der Elektronen berücksichtigt. In den Bewegungsgleichungen der Quantenmechanik werden Energie, Impuls und Ortskoordinaten durch Matritzen bzw. durch Systeme von Differentialgleichungen ersetzt, aus deren Lösungen sich wiederum beobachtbare Größen, wie z. B. Ladungsdichte, ableiten lassen. Die Heisenbergsche Unschärferelation ist hier von fundamentaler Bedeutung.

*Quantenstatistik:* Behandlung sehr vieler Teilchen, die sich nach den Gesetzen der Quantentheorie bewegen.

*Quantentheorie:* Eine Theorie, nach der Energie nicht gleichmäßig, sondern sprunghaft in Portionen entsteht.

*Quantums-Prinzip:* Mengen-Prinzip, das auf der Elektrodynamik der Atomteilchen beruht und als neues Gesetz von dem amerikanischen Wissenschaftler Richard P. Feynman formuliert wurde. Das Quantums-Prinzip besagt, daß das Verhalten elektrisch aufgeladener, sich in einem leeren Raum und in unbestimmtem Abstand zueinander befindlicher Atome nicht vorhersehbar ist. Feynmans Entdeckung ist eine der Voraussetzungen für die universelle Relativitätstheorie von Wheeler.

*Quarks:* Bisher noch hypothetische Fundamentalteilchen, aus denen alle Hadronen bestehen sollen.

*Rotverschiebung:* Eine Verschiebung von Spektrallinien nach dem langwelligen Ende des Spektrums hin. Mögliche Ursachen dafür sind erstens der Doppler-Effekt bei Entfernung von Lichtquelle und Beobachter; zweitens die Folge der Zeitdilatation; und drittens die Wirkung der Gravitation bei Quellen, deren Strahlung sich in einem Schwerefeld bewegt. Das Konzept der Expansion des Universums entstand durch die Ausdeutung der Rotverschiebung von Galaxien als Doppler-Effekt.

*Schattenmaterie:* In der »Superstring-Theorie« eine Art von »dunkler Materie«, die in der Theorie aus dunklen Zwillingen gewöhnlicher Materiepartikel bestehen soll. Über die Gravitation findet eine Interaktion zwischen Materie und Schattenmaterie statt. Die Schattenmaterie dient zur Erklärung von PSI-Phänomenen.

*Schwache Wechselwirkung:* Eine der vier allgemeinen Klassen von Wechselwirkungen der Elementarteilchen. Dazu sagt Steven Weinberg: »Heute wird weithin angenommen, daß die Schwache, die elektromagnetische und vielleicht auch die Starke Wechselwirkung Manifestation einer einfachen, ihnen gemeinsam zugrunde liegenden Eichfeldtheorie sind.«

*Schwarzes Loch:* Ein bis zur unendlichen Dichte kollabiertes Himmelsobjekt, das mit großer Wahrscheinlichkeit aus unserem Universum verschwindet, aber einen rotierenden Schwerkraftstrudel hinterläßt. In dieser Region ist die Raum-Zeit-Struktur entartet. Mit großer Wahrscheinlichkeit taucht die in dem Schwarzen Loch verschwundene Materie in einem anderen Teil unseres Universums durch sein Pendant – Weißes Loch – wieder auf. Heute vermuten einige Wissenschaftler in Quasaren Weiße Löcher.

*Schwarzschild-Formel:* Die Berechnung des Durchmessers eines Schwarzen Lochs anhand der ursprünglichen Masse.

272

*Schwarzschild-Radius:* Ereignishorizont eines Schwarzen Lochs.

*SETI:* Search for extraterrestrial Intelligence. 1992 von der NASA unter Leitung von Professor Frank Drake gestartetes Forschungsprojekt, bei dem von Radioteleskopen aufgefangene Signale aus dem Universum auf mögliche intelligente Strukturen und damit Zeichen außerirdischen Lebens hin untersucht wurden. Derartige Beweise wurden nicht gefunden.

*Singularität:* Der mathematische Mittelpunkt eines Schwarzen Lochs, wo die Dichte praktisch unendlich ist.

*Spezielle Relativitätstheorie:* Das 1905 von Albert Einstein veröffentlichte, revolutionäre Konzept über Raum und Zeit. Daraus ergibt sich, daß die Geschwindigkeit des Lichts, unabhängig von der Bewegungsgeschwindigkeit seiner Quelle oder der eines Beobachters, unverändert bleibt und niemals die maximale Grenze von rund 300 000 Kilometern pro Sekunde überschreitet. Ein System, in dem sich Teilchen mit annähernd Lichtgeschwindigkeit fortbewegen, wird relativistisch genannt und muß nach den Regeln der Speziellen Relativitätstheorie behandelt werden, nicht nach denen der klassischen Mechanik.

*Spin:* Ein Drehimpuls, der die Eigenrotation eines Elementarteilchens kennzeichnet. Der Quantenmechanik zufolge kann der Spin nur bestimmte spezielle Werte annehmen, die ein ganzzahliges oder halbzahliges Vielfaches der Planckschen Konstante betragen.

*Starke Wechselwirkung:* Die stärkste der vier existierenden Klassen der Wechselwirkungen von Elementarteilchen. Sie ist nur für die Kernkräfte verantwortlich, die Neutronen und Protonen im Atomkern zusammenhalten.

*Supernova:* Die gewaltige Explosion eines Sterns, bei der, bis auf den inneren Kern, alles in den interstellaren Raum geschleudert wird.

*Superraum:* Ein von dem amerikanischen Astrophysiker Prof. John A. Wheeler postuliertes Universum, das Seite an Seite mit unserem Universum existiert, in dem aber gänzlich andere physikalische Gesetze gelten. Zeit und Raum im üblichen Sinn haben dort ihren Wert verloren.

*Synchrotron-Strahlung:* Eine erstmals im Synchrotron – also Beschleuniger – nachgewiesene Strahlung, die entsteht, wenn ein geladenes Teilchen mit nahezu Lichtgeschwindigkeit eine Zirkularbewegung durch ein Magnetfeld vollzieht. Es wird vermutet, daß die Energie-Impulse von Pulsaren auch auf diese Weise entstehen.

*Tachyonen:* Hypothetische Teilchen, die sich nur mit Überlichtgeschwindigkeit fortbewegen.

*Telomere:* Endabschnitte der Chromosomen. Diese nutzen sich bei jeder Zellteilung ab, bis eine weitere Zellteilung nicht mehr möglich ist – der Grund für Altern und Tod.

*Terraforming:* Durch technische Mittel bewirkte Umwandlung lebensfeindlicher Himmelskörper in lebensfreundliche nach dem Vorbild der Erde. Im Umkreis der Erde käme nach gegenwärtigem Wissensstand nur der Mars als Objekt für Terraforming-Maßnahmen in Frage. Dieser Planet wies möglicherweise schon einmal lebensfreundliche Bedingungen auf.

*Tunneleffekt:* Wenn ein fließender Strom – z. B. Wasser – durch einen Engpaß geschleust wird, erhöht sich die Fließgeschwindigkeit. Dieser Effekt tritt auch bei einem mit Lichtgeschwindigkeit fließenden Strom von Elementarteilchen auf, so daß sich diese für kurze Zeit auf Geschwindigkeiten über Lichtgeschwindigkeit beschleunigen lassen.

*Twistoren:* Der englische Mathematiker Roger Penrose glaubt, in Twistoren die Urbausteine des Universums gefunden zu haben. Damit würden diese Twistoren sozusagen die Quanten der Raum-Zeit – in anderen Worten: Raum-Zeit-»Knoten« – darstellen.

*Überlichtgeschwindigkeit:* Nach der Relativitätstheorie ist die Lichtgeschwindigkeit die höchste erreichbare Geschwindigkeit im Universum. Inzwischen ist es Forschergruppen gelungen, Elementarteilchen durch Tunneln auf höhere Geschwindigkeiten zu beschleunigen.

*Universelle Relativitätstheorie:* Eine von Wheeler in Weiterführung der Einsteinschen Relativitätstheorie entwickelte neue Theorie über das Universum. Sie besagt, daß das gesamte Universum in schätzungsweise 50 bis 80 Milliarden Jahren auf »Punktgröße« schrumpfen und in einem Schwarzen Loch verschwinden wird, um daraus als noch komplexeres Super-Universum mit einer Vielzahl von Dimensionen neu zu erstehen. Der Zusammensturz des Universums, dessen Vorbilder im kleinen die zu Schwarzen Löchern kollabierten Massen ehemaliger Sterne sind, wird aus der von Einstein dargestellten, vorhersehbaren und berechenbaren kritischen Phase des Alls abgeleitet. Im Nachhall dauert der ursprüngliche Impuls, der ein Sternensystem antreibt, ± 30 Milliarden Jahre. Innerhalb dieses Zeitraums verbraucht sich aber die Energie, und die expansive Wirkung wird durch die Schwerkraft schließlich ins Gegenteil gekehrt. Durch den Ablauf dieses Prozesses verkleinert sich das Weltall nach der Planck-Wheelerschen Längeneinheit auf die winzige Dimension von 10 bis 33 Zentimeter. Daraus entsteht dann später das Super-Universum mit vollkommen neuen Eigenschaften und einer Vielzahl von Dimensionen. Einsteins Relativitätstheorie hat für einen Zyklus Gültigkeit – für unseren gegenwärtigen. Während Wheelers neue Theorie diesen Zyklus in einen größeren Zusammenhang zu stellen sucht.

*Virtuelle Teilchen:* Aus der Heisenbergschen Unschärferelation ergibt sich, daß überall, selbst im leeren Raum, Teilchen für einen unglaublich kurzen Zeitraum – für höchstens eine trilliardstel Sekunde – sozusagen aus dem »Nichts« (obwohl ein Nichts natürlich nicht existiert) entstehen und vergehen. Bei diesen Teilchen handelt es sich um sogenannte virtuelle Teilchen.

*VTL:* Very large Telescope, wurde von der ESO entwickelt und übertrifft mit vier 8,2-Meter-Spiegeln das La Silla Astronomical Observatorium noch weit an Leistung.

# Literatur

Abell, George: Exploration of the Universe. Philadelphia 1982

Ackoff, Russel L.: Redesigning the Future. Wiley 1979

Allen, John: Biosphere 2. New York 1991

Anders, Günther: Die Antiquiertheit des Menschen. München 1980

Arnold, Ron: The Ecology Wars. Bellevue, WA. 1987

Atlas of Mars, R. M. Batson, P. M. Bridges, J. L. Inge, NASA NAS 1. 21: 438, Washington D. C. 1979

Berman, Morris: The Re-Enchantment of the World. Cornell University Press, 1981

Bernstein, Jeremy: Three Degrees Above Zero: The Bell Labs in the Information Age. New York 1984

Blum, Howard: Out There. New York 1990

Bonnor, William: The Mystery of the Expanding Universe. New York 1964

Brin, David: Earth. New York 1990

Bronowski, J.: Der Aufstieg des Menschen. Frankfurt a. M. 1976

Buttlar, Johannes v.: Schneller als das Licht. Düsseldorf 1972

ders.: Drachenwege. München 1990

ders.: Adams Planet. München 1991

ders.: Das neue Paradies. München 1994

ders.: Der Menschheitstraum. Düsseldorf 1975

ders.: Die Einstein-Rosen-Brücke. München 1982

ders.: Die Methusalem-Formel. Essen 1994

ders.: Die Wächter von Eden. München 1993

ders.: Gottes Würfel. München 1992

ders.: Leben auf dem Mars. München 1987

ders.: Supernova. München 1988

ders.: Unsichtbare Kräfte. München 1985

ders.: Wenn die Erde kippt. Hamburg-München 1989

ders.: Zeitriß. München 1989

Carlotto, Mark J.: The Martian Enigmas. Berkeley CA 1991

Chaitanya, Krishna: A profounder ecology. The Hindu view of man and nature. The Ecologist Vol. 13, No. 4, 1983

Chandrasekhar, Subrahmanyan: Eddington. The Most Distinguished Astrophysicist of His Time. Cambridge 1983

Cohen, Nathan: Gravity-Lens. New York 1988

Cutts, James und H. Lewis Blake: Models of climate cycles recorded in Martian polar layered deposits. Icarus 50 (2/3): 216-244 (1982)

DiPetro, V. G., Molenaar, J., Brandenburg: Unusual Martian Surface Features. Glen Dale 1988

Drake, Frank D.: Intelligent Life in Space. New York 1962

Drake, F., Sobel, D.: Signale von anderen Welten. Essen 1994

Eigen, Manfred: Perspektiven der Wissenschaft. Stuttgart 1988

Ferris, Timothy: The Red Limit, The Search for the Edge of the Universe. New York 1983

French, A. P. (Herausgeber): Einstein: A Centenary Volume. Cambridge, Mass. 1979

French, Bevan M.: The Viking Discoveries. NASA EP-146, 1977

French, Hillary E.: Green Revolutions. Environmental Reconstruction in Eastern Europe and the Soviet Union. World Watch Paper 99, 1990

Fritzsch, Harald: Quarks. München 1984

Gamow, George: Die Geburt des Alls. München 1959

Gibbons, G. W., Hawking, S. W. und Siklos, S. T. C. (Herausgeber): The Very Early Universe. Cambridge 1983

Goldsmith, Edouard: Der Weg. Ein ökologisches Manifest. Essen 1995

Gore, Al: Earth in the Balance. Ecology and the Human Spirit. New York 1992

Gribbin, John (Herausgeber): Cosmology Today. In: New Science Publications/IPC Magazines, 1982

Gribbin, John: Auf der Suche nach Schrödingers Katze. München

ders.: Die erste Genesis. Essen 1995

Gruber, Elmar: Die PSI-Protokolle. München 1997

Haber, Heinz: Eiskeller oder Treibhaus. München 1989

Harrison, Edward: Cosmology. Cambridge 1981

# Literatur

Haßler, Gerd v.: Welt ohne Notausgang. Bern 1984

Hey, J. S.: The Evolution of Radio Astronomy. New York 1973

Hawking, Stephen und Roger Penrose: Raum und Zeit. Reinbek 1998

Hoagland, Richard C.: Die Mars Connection. Essen 1994

Hoyle, Fred: Galaxies, Nuclei and Quasars. London 1965

Hoyle, Fred: Deseases from Space. London 1979

Hubble, Edwin: The Realm of the Nebulae. New York 1958

Idso, Sherwood: Carbon Dioxide and Global Change, Earth in Transition. IBR Press, Institute for Biosphere Research, Inc., Tempe AZ. o. J

Impact-Team: Der Klima-Schock. München 1978

Jones, E. M. und B. R. Finney: Interstellar Nomads. 1990

Judson, Horace Freeland: The Eighth Day of Creation. London 1979

Jungk, Robert: Zukunft zwischen Angst und Hoffnung. München 1990

Koestler, A.: Der Mensch – Irrläufer der Evolution. Bern 1978

Lamb, W H.: Climate History and the Modern World. London–New York 1982

Layzer, David: Constructing the Universe. New York 1984

Mars as Viewed by Mariner 9, NASA SP-329. U. S. Government Printing Office, Washington, D.C. 1979

Martian Landscape: Viking Lander Imaging Team, NASA SP425. Washington 1978

McDonough, Thomas R: The Search for Extraterrestrial Intelligence. New York 1987

Meadows, D. L. und D. H.: Das globale Gleichgewicht. Stuttgart 1974

Morrison, Philip, John Billingham und John Wolfe, eds.: The Search for Extraterrestrial Intelligence. NASA Report SP-419. Washington, D. C.

Narlikar, Jayant: The Structure of the Universe. London 1977

NASA: Fact Sheet. Space Exploration: Voyages to other Worlds. Dezember 1990

Nowikow, I. D.: Evolution of the Universe. Cambridge 1983

Nummedal, D.: Continental margin Sedimentation: its relevance to the morphology on Mars, Reports of Planetary Geology Programm, NASA technical Memorandum 85127 (1992)

Owen, Tobias u. a.: The composition of the Atmosphere at the surface of Mars. J. Geophys. Res. 82: 4635–4639 (1977)

# Literatur

Pais, Abraham: Raffiniert ist der Herrgott. Braunschweig 1986

Pennick, Nigel: Einst war uns die Erde heilig. Waldeck 1987

Pickering, Andrew: Construction Quarks. Edinburgh 1984

Powers, Robert M.: Mars. Boston 1986

Pozos, Randolfo Rafael: The Face on Mars. Chicago 1986

Putman, S. D. und R. J.Wratten: Principles of Ecology. Beckenham, Kent 1984

Puttkamer, Jesco v.: Der erste Tag der neuen Welt. Frankfurt a. M. 1981

Ryan, Peter und Ludek Pesek: Das Sonnensystem. München 1978

Sagan, Carl, ed.: Communication with Extraterrestrial Intelligence. Cambridge, Mass. 1973

Schmidbauer, Wolfgang: Evolutionstheorie und Verhaltensforschung. Hamburg 1974

Schwarzbach, Martin: Das Klima der Vorzeit. Stuttart 1974

Sciama, Dennis: Modern Cosmology. Cambridge Press 1973

Sheldrake, Rupert: Seven Experiments that could change the World. London 1994

Silk, Joseph: The Big Bang. San Francisco 1980

Silverstein, Michael: The Environmental Industry Yearbook and Investment Guide. Philadelphia: Environmental Economics, 1992

Singer, S. E (Hrsg.): Global Climate Change, Human and Natural Influences. New York 1989

Sullivan, Walter: We Are Not Alone: The Search for Intelligent Life on Other Worlds. New York 1964

Sutton, Christine: The Particle Connection. London 1984

Swift, David W.: SETI Pioneers. Tucson 1990

Thompson, Richard L. und Michael A. Cremo: Verbotene Archäologie. Essen 1993

Vester, Frederic: Ausfahrt Zukunft. München 1990

Weinberg, Steven: Die ersten drei Minuten. München 1980

White, Frank: The SETI Factor. New York 1990

Wicke, Lutz und Jochen Hucke: Der ökologische Marshallplan. Frankfurt a. M.–Berlin 1989

Wright, Thomas: An Original Theory of the Universe. London 1971

# Register

280